大洋非线性编辑系统
实用教程

冉　峡　杨志明　主　编
刘　畅　陈　臻　副主编

重庆大学出版社

内容提要

本书以大洋非线性编辑系统——ME 系列作为讨论学习的对象,从理论和实践两方面出发,系统地阐述了 ME 系列的操作方法与应用。在理论中,主要针对数字视频的基础知识、大洋 ME 系列的项目、系统设置和资源管理等内容进行介绍;结合实际剪辑工作介绍了大洋 ME 系统从采集、故事板编辑、特效制作、音频编辑到影片输出的流程环节中所涉及的系统操作应用。本书不仅仅描述操作步骤,更主要的目的是通过相关的介绍加强对非线性编辑技术的理解和应用。

图书在版编目(CIP)数据

大洋非线性编辑系统实用教程/冉峡主编. —重庆:重庆大学出版社,2012.8(2015.8 重印)

ISBN 978-7-5624-6966-7

Ⅰ.①大… Ⅱ.①冉… Ⅲ.①非线性编辑系统—高等学校—教材 Ⅳ.①TN948.13

中国版本图书馆 CIP 数据核字(2012)第 194105 号

大洋非线性编辑系统实用教程

冉 峡 杨志明 主编

策划编辑:雷少波 易晓艳

责任编辑:易晓艳 版式设计:雷少波

责任校对:谢 芳 责任印制:赵 晟

*

重庆大学出版社出版发行

出版人:邓晓益

社址:重庆市沙坪坝区大学城西路 21 号

邮编:401331

电话:(023) 88617190 88617185(中小学)

传真:(023) 88617186 88617166

网址:http://www.cqup.com.cn

邮箱:fxk@ cqup.com.cn (营销中心)

全国新华书店经销

重庆华林天美印务有限公司印刷

*

开本:940×1360 1/32 印张:10.375 字数:268 千

2012 年 8 月第 1 版 2015 年 8 月第 3 次印刷

印数:5 001—7 000

ISBN 978-7-5624-6966-7 定价:84.00 元

前 言

随着多媒体技术的迅速普及和图形图像处理技术的迅速发展，数字技术越来越广泛地参与到艺术创作的各个领域中，为影视制作人提供了一个更为广阔的创作空间。现在，无论是在专业领域还是在民用领域，数字视频技术已经被越来越多的人掌握并应用。数字化浪潮已经影响到千家万户，现代人的生活与数字化都有着千丝万缕的联系。手机、电脑、MP3、互联网已经成为我们生活中的必需品。

20 世纪 90 年代以来，数字化的影视制作风行一时。1995 年，第一部完全由计算机创作的电影《玩具总动员》，展现了电脑艺术的创作能力。近几年来，数字影视作品的不断出现，如《变形金刚》《钢铁侠》《雨果》等，充分表明影视制作领域的数字化应用已逐渐达到了成熟阶段，以非线性编辑为代表的数字化影视制作技术已经渗透到各类影视节目的制作中。高清晰度电视与数字电影的融合使得影视制作拥有了一个共同的平台，那就是非线性编辑技术的应用。

非线性编辑技术是一门综合性技术，它覆盖了影视技术和计算机技术的主要领域，包括视频技术、音频技术、数字储存技术、数字图像处理技术、计算机图形处理技术和网络应用技术等相关技术，通过把数字化、多媒体、交互性和网络化引入到编辑工作中，给影视后期的制作带来了重大变革。

然而，中国的专业广播电视制作的数字化发展，却仅仅经历十余年。从 20 世纪 90 年代中期非线性产品进入中国开始，大家对非线性编辑还只是最初的尝试，那时的生产厂家也只有 AVID、ADOBE、FAST 等少数欧美企业，所研发的非线性编辑系统就其根本的功能与操作都大同小异。从视音频信号的采集、编辑，到特技的处理和字幕的叠加等均可满足电视节目后期制作的需求。随着中国广电传媒事业的蓬勃发展，国产非线性编辑系统也逐渐进入影视制作人的视野和相关机构。中科大洋，就是众多国产专业解决方案供应商和服务商中最知名的一家，在推出 DY3000、X-Edit 以及 D3-Edit 三代针对广电高端应用的非线性编辑产品后，凭借对专业用户需求的深刻理解，推出新一代专业非线性编辑系统——ME 系列。

ME 沿袭了大洋广播级产品功能强大、操作简便的优点，经过优化的工作流程完全满足 DV 及 HDV 的应用，是专为影视从业者及专业影视机构打造的。ME 采用高质量视音频 I/O 板卡，构成高效、稳定、强大的桌面制作平台。其强大的功能、开放的插件式结构以及持续的可升级性，足可从容应对业务流程的变化。

本书以大洋非线性编辑系统——ME 系列作为讨论学习的对象，主要从理论和实践两方面出发，系统地阐述了 ME 系列的实际操作方法与应用，并且本书不仅仅描述操作步骤，更主要的目的是通过相关的介绍加强对非线性编辑技术的理解和应用。

由于时间紧迫，本书虽经数次校审，但因作者的能力水平有限，难免存在错漏之处，敬请读者批评指正。

目 录

第 1 章

数字视频基础知识

在这一章中，主要介绍数字视频的基本概念和相关知识。

从动画诞生之时起，人们就在不断探索一种能够存储、表现和传播动态画面信息的方式。在经历了电影和模拟信号电视之后，数字视频技术迅速发展起来，伴随着不断扩展的应用领域，其技术手段也在不断成熟。

本章要点

◎ 数字视频的基本概念

◎ 世界通用电视制式

◎ 数字视频相关知识

1.1　数字视频的基本概念

1.1.1　模拟信号与数字信号

以音频信号分析为例，模拟信号是由连续的、不断变化的波形组成，信号的数值，在一定的范围内变化，且信号主要通过空气、电缆等介质进行传输；与之不同的是，数字信号是以间隔的、精确的点的形式传播，点的数值信息是由二进制信息描述的。

数字信号相对于模拟信号有很多优势，最重要的一点在于数字信号在传输过程中有很高的保真度。模拟信号在传输过程中，每复制或传输一次，都会衰减，而且会混入噪波，信号的保真度大大降低。而数字信号可以轻易地区分原始信号和混入噪波并加以校正。所以数字信号可以满足我们对信号传输的更高要求，将电视信号的传输提升到一个新的层次。

目前，在我国，视频正经历由模拟信号时代到数字时代的全面转变，这种转变发生在各个不同的领域。在广播电视领域，高清数字电视正在逐渐取代传统的模拟电视，越来越多的家庭可以收看到数字有线电视或数字卫星节目；电视节目的编辑方式也由传统的模拟编辑转变为数字非线性编辑系统。DV 摄像机的普及，也使得非线性编辑技术从专业电视机构深入到普通家庭，人们可以轻易地制作出数字视频影像。随着手机媒体和移动媒体的迅猛发展，数字视频的观看和使用已成为当今人们的生活习惯。

1.1.2　数字视频的采样格式

根据电视信号的特征，亮度信号的带宽是色度信号带宽的两倍。色彩图像需要三条信息通道，在电脑图形中，像素的颜色通常由 R，G，B 值决定。在传统的数码视频中，像素则由 Y’，CB 和 CR 值表示。这里，Y’值是“亮度”或者灰度值，而 CB 和 CR 都包含“色度”或色差信息。由于人眼对色度的敏感度相对较弱，因此在非正式观看时就可以平均并编码较少的 CB 和 CR 样本而不会有太大的视觉效果损失。这种叫做色度二级抽样的技术已经广泛应用于降低视频信号数据压缩率。然而，过度的色度抽样可能会在颜色校正及其他图像处理过程中降低图像质量。因此，广泛的数字视频采样格式分别有：4:4:4，4:2:2，4:2:0 和 4:1:1 四种。

1. 4:4:4

4:4:4 采样格式（见图 1-1-1）是保留色度信息的最好格式。在 4:4:4 图像源中，不存在色度信息的二次抽样和平均化。每一个像素都有三个特定的抽样值 Y’，CB 和 CR 或 R，G 和 B，例如，双链接 HDCAM-SR。

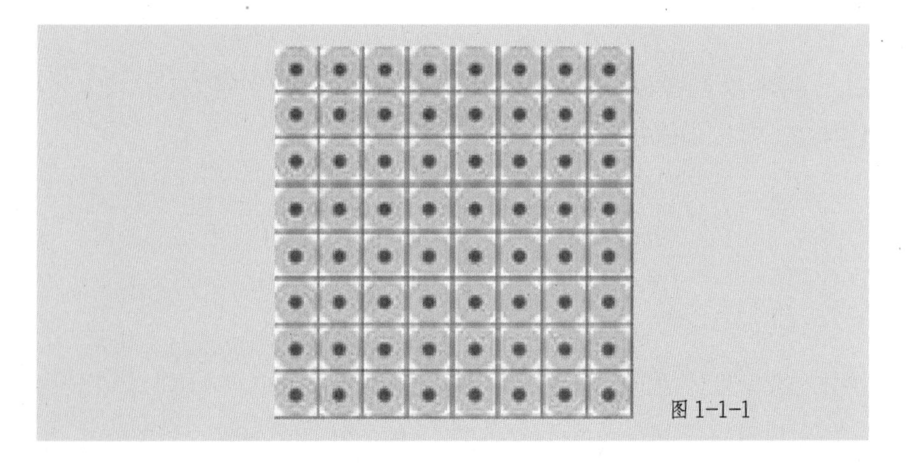

图 1-1-1

2. 4∶2∶2

4∶2∶2 采样格式（见图 1–1–2）为高品质专业化视频格式，Y'、CB、CR 图像的色度值是平均分配的，也就是说一个 CB 和 CR 样本，或者一组“CB/CR”对应一个 Y'（亮度）样本。尽管使用 4∶4∶4 源文件获得的效果会更好，但是这个最低的色度次级取样历来被视作胜任高品质合成及颜色校正的最佳方法。4∶2∶2 源文件由众多更高端的视频摄像机生成，包括：DVCPRO HD、AVC–Intra/100 和 XDCAM HD422/50 等。

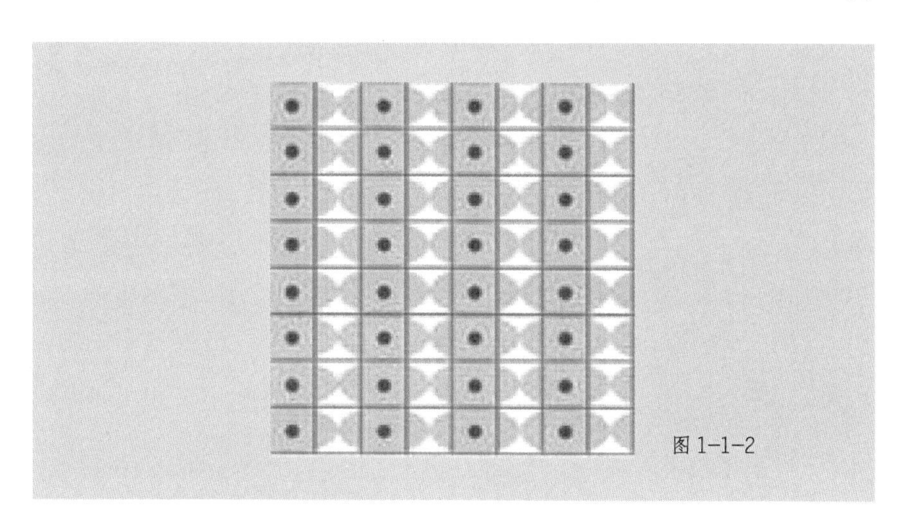
图 1–1–2

3. 4∶2∶0 和 4∶1∶1

4∶2∶0 和 4∶1∶1 这两种采样格式（见图 1–1–3 和图 1–1–4）的色度解析度是这几种格式中最低的，每 4 个亮度样本只有一个 CB/CR 色度信号对。这两种格式广泛应用于各类消费型摄影机和专业摄影机。根据摄影机图像系统的品质，4∶2∶0 和 4∶1∶1 格式可提供出只供观赏的图像品质。然而，在合成工作流程中，合成部分周围明显的瑕疵将很难避免。HD4∶2∶0 格式包括 HDV、XDCAM HD 和 AVC–Intra/50，4∶1∶1 用于 DV 中。

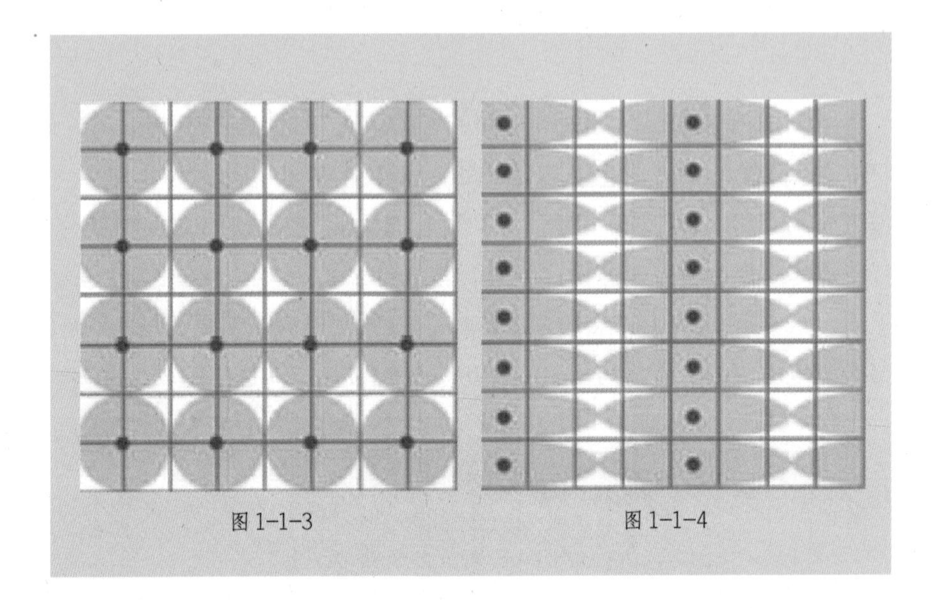

图 1-1-3　　图 1-1-4

1.1.3 数字视频标准

为了在PAL、NTSC和SECAM电视制式之间确定共同的数字化参数，国家无线电咨询委员会（CCIR）制定了广播级质量的数字电视编码标准，被称为 CCIR 601 标准。该标准对采样率、采样结构、色彩空间装换等都作了严格的规定。

1. 采样频率

为了保证信号的同步，采样频率必须是电视信号行数的。CCIR 为 NTSC、PAL 和 SECAM 制式指定了共同的电视图像采样标准：

fs=13.5 MHz

这个采样频率正好是 PAL、SECAM 制行频的 864 倍，是 NTSC 制行频的 858 倍，可以保证采样时采样时钟与行同步信号同步。对于

4∶2∶2 的采样格式，亮度信号用 fs 频率采样，两个色差信号分别用 fs/2=6.75 MHz 的频率采样。由此可推出色度分量的最小采样率是 3.375 MHz。

2. 分辨率

根据采样频率，可算出对于 PAL 和 SECAM 制式每一扫描采样 864 个样本点；对于 NTSC 制式则是 858 个样本点。由于电视信号每一行都包括一定的同步信号和回扫信号，故有效的图像信号样本点并没有那么多，CCIR 601 规定对所有的制式，其每一行的有效样本点为 720 点。由于不同制式其每帧的有效行数不同（PAL 和 SECAM 制为 576 行，NTSC 制为 484 行），CCIR 定义 720×480 为高清晰度电视（HDTV）的基本标准。

3. 数据量

CCIR 601 规定，每个样本点都按 8 位数字化，即有 256 个等级。但实际上亮度信号占 220 级，色度信号占 225 级，其他位作同步、编码等控制用。如果按 fs 的采样率、4∶2∶2 的格式采样，则数字视频的数据量为：

$$13.5\ \text{MHz} \times 8\ \text{bit} + 2 \times 6.75\ \text{MHz} \times 8\ \text{bit} = 27\ \text{Mbyte/s}$$

同样可以算出，如果按 4∶4∶4 的方式采样，数字视频的数据量为 40 Mbyte/s。按 27 Mbyte/s 的数据量来计算，一段 10 秒的数字视频就要占用 270 Mbyte 的存储空间。按此数据，对于一部电影长度为 120 分钟，电视节目也以小时计，数字化后的视频信号的数据量会十分巨大；再因数据传输介质的速度影响，会导致大量数据丢失，因而会影响到就收端的质量，会出现跳帧现象。这种未压缩的数字视频数据量对于目前的大多数计算机和网络来讲无论是从存储或传输都是不现实的，因此，在众多媒体中应用数字视频的关键问题是数字视频的压缩技术。

不同类型视频的码率及1张CD-ROM可容纳的时间长度见表1-1-1。

表1-1-1

视频类型	码率（KB/s）	700 MB的CD-ROM可以容纳的时间长度
未经压缩的高清视频（1 920×1 080 29.97 f/s）	745 750	7.5 s
未经压缩的标清视频（720×480 29.97 f/s）	167 794	33 s
DV25（miniDV/DVCAM/DVCPRO）	25 000	3 min，44 s
DVD影碟	5 000	18 min，40 s
宽带网络视频	100~2 000	3 h，8 min（500 KB/s）

1.1.4　数字视频的压缩

视频压缩又称编码，是一种相当复杂的数学预算过程，其目的是通过减少文件的数据冗余，以节省存储空间，缩短处理时间，以及节约传送通道等。根据应用领域的实际需要，不同的信号源及其存储和传播的媒介决定了压缩编码的方式，压缩比率和压缩效果也各不相同。

压缩的方式大致分两种：一种是利用数据之间的相关性，将相同或相似的数据特征归类，用较少的数据量描述原始数据，以减少数据量，这种压缩通常被称为无损压缩；另一种是利用人的视觉和听觉的特性，有针对性地简化不重要的信息，以减少数据，这种压缩通常被称为有损压缩。

有损压缩又分为空间压缩和时间压缩。空间压缩针对每一帧，将其中相近区域的相似的色彩信息进行归类，用描述其相关性的方式取代每一个像素的色彩属性，省去对于人眼视觉不重要的色彩信息；时间压缩又称插帧压缩（Interframe Compression），是在相邻帧之间建立相关性，描述视频帧与视频帧之间变化的部分，并将相对不变的成分作为背景，从而大大减少不必要的帧的信息。相对于空间压缩，时间压缩更具实用性，并有着更多的发展空间。

1.2　数字视频相关知识

1.2.1　帧速率

当一系列连续的图片进入人眼睛的时候，由于视觉暂留的作用，人们会错误地认为图片中的静态元素动了起来。而当图片显示的速度足够快的时候，我们便无法分辨每张静止的图片，视觉上就会形成平滑的动画效果。动画是电影和电视的基础，每秒钟显示的图片数量被称为帧速率，单位是帧 / 秒（f/s）。大约 10 帧 / 秒的帧速率就可以产生平滑连贯的动画，低于这个速率，就会产生画面跳跃。

传统电影的帧速率为 24 帧 / 秒。在不同的国家和不同的地区，所使用的电视制式标准的不同，也会具有不同的帧速率。

1.2.2　电视制式

目前，世界上通用的电视制式有美国和日本等国家使用的 NTSC 制，中国和大部分欧洲国家使用的 PAL 制，以及法国等国家使用的 SECAM 制。

NTSC 制式是美国在 1953 年研制出来的，并以美国国家电视系统委员会（National Television System Committee）的缩写命名。这种制式的供电频率为 60 Hz，帧速率为 29.97 帧 / 秒，扫描线为 525 行，各行扫描。采用 NTSC 制式的国家和地区有美国、加拿大、墨西哥和韩国等。

PAL 制式是 1962 年由前联邦德国在综合 NTSC 制式技术的基础上研制出来的一种改进方案。这种制式的供电频率为 50 Hz，帧速率为 25 帧 / 秒，扫描线为 625 行，隔行扫描。采用 PAL 制式的国家和地区有中国、绝大部分欧洲国家、南美洲地区和澳大利亚等。

SECAMA 制式是 1966 年由法国研制出来的，与 PAL 制式有着同样的帧速率和扫描线数。采用 SECAM 制式的国家和地区有俄罗斯、法国、中东和大部分非洲国家等。

我国采用 PAL 制式，PAL 制式克服了 NTSC 制式的一些不足，相对于 SECAM 制式，又有着很好的兼容性，是标清中分辨率最高的制式。

1.2.3　标清与高清

标清（SD）与高清（HD）是两个相对的概念，是尺寸上的差别，而不是文件格式上的差异。高清简单理解就是分辨率高于标清的一种标准。在标清中分辨率最高的就是 PAL 制式，可视垂直分辨率为 576 线，高于这个标准的即为高清，尺寸通常为 1 280 × 720 或 1 920 × 1 080，帧宽高比为 16 : 9，相对标清，高清的画质有了大幅度提升。

根据尺寸和帧速率的不同，高清分为不同的格式，其中尺寸为 1 280 × 720 的均为逐行扫描，而尺寸为 1 920 × 1 080 的在比较高的帧速率时不支持逐行扫描（如表 1-2-1 所示）。

表 1-2-1

格　式	尺　寸	帧速率
720 24p	1280×720	23.976 帧 / 秒 逐行
720 25p	1280×720	25 帧 / 秒 逐行
720 30p	1280×720	29.97 帧 / 秒 逐行
720 50p	1280×720	50 帧 / 秒 逐行
720 60p	1280×720	59.94 帧 / 秒 逐行
1080 24p	1920×1080	23.976 帧 / 秒 逐行
1080 25p	1920×1080	25 帧 / 秒 逐行
1080 30p	1920×1080	29.97 帧 / 秒 逐行
1080 50i	1920×1080	50 场 / 秒 25 帧 / 秒 隔行
1080 60i	1920×1080	59.94 场 / 秒 29.97 帧 / 秒 隔行

由于高清是一种标准，所以它并不拘泥于媒介和传播方式。高清可以是广播电视的标清、DVD 的标准，还可以是流媒体的标准。当今，各种视频媒体形式都在向高清的方向发展。目前，很多视频软硬件都支持高清视频的摄制、编辑与输出，可以很轻松地组建一套高清视频编辑系统。

第 2 章

在这一章中，主要介绍大洋 ME 非线性编辑系统中项目的创建与管理。

项目是一个包含了故事板和相关素材资源的系统文件，存储了故事板和素材的一些相关信息，如采集设置、特效和音频等。同时，项目中还包含了编辑操作的一些数据，如素材剪辑的入点、出点，以及各个效果的参数。

本章要点

◎ 项目的创建

◎ 项目文件的管理

◎ 项目窗口的管理

2.1　项目的创建

创建项目是开始整个剪辑工作流程的第一步，只有按照剪辑工作的需要配置好项目设置并进行相应管理，才能更好地将剪辑工作进行下去。通过双击桌面的大洋 ME 系统快捷启动图标或单击屏幕左下方的“开始”按钮，使用“程序→ Dayang →应用程序→ MontageExtreme”命令，即可启动大洋 ME 系统。大洋 ME 系统在启动过程中会出现欢迎界面，下方将动态显示出系统组件装载进度。

2.1.1　新建项目

启动了大洋 ME 系统之后，将会进入登陆窗口（见图 2-1-1），在这里可以进行新建、打开最近编辑项目、导入 / 导出历史项目等操作。

图 2-1-1

在登陆界面中点击"新建"按钮，会弹出“新建项目”窗口（见图2-1-2），在窗口中对应的输入栏中，可以输入项目名称、选择相应的视频制式标准和视音频模板，点击"确定"按钮确认后，创建一个新的项目。

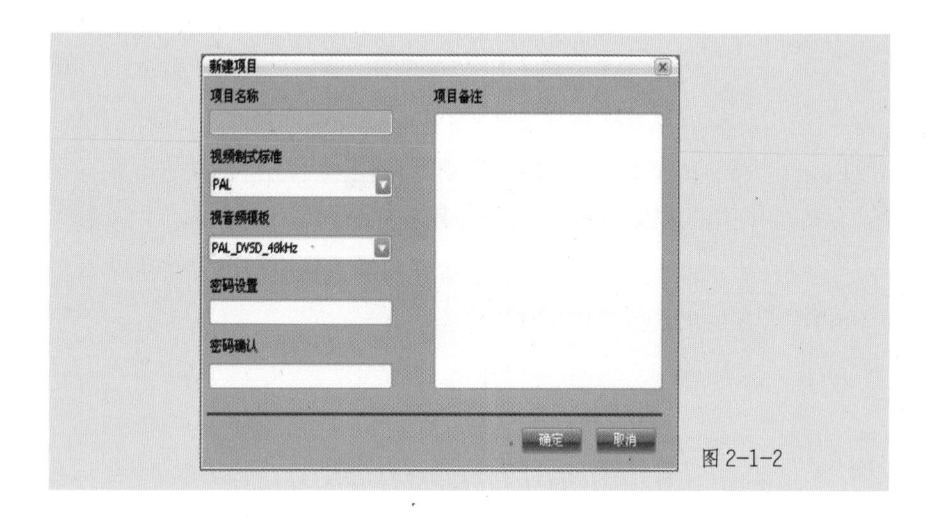

图 2-1-2

• 项目名称：用于设置项目的名称（项目名可为英文、中文或数字）。

• 视频制式标准：用于设置编辑项目的制式。

• 视音频模板：用于系统预置的选择视音频模板。

如进行标清节目编辑，根据所在地区选择对应制式（中国使用PAL制），在视音频模板选项中，可根据摄像机类型选择DVSD（Sony）、DV25、DV50（Panasonic）或其他；如进行高清节目编辑，那么在视频制式标准和视音频模板选项中，对应选择HD1080i–25（中国使用）和HD_MPEG2I_100M_48kHz。

• 密码设置\密码确认：可对项目设置密码，防止他人进行项目修改。一旦设置项目密码，在打开和删除该项目时也需输入密码才能操作。

经过短暂的加载过程，进入大洋 ME 系统主编辑界面。在继续弹出的“是否修改项目设置”对话框中，选择 是 按钮可以进一步设置项目参数（见图 2–1–3），选择 否 按钮直接进入非编系统（见图 2–1–4）。

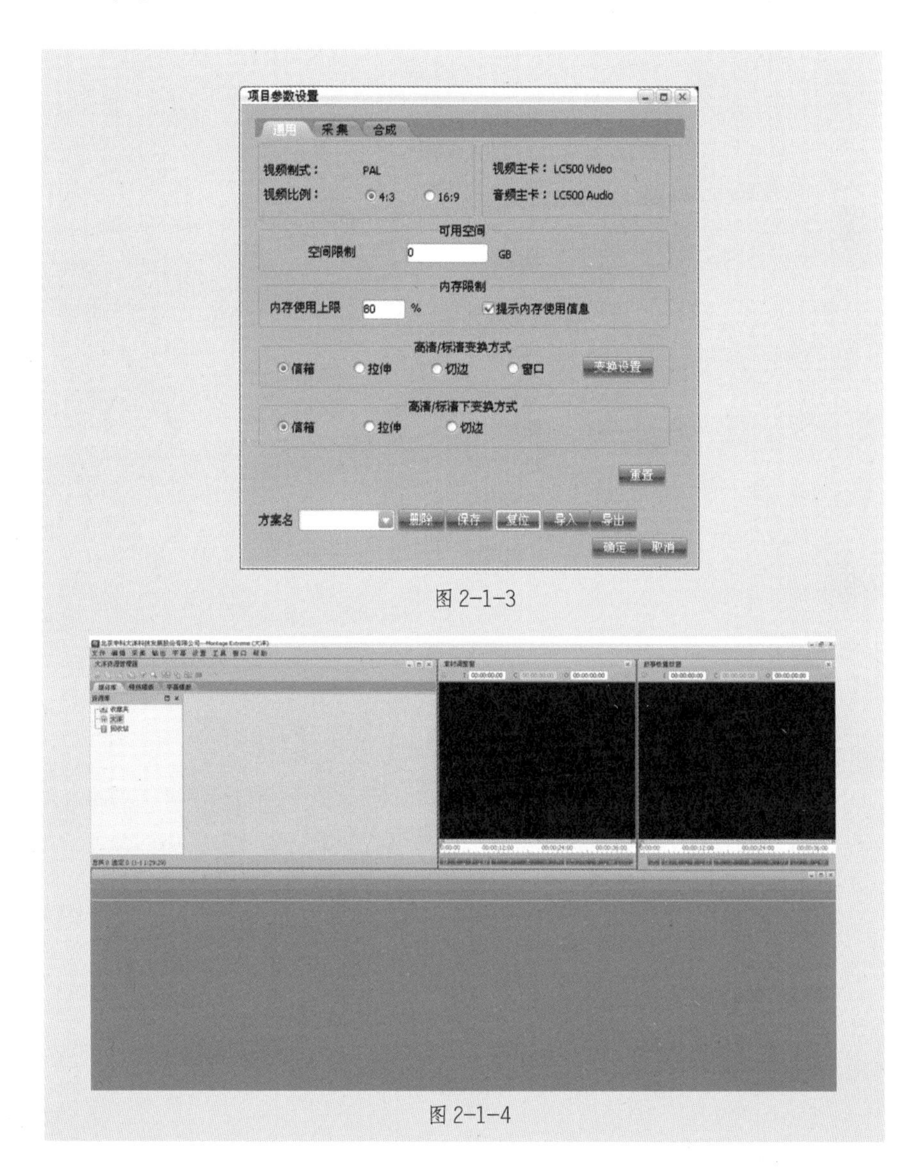

图 2–1–3

图 2–1–4

在大洋 ME 系统已打开的情况下，新建项目可以通过使用主菜单命令“文件→新建项目”来实现（见图 2-1-5）。

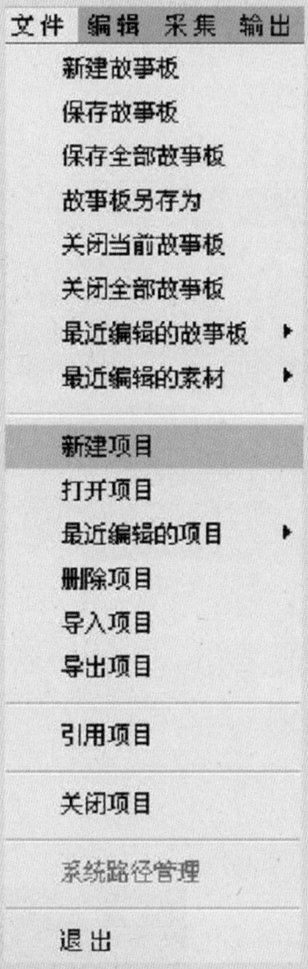

文件 编辑 采集 输出
新建故事板
保存故事板
保存全部故事板
故事板另存为
关闭当前故事板
关闭全部故事板
最近编辑的故事板
最近编辑的素材
新建项目
打开项目
最近编辑的项目
删除项目
导入项目
导出项目
引用项目
关闭项目
系统路径管理
退出

图 2-1-5

2.1.2 打开项目

对已有项目进行编辑，启动大洋 ME 系统后，在登陆窗口“最近打开项目”栏中选择所需编辑的已有项目，点击 打开选中 按钮（见图 2-1-6），即可打开已有项目进行编辑。

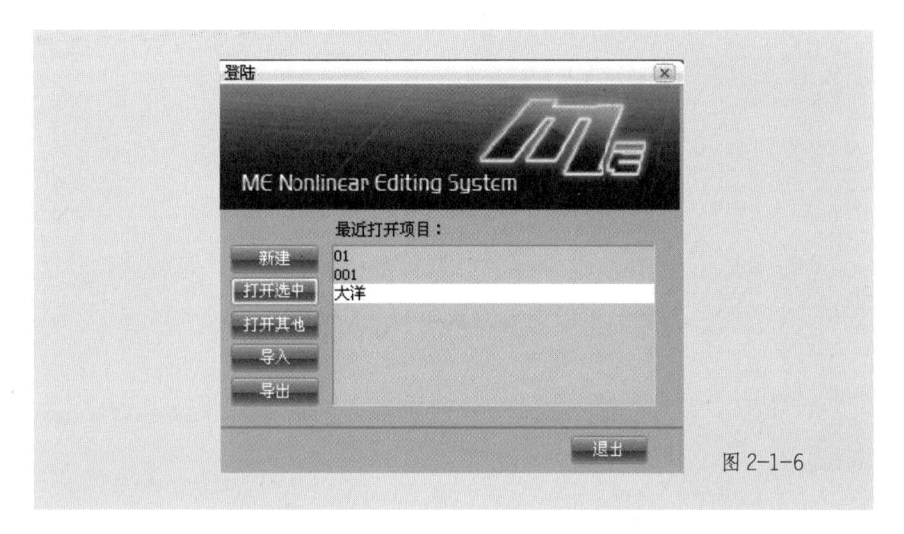

图 2-1-6

如大洋 ME 系统当前正在运行一个项目，需切换至其他项目进行编辑时，使用主菜单命令“文件→打开项目”，系统会提示关闭当前项目，选择按钮保存当前项目后，在弹出的项目列表中，选择所需打开的项目（见图 2-1-7），即可打开另一项目。

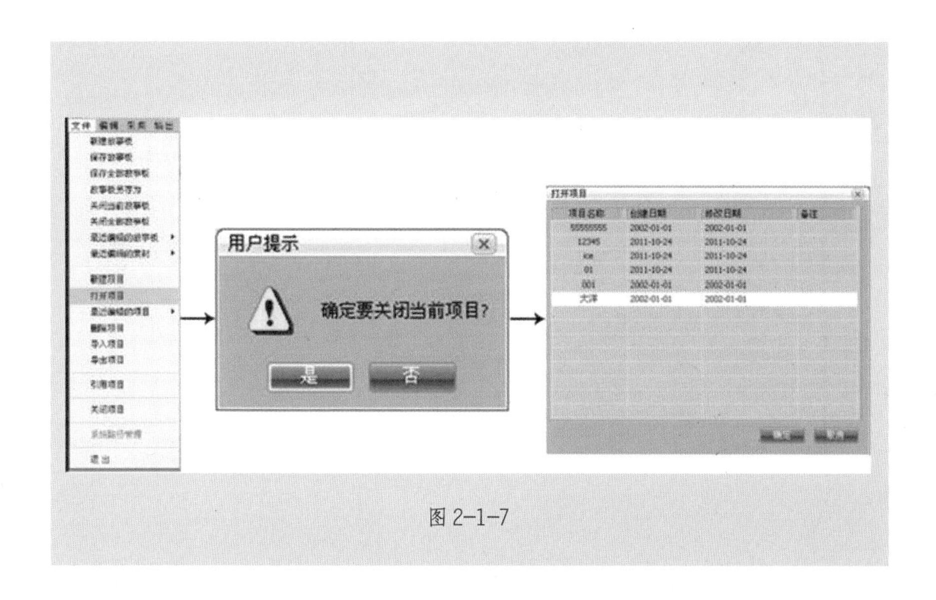

图 2-1-7

2.2 项目的管理

如已创建或打开项目，在进行节目制作和编辑后，系统会自动生成一个项目文件，我们可以对此文件进行相应的管理和应用。

2.2.1 删除项目

对已有项目文件的删除操作，可通过以下两种方式进行：

方法 1：打开大洋 ME 系统，点击退出按钮退出登陆框，使用主菜单命令“文件→删除项目”（见图 2-2-1），删除所有已建项目。

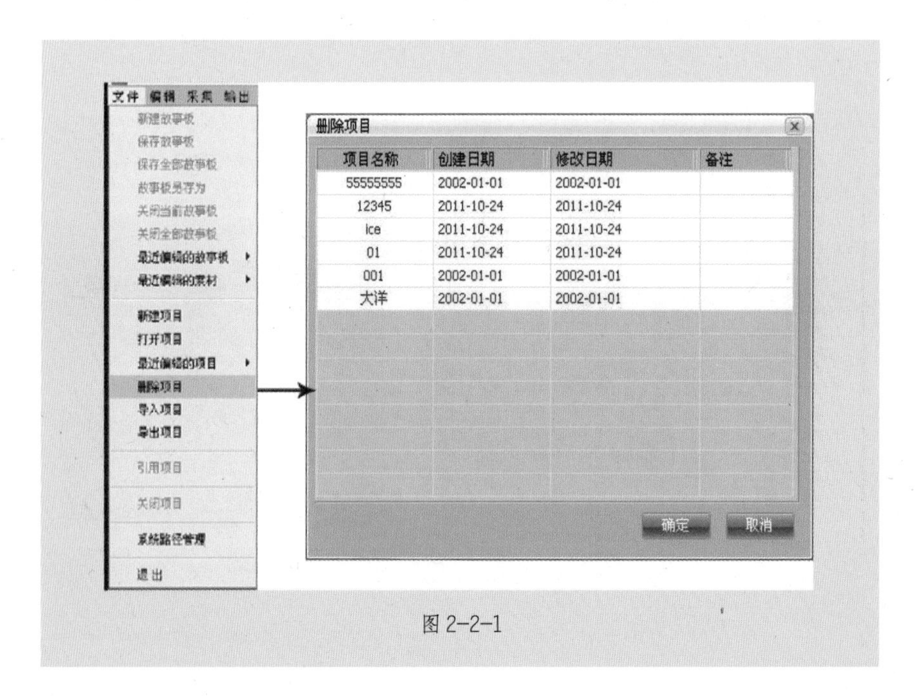

图 2-2-1

方法 2：项目处于当前编辑状态下，使用主菜单命令“文件→删除项目”，选中欲删除项目点击 确定 按钮后即可删除（此操作无法删除正在编辑的项目）。

2.2.2　引用项目

在编辑中，需引用其他项目进行编辑，可使用主菜单命令“文件→引用项目”，选择要引用的项目名称（见图 2-2-2），点击 确定 按钮确认后，进入主编辑界面；在资源库中随即添加被引用项目的树型结构，方便调用被引用项目下的媒体文件。

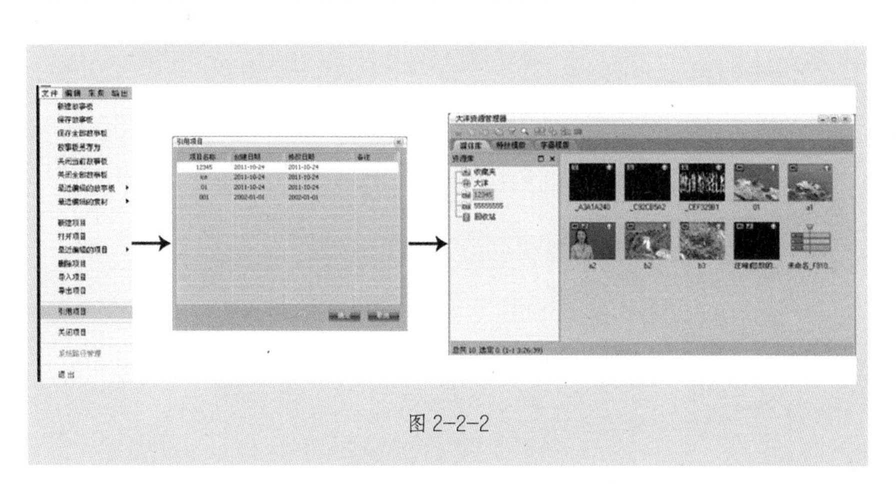

图 2-2-2

引用素材时不会在新项目中生成数据文件，故在被引用项目删除此素材后，引用该素材的项目也将此素材视为丢失。

2.2.3 最近编辑的项目

大洋 ME 系统将自动记录最近编辑过的项目，以方便在各项目间切换使用。使用主菜单命令“文件→最近编辑的项目”，在出现的下级子菜单最近编辑项目列表中，选择需进行编辑的项目（见图 2-2-3），即可打开最近编辑的项目进行编辑。

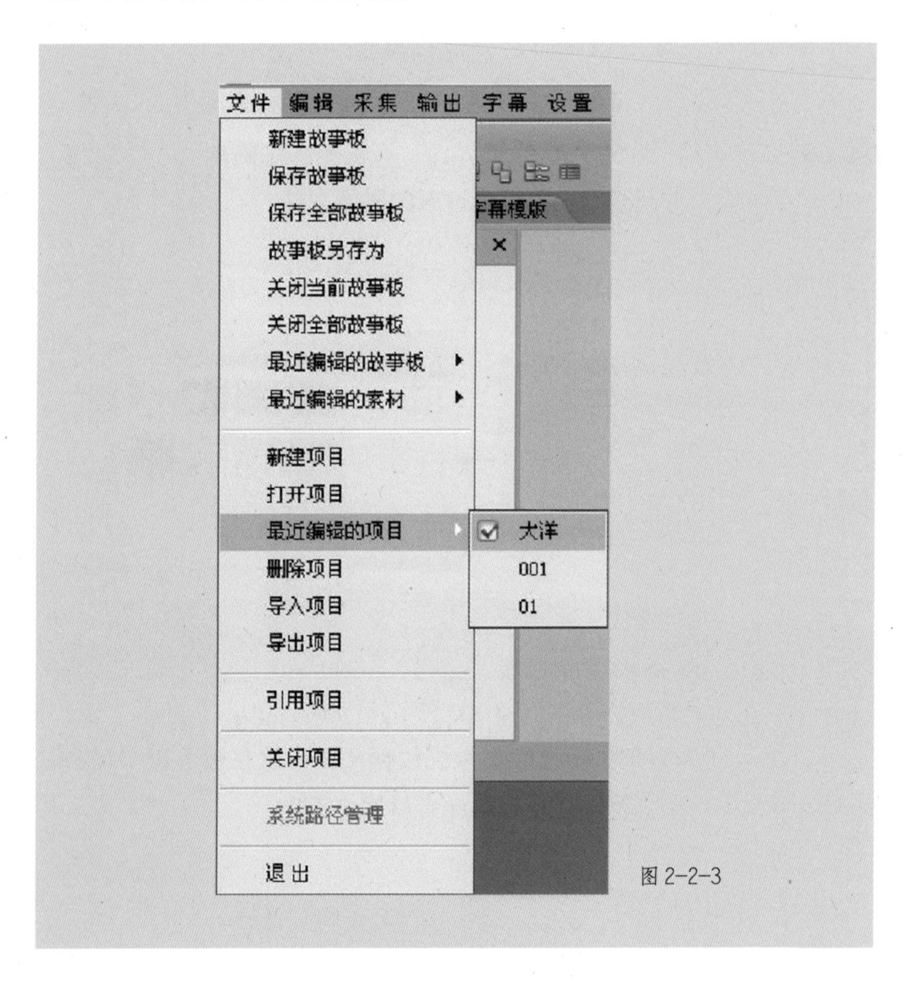

图 2-2-3

2.2.4　关闭项目

退出大洋 ME 系统的操作，点击界面右上角 ×（关闭）按钮或使用主菜单命令“文件→关闭项目”，关闭当前正在编辑的项目。系统会弹出提示窗（见图 2-2-4），点击 是 按钮确认后即可退出。

图 2-2-4

2.2.5　项目导入

需编辑他人创建的项目时，项目导入功能可实现对其他项目的导入。在大洋 ME 系统的“登陆”窗口中点击 导入 按钮或通过使用主菜单命令“文件→导入项目”来实现（见图 2-2-5）。

图 2-2-5

在使用菜单命令“文件→导入项目”后，会出现导入选择对话窗（导入的文件后缀名为 *.proj），选择目标项目文件，点击确定按钮确认（见图 2-2-6）。

图 2-2-6

选择确认后即弹出导入成功提示窗，点击确定按钮确认，完成项目的导入（见图 2-2-7）。

图 2-2-7

2.2.6　项目导出

在不同的大洋 ME 工作站之间交流项目，或对项目进行整体备份时，就需要对目标项目进行导出操作。在大洋 ME 系统的“登陆”窗口中点击 导出 按钮（见图 2-2-8），或者在系统中使用主菜单命令“文件→导出项目”。

需要注意的是，主菜单命令“文件→导出项目”选项无法导出正在打开的项目。

图 2-2-8

使用菜单命令“文件→导出项目”后，会弹出“导出项目”对话窗，选择需导出的项目后，点击 确定 按钮确认（见图 2-2-9）。

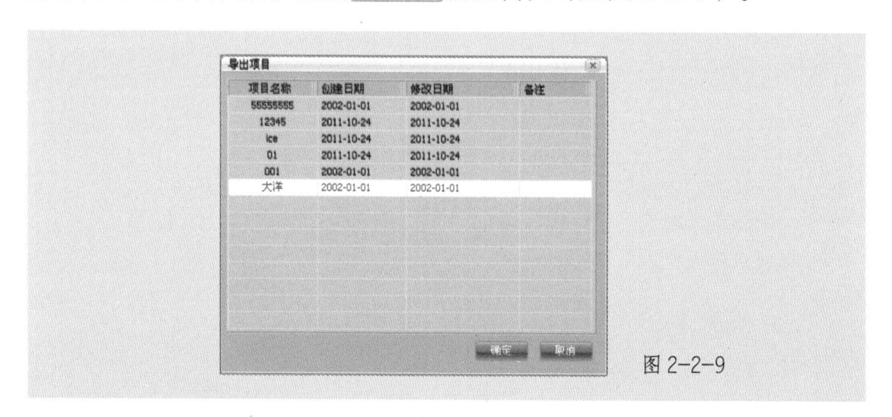

图 2-2-9

随后，会弹出导出目录设置窗，指定项目素材的存储位置后点击 确定 按钮确认（见图 2–2–10）。

图 2–2–10

在弹出的导出成功提示窗中点击 确定 按钮确认，完成项目的导出（见图 2–2–11）。

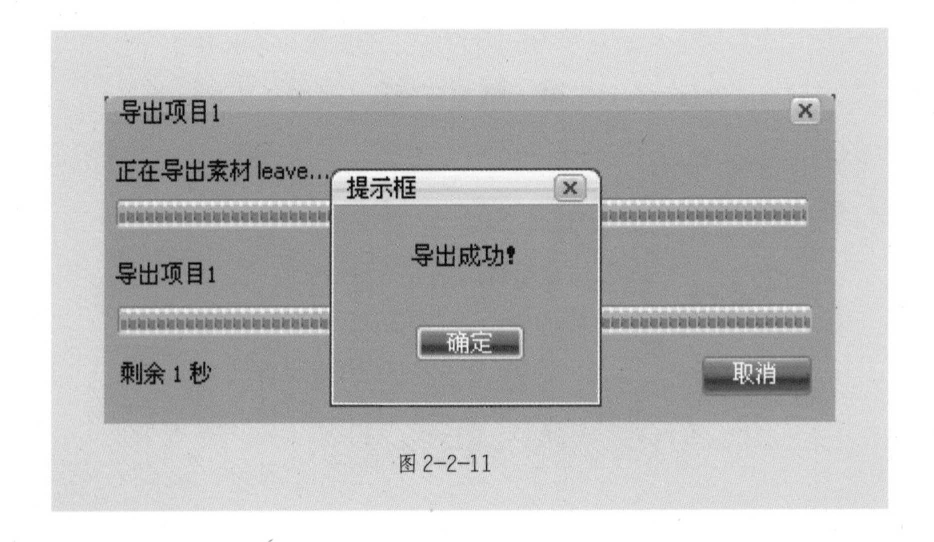

图 2–2–11

由于项目导出是将该项目用到的所有素材和信息一并导出，因此导出过程可能会持续相当长的时间，导出的时间取决于项目大小和磁盘读写速度。在设置的目标路径下可以看到导出的以 PRJ 开头的文件夹，其中包含该项目所有的数据文件和信息文件（见图 2-2-12）。

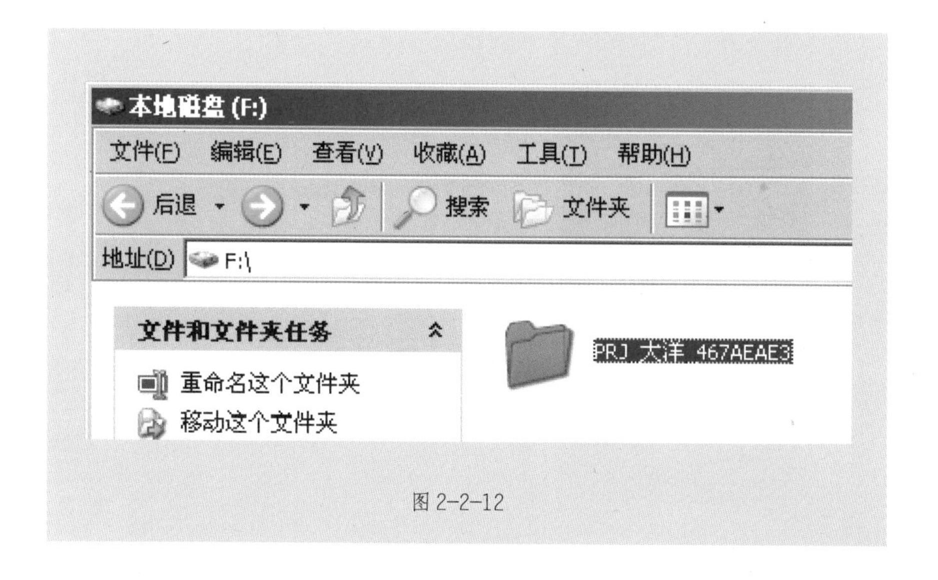

图 2-2-12

2.3　窗口管理

打开大洋 ME 系统后，即可进入系统界面。界面分为四个主要操作窗口（见图 2-3-1），分别为大洋资源管理器、素材调整窗、故事板播放窗和故事板编辑窗。各窗口以独立的方式紧密相邻，操作中可根据自己的操作习惯以拖拽的方式对这些窗口进行相应的管理。

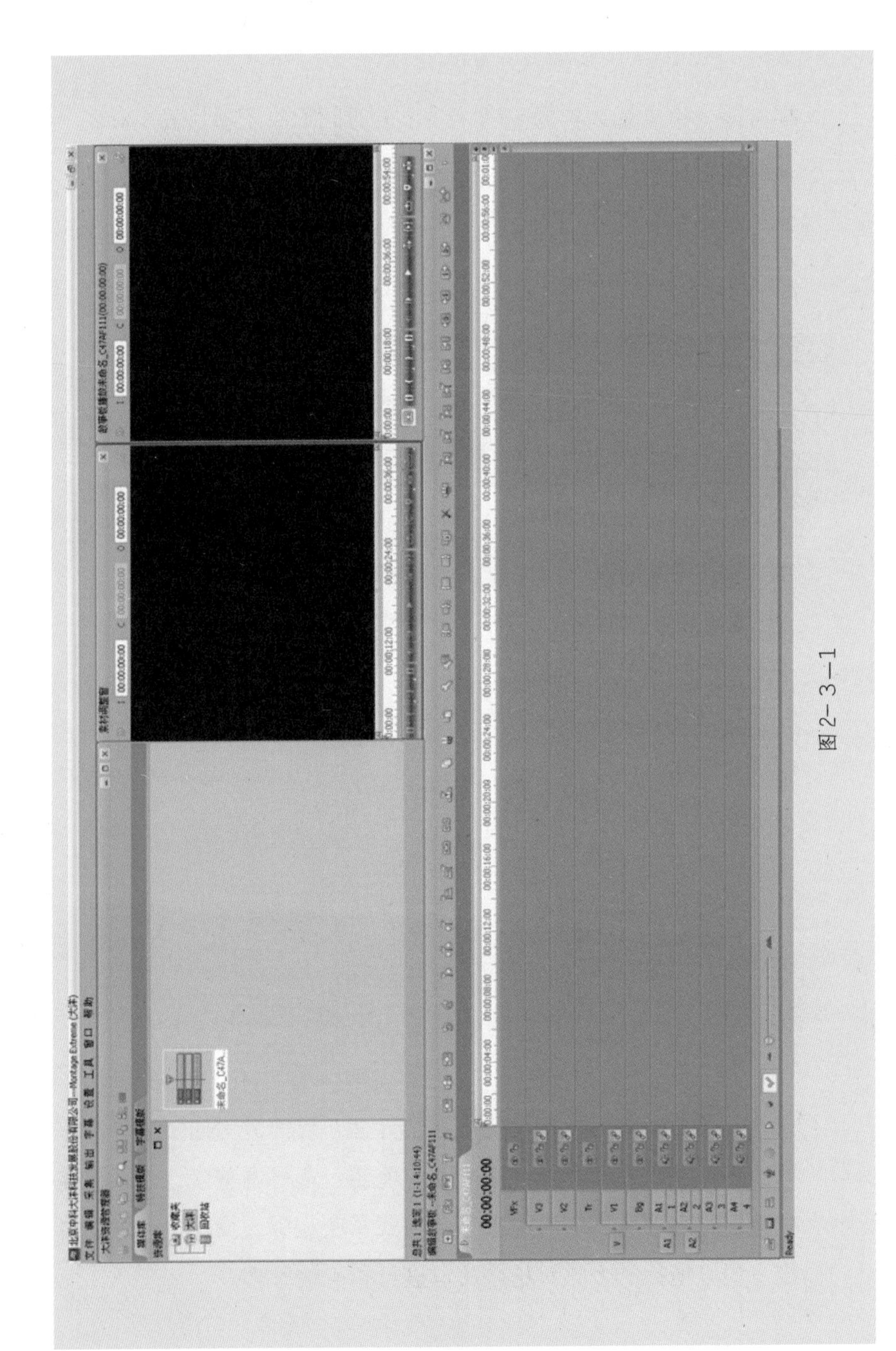

图 2-3-1

2.3.1　大洋资源管理器

大洋资源管理器是整个项目的核心，用于对整个项目中所包含的资源进行管理，包括：素材、故事板、字幕文件、特效等。在下面章节中将对该窗口的操作使用做详细介绍。

2.3.2　素材调整窗

素材调整窗主要作用是对源素材的预览，同时也可进行素材的调整、剪辑以及对素材音频进行预处理等操作。

视窗上部显示有调入素材的名称，左侧提供有扩展菜单项，视窗中部是回显窗口，右侧提供有工具菜单项，中间是三组常用时码显示（默认时码从左往右依次为入点时码、当前时码和出点时码）。

视窗下部提供了一组功能按钮，主要用来实现对素材的播放预览、逐帧搜索、设置入 / 出点、向轨道添加素材段等操作。

扩展菜单（位于窗口左上角）（见图 2–3–2）：设有属性页、更新素材库、时码线到指定位置、时码控件排列、最新编辑的素材等选项。

• 属性页：用于查看当前所调入素材的基本信息、标记点、关键帧、索引帧等信息。

• 更新素材库：对源素材重新设置入点后，使用此命令，设置的入点画面将替换素材原肖像。

• 时码线到指定位置：用于快速精确地将时间线跳转到指定的编辑点位置（见图 2–3–3）。

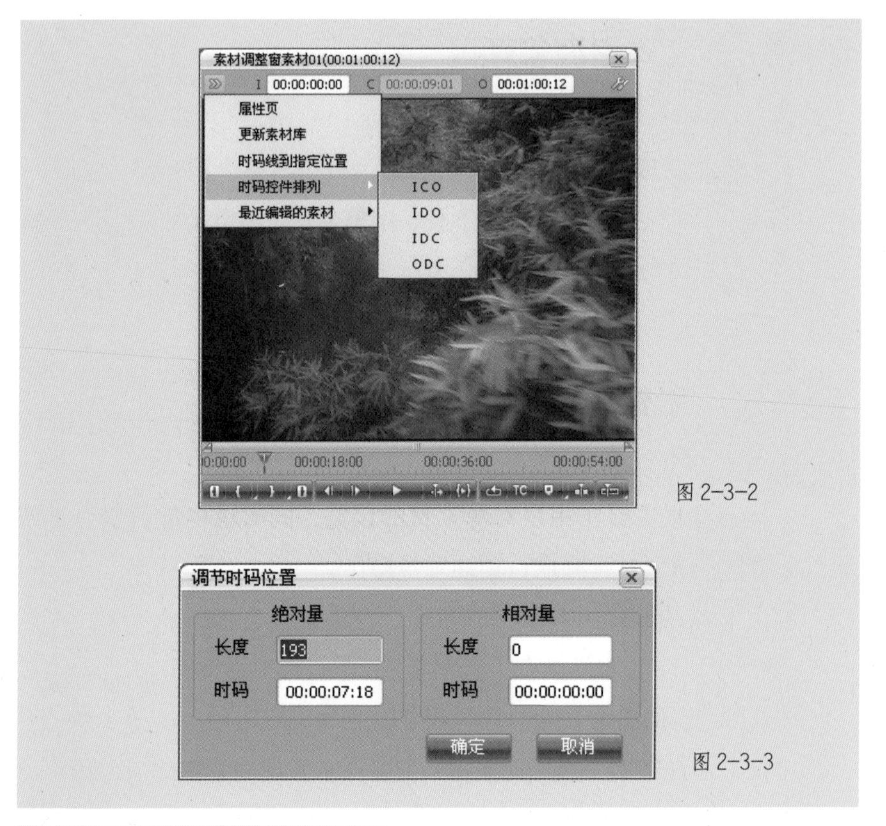

图 2-3-2

图 2-3-3

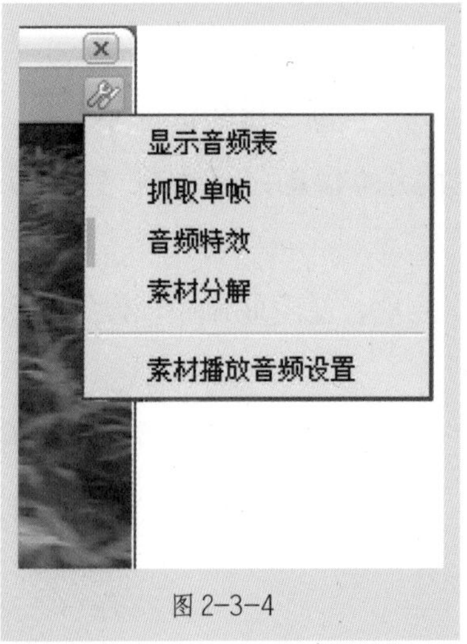

图 2-3-4

• 时码控件排列：用于设置素材调整窗上部时码控件的排列方式。

系统提供四组排列方式。其中 I 代表入点时码，C 代表当前时码，O 代表出点时码，D 代表入出点时长。

• 最新编辑的素材：提供最近十次浏览过的素材名称，以便快速调出所需的素材进行编辑。

工具菜单（位于窗口右上角）（见图 2-3-4）提供显示音频表、抓取单帧、音频特效、素材分解、素材播放音频设置等选项。

• 显示音频表：该命令可以弹出标准音频 VU 表，以便在浏览素材时预监每路音频状态和输出电平值。

• 抓取单帧：用于将素材调整窗中的当前画面导出为一张 TGA 图片。

• 音频特效：是大洋音频特效调整窗的启动项。

• 素材分解：可将源素材按场景内容或按设定长度，自动抽取出关键帧，也可将源素材分解为多个子素材。

• 素材播放音频设置：用于设置音频轨道与输出通道的对应关系（见图 2-3-5）。

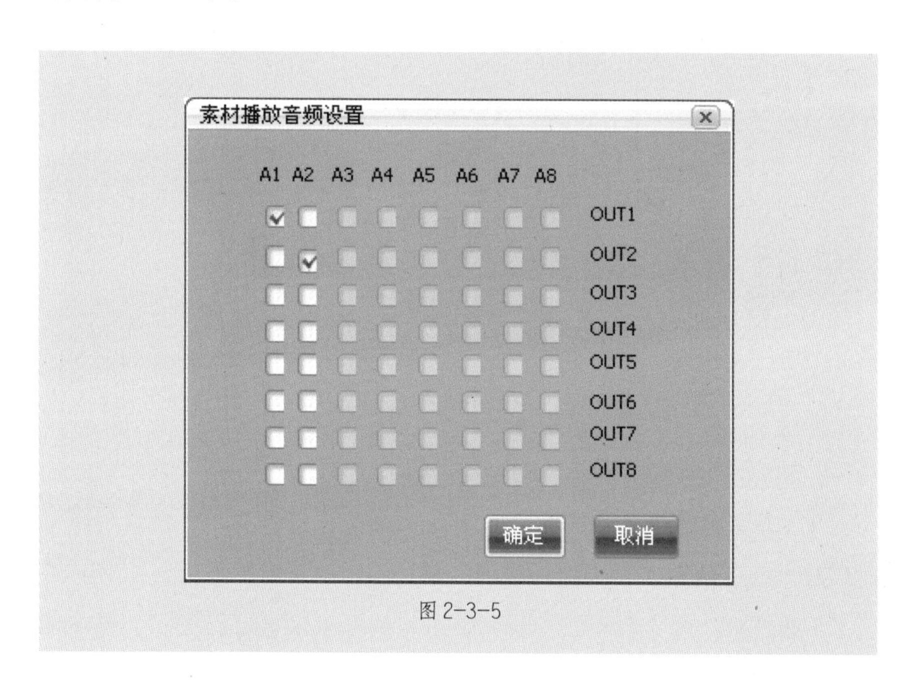

图 2-3-5

2.3.3　故事板播放窗

故事板播放窗用于对故事板编辑窗中的内容进行浏览和编辑（见图 2-3-6），其窗口布局与素材调整窗基本相同。

图 2-3-6

（1）扩展菜单（位于窗口左上角）中设有属性页、更新素材库、时码线到指定位置、时码控件排列、最近编辑的素材等选项。

• 属性页：用于查看当前编辑故事板的基本信息、标记点、操作记录和索引帧信息。

• 时码线到指定位置：用于快速精确地将时间线跳转到指定的编辑点位置。

•时码控件排列：用于设置故事板播放窗上部时码控制的排列。

•最近编辑的故事板：提供最近十次编辑过的故事板名称，以便通过历史记录快速打开所需要的故事板文件。

（2）工具菜单（位于窗口右上角）设有显示音频表、抓取单帧、输出到磁带等选项。

•显示音频表：该命令可弹出标准音频 VU 表，以便在浏览故事板时预监每路音频状态和输出电平值。

•抓取单帧：可以将故事板播放窗中的当前画面导出为一张 TGA 图片。

•输出到磁带：该选项同主菜单中的“故事板→故事板输出到磁带”命令相同，用于实现故事板遥控打点输出到录机。

2.3.4　故事板编辑窗

故事板编辑窗是编辑节目的主要窗口，系统提供多种编辑工具进行编辑操作（见图 2–3–7）。故事板编辑窗主要由故事板工具栏、轨道头、故事板标签页和时间线编辑区几部分组成。

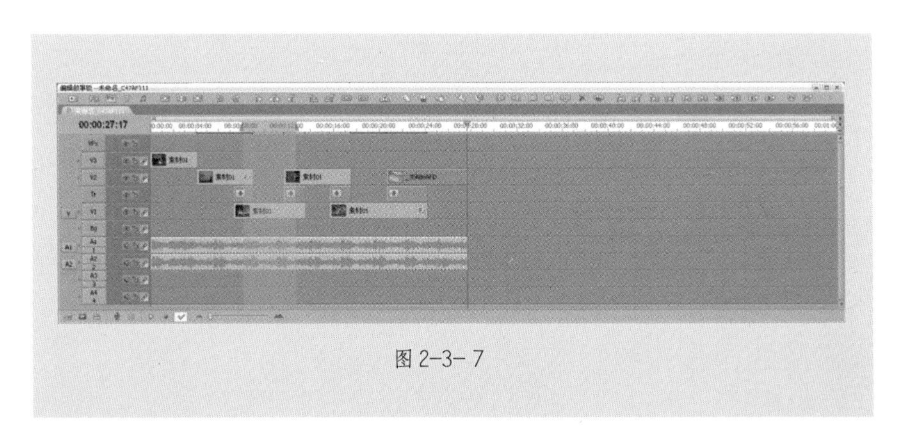

图 2–3– 7

注意：与其他非编系统的不同之处在于，在大洋 ME 系统中，工具栏是与故事板编辑窗整合在一起的，而非独立的，其位置始终居于故事板编辑窗上方，无法改变。

1. 故事板工具栏

故事板工具栏涵盖了编辑中几乎全部的编辑功能，通过主菜单中的“系统设置”选项，可对故事板工具栏进行自定义，精简不常用的工具按钮。

2. 编辑窗轨道首工具栏

该工具栏主要提供了各编辑轨道的状态设置。通过主菜单中“用户喜好设置”选项，可以修改初始的轨道种类和数量，以及各轨道默认的状态属性。

3. 编辑窗标签页

故事板标签页将对应显示编辑的故事板名称，设有的创建、保存、另存、关闭等操作选项；在多故事板编辑时还可以将编辑窗游离到指定位置，实现多故事板平铺展开，方便故事板间的资源浏览和调用。

4. 时间线编辑区

时间线的操作在编辑中非常重要，拉动时间线不仅可以快速浏览故事板，而且素材编辑的许多操作也都需要时间线来进行定位。时间码与时间线对应，大洋 ME 系统中的时间码以“时:分:秒:帧”的方式显示时间线所在位置。编辑窗中的左侧可以看到时间码显示，在拉动时间线进行浏览时，时间标尺上也会浮动蓝色时间码，以方便查看当前编辑时间码。

第 3 章
系统设置

在这一章中，主要介绍大洋 ME 非线性编辑系统中的各项系统参数的设置。

操作者可以根据自己的需要对系统的编辑环境、操作方式、快捷键等参数进行调整和预置，从而使软件更加符合自己的工作习惯。

在大洋 ME 系统提供的系统设置中，包括项目参数设置、用户喜好设置和视音频参数设置等几部分。

● 项目参数设置中主要包括了对编辑环境、视音频格式和空间内存方面的一些设置，这些设置仅对当前正在进行的项目生效。

● 用户喜好设置则主要是定义故事板编辑时的显示方式、操作习惯和快捷键方面的内容，可以自定义一个适合于自己的工作环境。

● 视音频参数设置则是对大洋 ME 系统的工作机制方面的设置，包括编辑、播放、编解码、D3D 和显示等方面的内容，这部分的设置将直接影响到整个系统的性能，因此不建议使用者对系统的预制参数进行设置。

本章要点

◎ 项目参数设置

◎ 用户喜好设置

◎ 系统视音频格式预制

◎ 视音频参数设置

◎ 工具栏自定义设置

◎ 热键自定义设置

3.1　项目参数设置

在大洋 ME 系统中，所有的编辑工作都是基于项目操作来进行的；在使用大洋 ME 系统工作时，往往需要进行不同类型节目的制作，这也就需要使用不同的编辑环境；项目参数设置正是提供了这样一种功能。项目参数设置分为通用、采集、合成三部分，下面分别介绍这三部分的设置。

3.1.1　通用设置

通用参数设置如图 3–1–1 所示。

•视频制式：显示当前编辑环境所采用的视频制式标准。

•视频比例：视频比例可以选 4∶3 或 16∶9 两种画面显示方式。

•视频主卡：显示系统当前使用的视频硬件板卡类型。

•音频主卡：显示系统当前使用的音频硬件板卡类型。

•空间限制：用于设定当前项目最大可以使用的存储空间。

•内存使用上限：用于设定大洋 ME 系统使用内存占系统总内存的百分比。

•提示内存使用信息：选中此项后，会在大洋 ME 系统占用内存达到内存使用上限时弹出提示窗，提示内存使用信息。

•上变换方式：用于处理在高清编辑环境下使用标清素材的显示问题。主要作用为：把标清 4∶3 的画面通过一定的变换方式变换为

16∶9的显示方式。系统提供了信箱、变形、切边和窗口四种上变换方式。

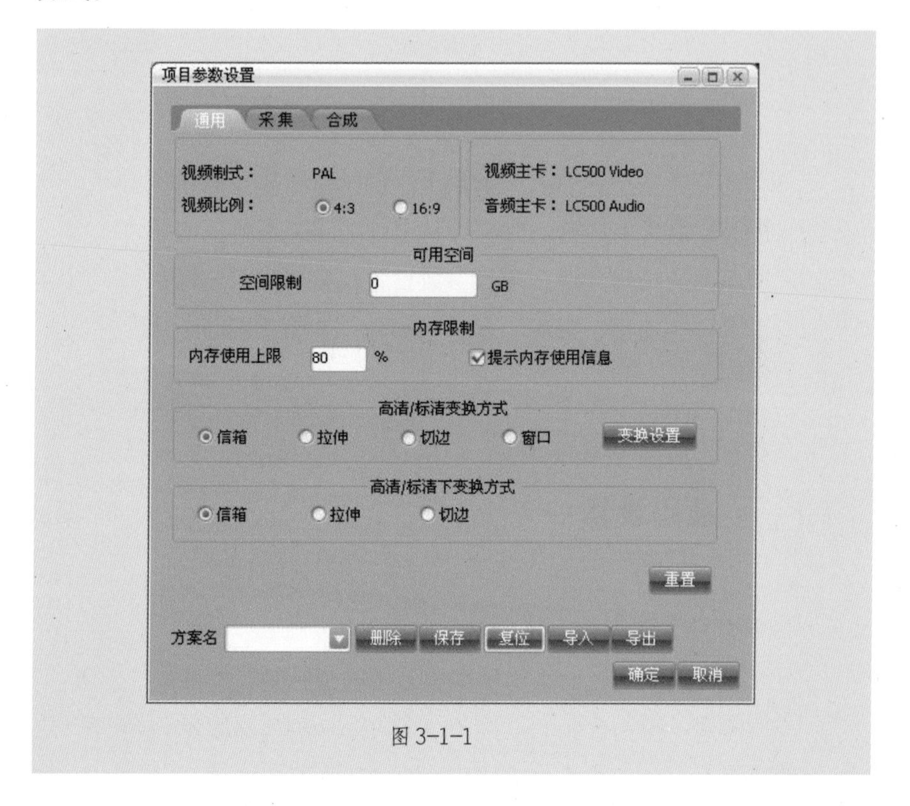

图 3-1-1

• 下变换方式：用于处理在标清编辑环境下使用高清或 HDV 的视频素材的显示问题。主要作用为：将高清画面通过一定的变换方式转换为 4∶3 的显示方式。系统提供了信箱、变形和切边三种下变换方式。

3.1.2 采集设置

采集参数设置如图 3-1-2 所示。

图 3-1- 2

• 视音频格式：用于设定当前项目采集时默认使用的视音频文件格式（见图 3-1-3）。如果已经在系统视音频参数预制中设定了视音频参数预制组，可以直接在默认格式处选择一个预制的组，也可以通过 高级 按钮来设定一组新的视音频文件格式参数。

• 采集丢帧处理：当采集发生丢帧现象时，系统将提供“中断采集”与“不中断采集”两种处理方式。

• 采集余量：用于设置采集时的入 / 出点余量（在所设定的入 / 出点范围之外进行指定额外记录的长度），单位为帧。

• 其他 : 大洋 ME 系统提供“采集时显示进度条”和“采集失败继续下一条”两种采集设置。

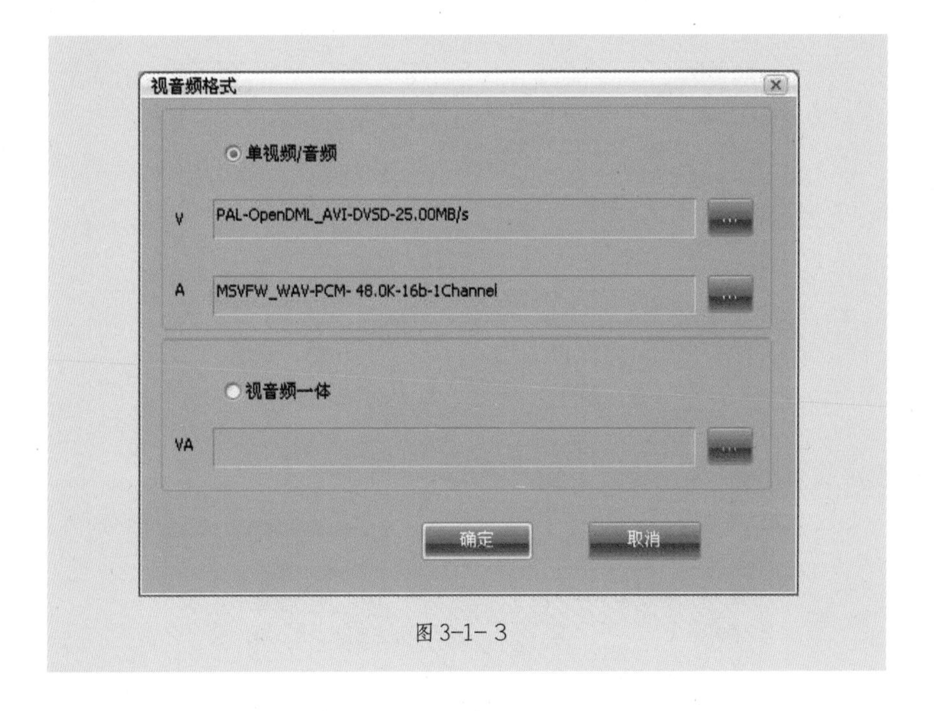

图 3-1- 3

3.1.3 合成设置

合成参数设置如图 3-1-4 所示。

• 视音频格式 : 用于设定当前项目合成时默认使用的视音频文件格式。

• 临时素材存储区 : 用于设置快速合成时生成的临时文件在大洋资源管理器中的存储位置。

• 输出到 1394 时是否忽略实时性检查：选中此项后，输出到 1394 时可忽略实时性，无需打包即可输出；反之，若故事板存在非实时部分，则需打包后才能输出到 1394。

图 3-1- 4

3.1.4 项目设置方案管理

在针对上述三个页签进行了相应的设置之后，可以把所做的这些设置作为一种方案保存起来，这样在需要使用同样设置的时候，就可以直接调用预设的方案。

在项目参数设置窗口的最下方，有一排按钮提供了项目设置方案的相关操作（见图 3-1-5）。

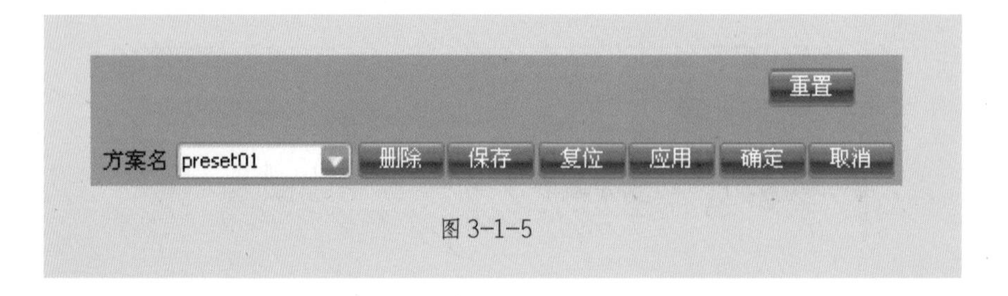

图 3-1-5

- 重置：在对某些参数进行调整后，可以通过重置恢复设置。
- 方案名 preset01 方案名：项目参数设置方案的名称。
- 删除 删除：删除当前方案名中选定的预制方案。
- 保存 保存：储存为设定的方案名保存窗口中所做设置。
- 复位 复位：将所做修改恢复为修改前的设置。
- 应用 应用：将所选方案或所做修改应用到当前打开的项目中。
- 确定 确定：应用所做修改并退出该设置窗口。
- 取消 取消：取消所做修改并退出该设置窗口。

3.2 用户喜好设置

用户喜好设置可以对系统界面的颜色、语言环境、操作热键等进行自定义，还可以对编辑制作中的常规提示、音频输出等进行设置。

3.2.1 通用设置

该窗口由通用、音频设置、热键设置和工具栏设置四个页签组成。

1. 通用

通用参数设置如图 3-2-1 所示。

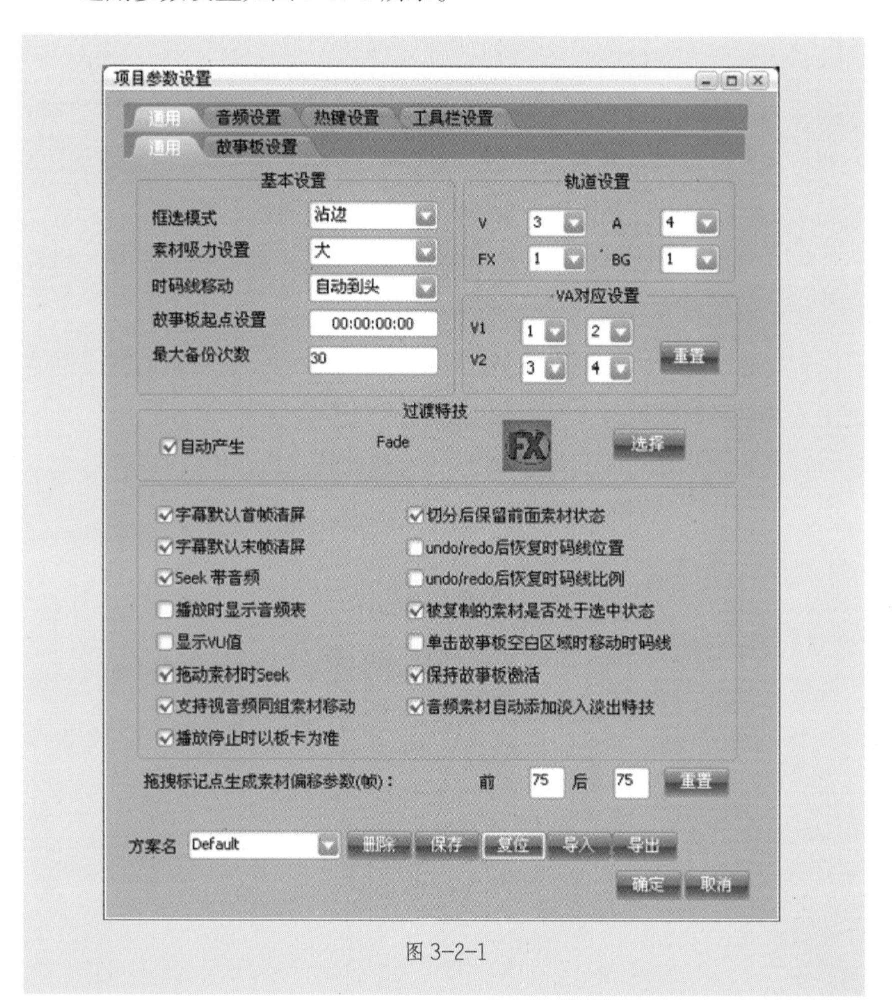

图 3-2-1

•框选模式：提供了“全部”和“沾边”两种框选方式。

设置为“全部”，只有素材被全部选框包括时才被选中；设置为“沾边”，只要被选框接触到的素材都会被选中。

•素材吸力设置：用于设置轨道对素材吸附的灵敏度，提供大、中、小三个等级。

•时间线移动：用于设置对轨道素材操作后时间线的位置变化，包括“自动到头”“自动到尾”和“自由”三种选项。

设置为“自动到头”时，在故事板编辑中选择或移动了某段素材后，时间线会自动跳到该素材的首帧位置；同理，其他两个选项分别对应时间线跳到素材尾帧位置和保留原位置不动。

•故事板起点设置：用于设置故事板的有效起始位置。

•最大备份次数：用于设置故事板编辑过程中的“撤销恢复”的队列长度，可选择 0—100 之间的整数值。

•轨道设置：用于设置在新建或打开故事板时，编辑轨的默认轨道类型、数量和轨道属性（见图 3-2-2）。

V 代表视频轨，A 代表音频轨，FX 代表特技轨，BG 代表背景轨。

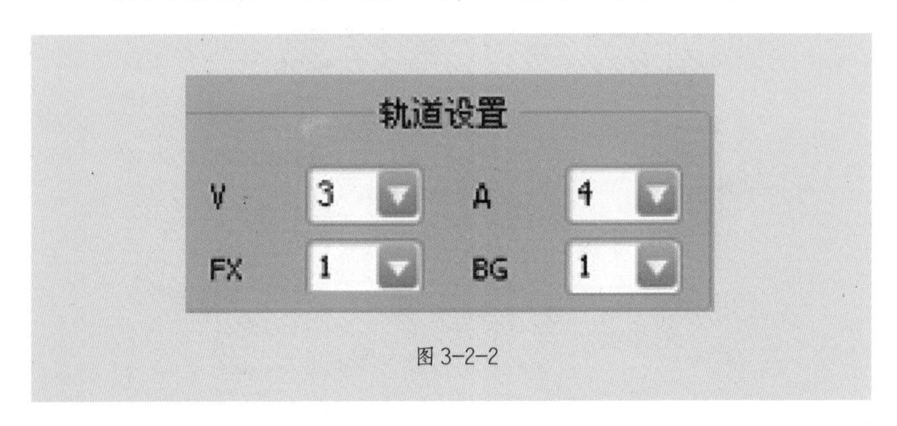

图 3-2-2

● 过渡特技：用于设置在 V1 和 V2 两轨之间是否自动添加过渡特技，并定制指定的过渡特技类型（见图 3-2-3）。通过点击选择按钮，在弹出的特技类型窗中可设定指定的特技类型。

图 3-2-3

● VA 对应设置：用于进行视、音频轨道的匹配设定（见图 3-2-4）。点击重置按钮可恢复系统默认状态。

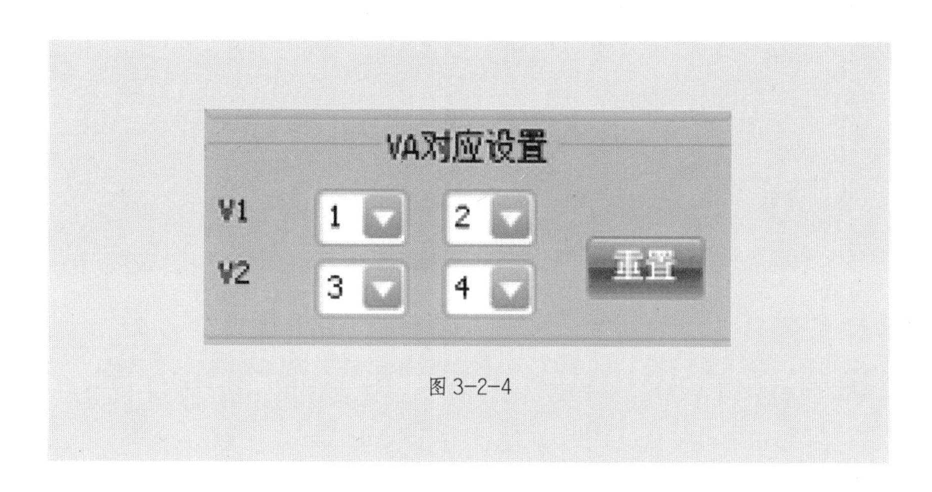

图 3-2-4

此外，大洋 ME 系统根据剪辑工作的需要还提供了“字幕默认首帧清屏”“字幕默认尾帧清屏”“Seek 带音频”“播放时显示音频表”“显示 VU 值”“拖动素材时 seek”“支持视音频同组素材移动”“切分后保留前面素材状态”“Undo/redo 后恢复时码线位置”“Undo/redo 后恢复时码线比例”“被复制的素材是否处于选中状态”“单击故事板空白区域时移动时码线”“保持故事板激活”“音频素材自动添加淡入淡出特技”等选项（见图 3-2-5）。

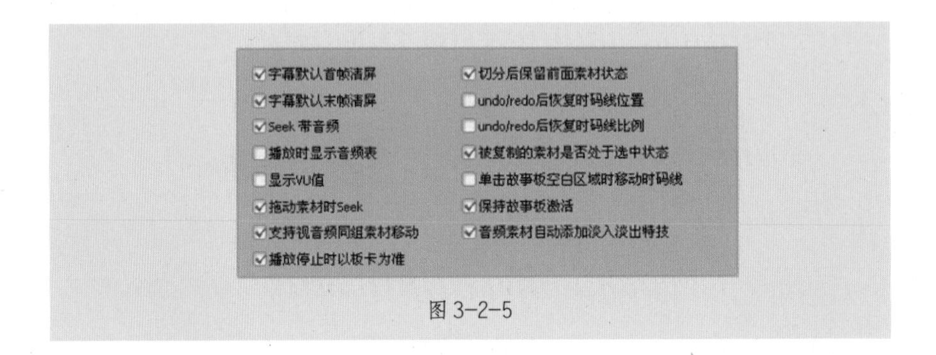

图 3-2-5

2. 故事板设置

故事板设置如图 3-2-6 所示。

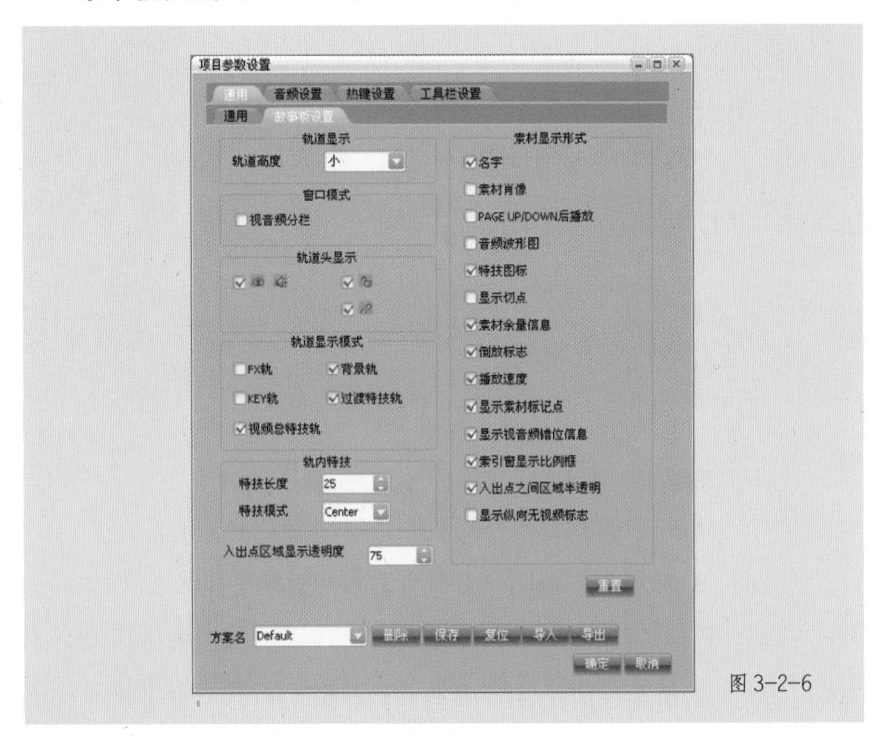

图 3-2-6

不分栏

分栏：使得视、音频得以独立编辑

图 3-2-7

• 轨道高度：用于设置故事板编辑轨道的高度，提供大、中、小三级设置。

• 视音频分栏：用于设置视频轨道与音频轨道是否自动呈分栏编辑状态（见图 3-2-7）。

划分为两个独立的窗口，可分别拖动右侧滚动条编辑视、音频而互不影响。

• 轨道头显示：用于设置轨道头所显示的轨道属性图标，选中为显示有效。

和分别表示视频轨道的有效和无效；和分别表示音频轨道的有效和无效；和分别表示轨道锁定和解锁，和分别表示轨道间的联动和不联动。

轨道显示模式：用于设置故事板编辑窗初始状态所显示的轨道类型，包括 FX 轨、Key 轨、视频总特技轨、背景轨、过渡特技轨等。

• 素材显示形式：用于设置故事板编辑轨中素材所直接显示出来的相关属性信息。

除了可以在此处设定外，还可通过点击故事板编辑窗口左下角的系统设置图标，在弹出菜单中选择需要显示的内容（见图 3-2-8）。

图 3-2-8

显示内容包括“名字”“素材肖像”“PAGE UP/DOWN 后播放”“音频波形图”“特技图标”“显示切点”“素材余量信息”“倒放标志”“播放速度”“显示素材标记点”“显示视音频错位信息”“索引窗显示比例框”“入出点之间区域半透明”“显示纵向无视频标志”等选项。

3.2.2　音频设置

音频设置用于设置故事板编辑音频轨与输出通道的对应关系（见图 3-2-9）。系统提供了多种音频轨与输出通道的配置方案，可以根据

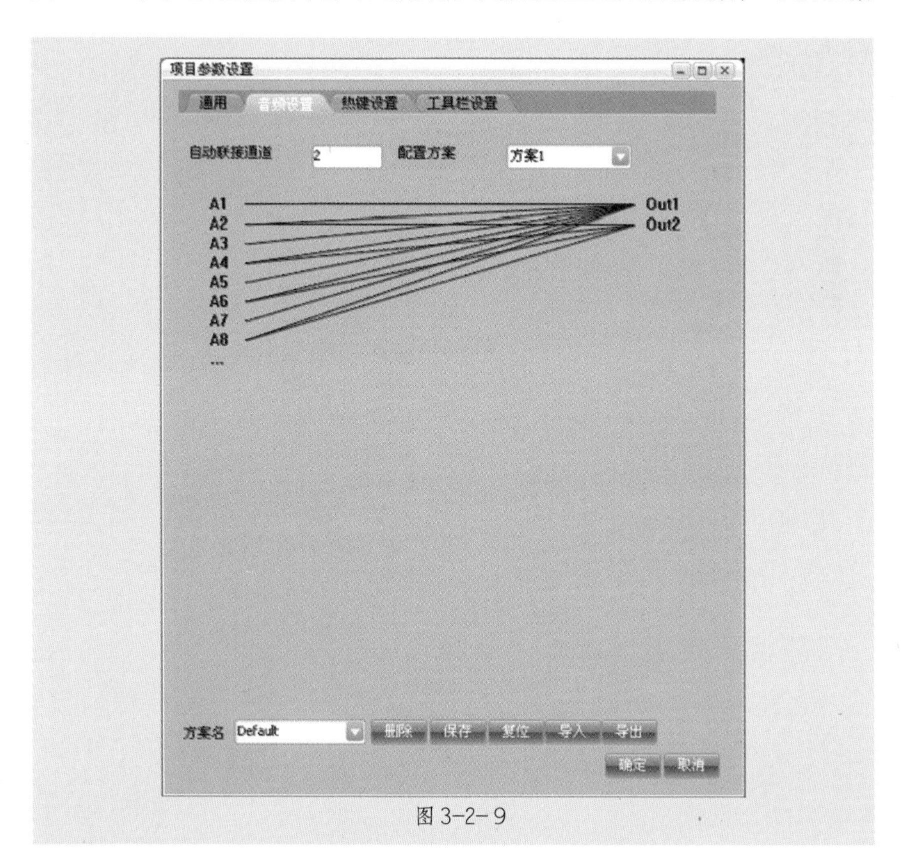

图 3-2-9

需要进行选择。

3.2.3 热键设置

根据自己的使用习惯自定义操作快捷键（见图 3–2–10）。选择“热键设置”后，首先用鼠标左键双击“本次设置”列中默认的快捷键，使

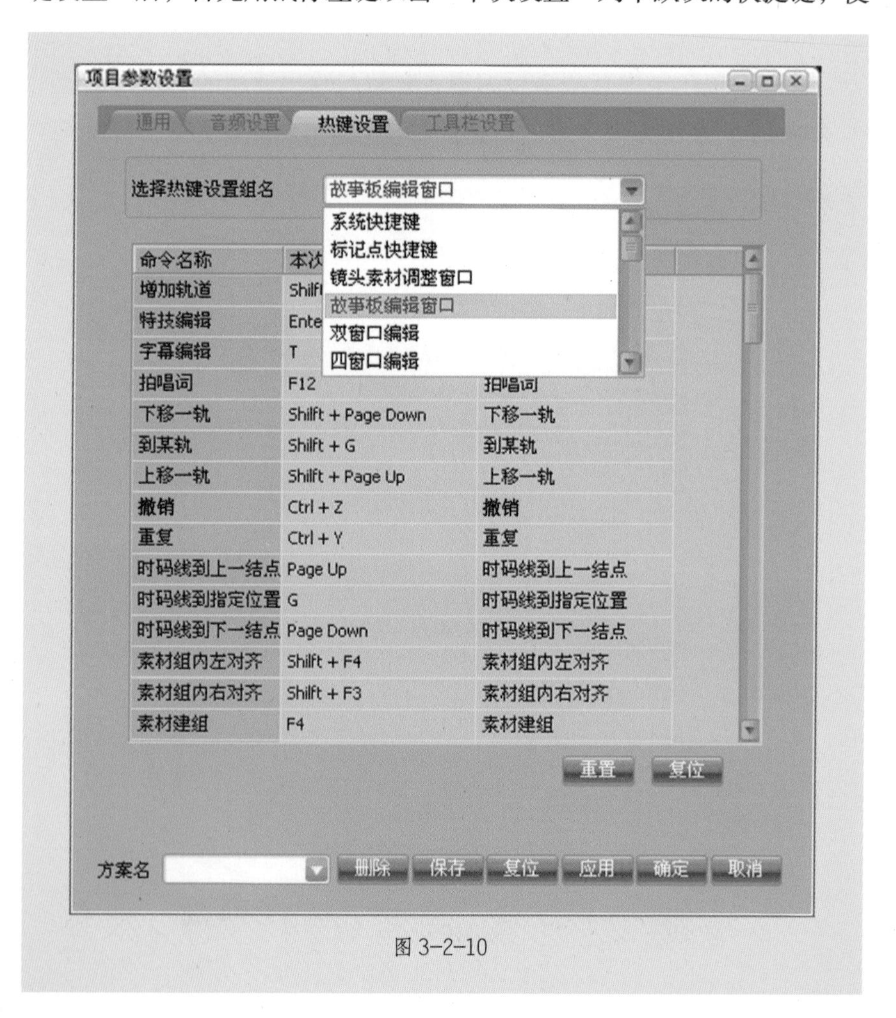

图 3–2–10

之成为可编辑状态，然后直接在键盘上按下新的快捷键或快捷键组合，即可修改（见图 3–2–11）。

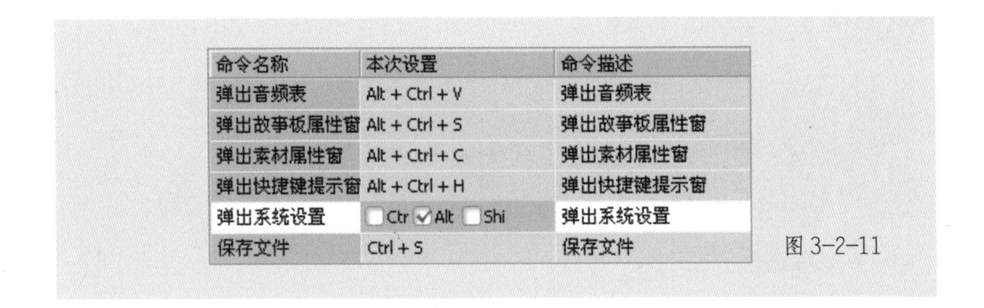

命令名称	本次设置	命令描述
弹出音频表	Alt + Ctrl + V	弹出音频表
弹出故事板属性窗	Alt + Ctrl + S	弹出故事板属性窗
弹出素材属性窗	Alt + Ctrl + C	弹出素材属性窗
弹出快捷键提示窗	Alt + Ctrl + H	弹出快捷键提示窗
弹出系统设置	Ctr Alt Shi	弹出系统设置
保存文件	Ctrl + S	保存文件

图 3–2–11

3.2.4 界面和工具栏设置

界面和工具栏设置如图 3–2–12 所示。

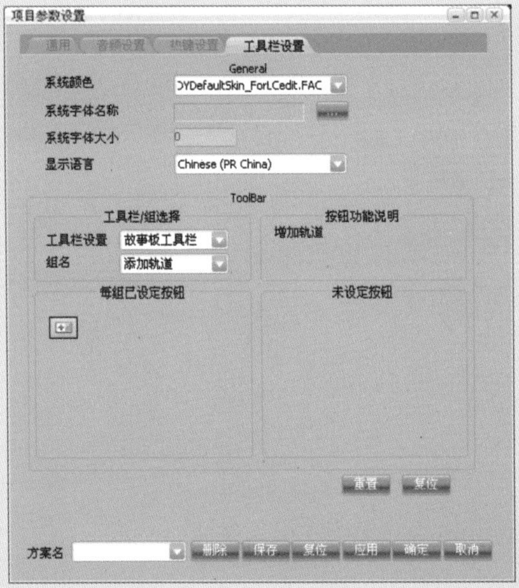

图 3–2–12

1. 界面设置

界面设置用于设置系统背景颜色、系统界面的字体和大小、系统语言环境等（见图 3–2–13）。

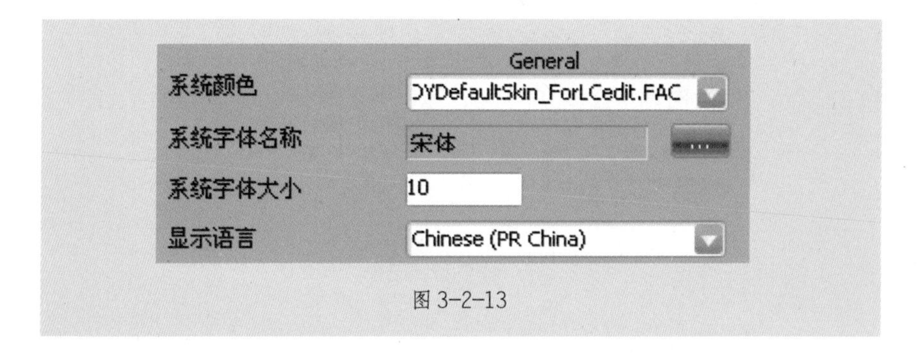

图 3–2–13

2. 工具栏设置

工具栏设置用于设置系统各功能窗口内工具栏中所显示的功能按钮（见图 3–2–14）。

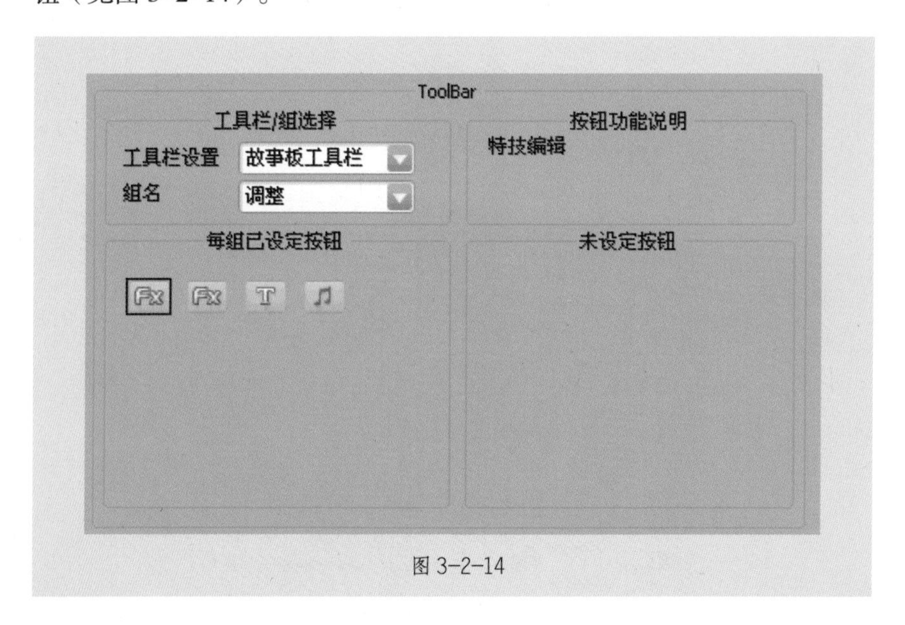

图 3–2–14

通过选择“工具栏设置”和“组名”，查看“每组已设定按钮”中所列图标，确定需要调整的功能项（如果对图标功能不熟悉，可点击图标，查看按钮功能说明）；选中需要调整的按钮图标，将其从“每组已设定按钮”区拖放到“未设定按钮”区，在执行“应用”命令后，修改即可生效。

工具栏设置由四部分组成：

• 工具栏 / 组选择：选择功能窗和相应窗口内的分类组名（见图3-2-15）。

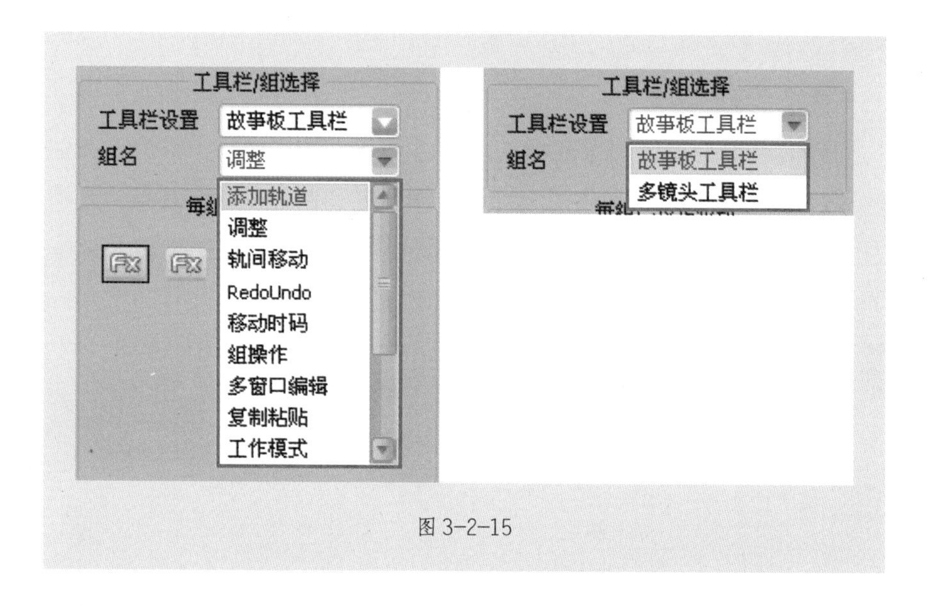

图 3-2-15

• 按钮功能说明：点击按钮图标，将在此显示该按钮的功能说明。

• 每组已设定按钮：列出该组已设定的可在工具栏中显示的按钮图标。

• 未设定按钮：不在工具栏显示的按钮图标。

3.3 系统视音频参数预制

大洋 ME 系统几乎支持所有的视音频格式，为了方便选择，系统提供了视音频参数预制功能。只要把经常用到的几种视音频格式进行预制，就可以在需要的时候方便快捷地选取这些格式。

在该界面中，可以增加或者删除视音频预制，对已有的预制组进行修改，还可以将当前的预制组进行导出或者导入在其他大洋 ME 系统上设置好的预制信息。

界面可以分为预制组列表、详细信息和工具按钮三个部分（见图 3-3-1）。预制组列表列出了当前系统中已经预制好的视音频组，在选中一个预制组后，详细信息区显示当前组所设置的具体的视音频格式；可以用工具按钮来增加、删除或者修改列表区的预制组。

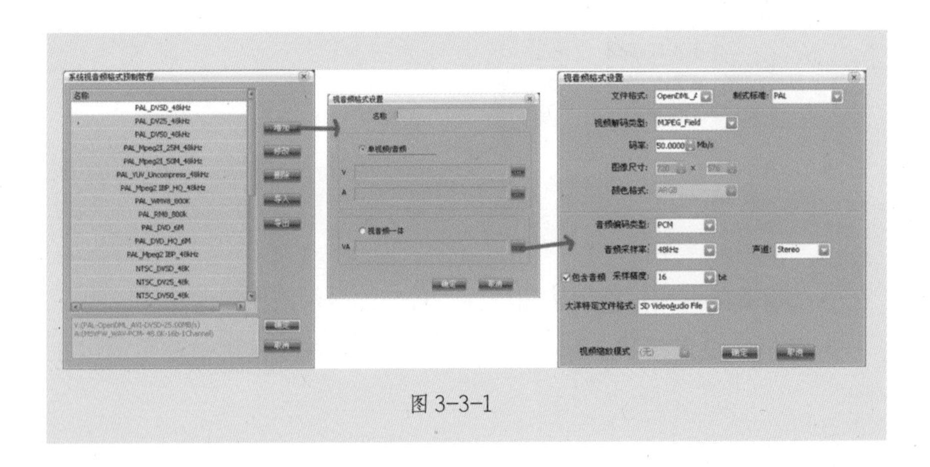

图 3-3-1

3.4　视音频参数设置

视音频参数设置是大洋 ME 系统针对在编辑中的系统的稳定性和视音频显示效果等进行的相关设定，包含编辑设置、播放设置、编解码设置、D3D 设置、运行设置、回显设置、系统设置和 I\O 卡设置八个设置卡。我们在这里主要就常用的几个设置卡做简单介绍。

3.4.1　编辑设置

在该选项卡中，可以选择视频输出质量的高低（见图 3-4-1）。

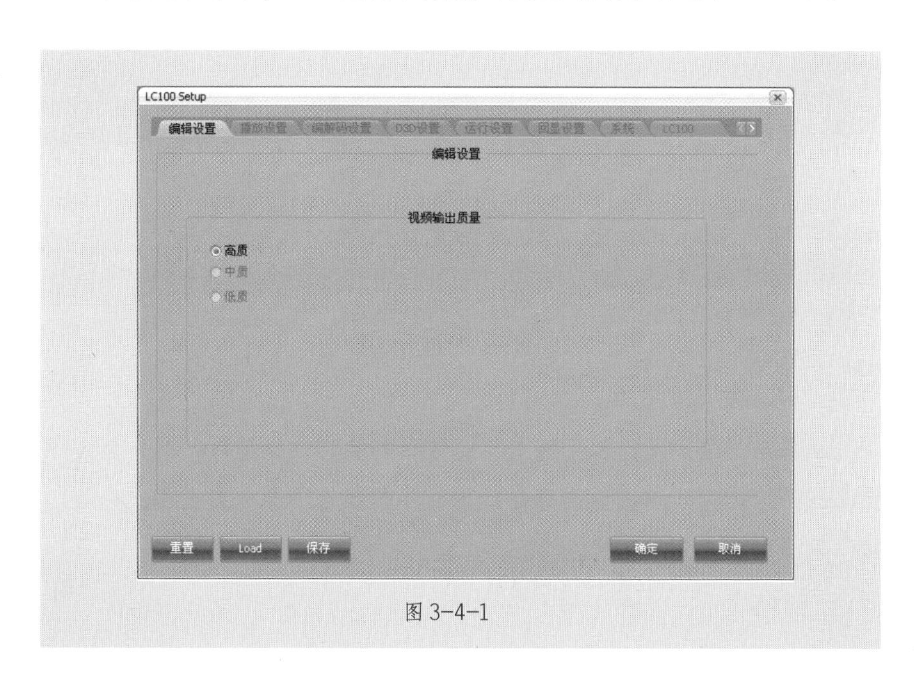

图 3-4-1

• 视频输出质量：此参数用来控制输出视频的质量，即通过板卡输出的视频质量，有高、 中、低三档可以选择。

3.4.2　播放设置

播放设置如图 3-4-2 所示。

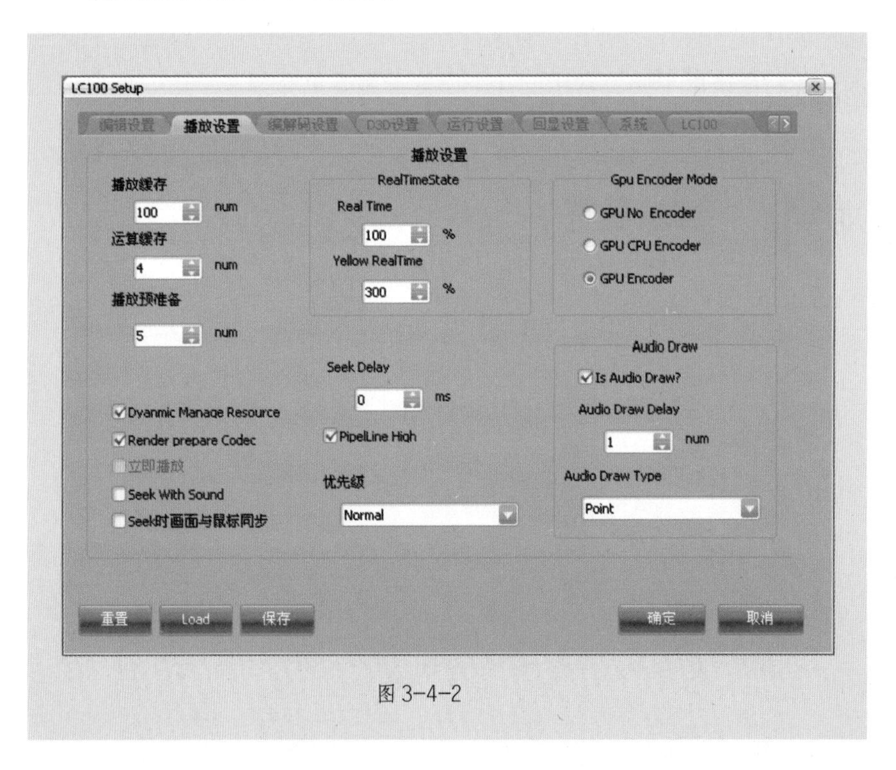

图 3-4-2

• 播放缓存：设置缓存越大，播放时的实时性就越好，但是会占用更多的系统内存，这部分内存在故事板编辑状态下会一直占用不释放。每个单位对应 1.6 M 内存空间。

• 运算缓存：该值越大软件的编解码速度就会越稳定，但会占用更多的内存空间。

• 播放预准备：该参数用于控制在播放前预准备的帧数。数值可以在0 ~ 60 帧之间选择，预准备的帧数越多，播放实时性就越好，但会使播放启动延时。

• Dyanmic Manage Resource：动态资源管理，打开后会尽可能占用较少系统资源。

• Render prepare Codec：打包预备编解码器，进行打包预先解码。

• Seek with Sound：选中此项后，在拖动时码线 Seek 时，同时输出声音。

• Seek 时画面与鼠标同步：选中此项后，在拖动时码线 Seek 时，实时输出视频画面。

• Real time State（实时状态）：此设定决定程序对故事板实时性扫描的判断。

Real Time 参数决定对故事板实时区域的判断，数值越小，对实时性的判断越准确；Yellow Real Time 参数决定对故事板非实时区域的判断，数值越小，判断越准确。

• Seek Delay：可以输入 Seek 时画面延迟时间，单位是毫秒。

• Pipel Line Hight：不选择此项可降低显存消耗。

• 优先级：用于控制大洋 ME 系统对 WINDOWS 程序的优先级。有 Normal 和 High 两个选项，建议保持默认的 Normal 设置。

• GPU Encoder Mode（GPU 编码模式）：可设置系统的编码参与硬件，分别有 GPU 不编码、GPU+CPU 编码和 GPU 编码三个选项。

• Audio Draw：

Is Audio Draw：在编辑音频特效时，通过主输出在监视器上输出音频波形图。

Audio Draw Delay：此处可以设定绘制波形图的延时时间。

Audio Draw Type：此处可以选择音频波形的绘制方式，可以选择点型或线型。

3.4.3 回显设置

回显设置如图 3-4-3 所示。

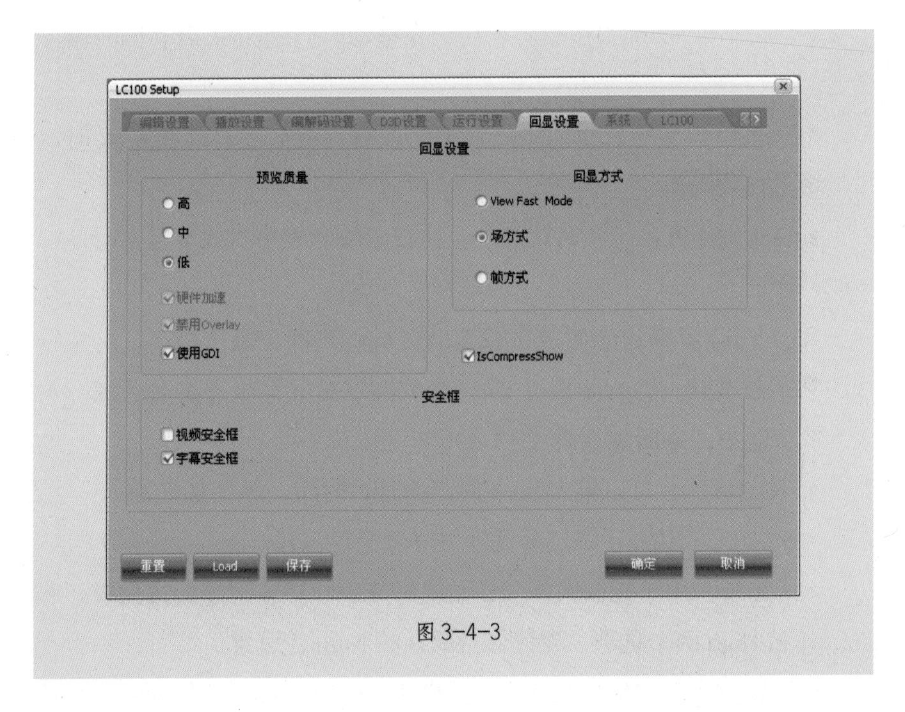

图 3-4-3

• 预览质量：用来控制故事板播放窗和素材浏览窗中视频的回显质量，提供了高、中、低三档选择。

• 使用 GDI：选中此项后将不使用 DirectX 方式写屏，而是由程序直接以 GDI 方式写屏。

系统默认为不使用 GDI，当出现显卡设置为双屏时（如 ATI 某些型号的显卡）辅显回放窗画面有油画等异常效果时，请选中此设置项。

• 回显方式：有“View Fast Mode（快速浏览方式）”“场方式”“帧方式”三种选择。

• 安全框：用于设置在回显窗是否显示“视频安全框”和“字幕安全框”。

• Is Compress Show：是否压缩显示。

3.4.4 系统设置

系统设置如图 3-4-4 所示。

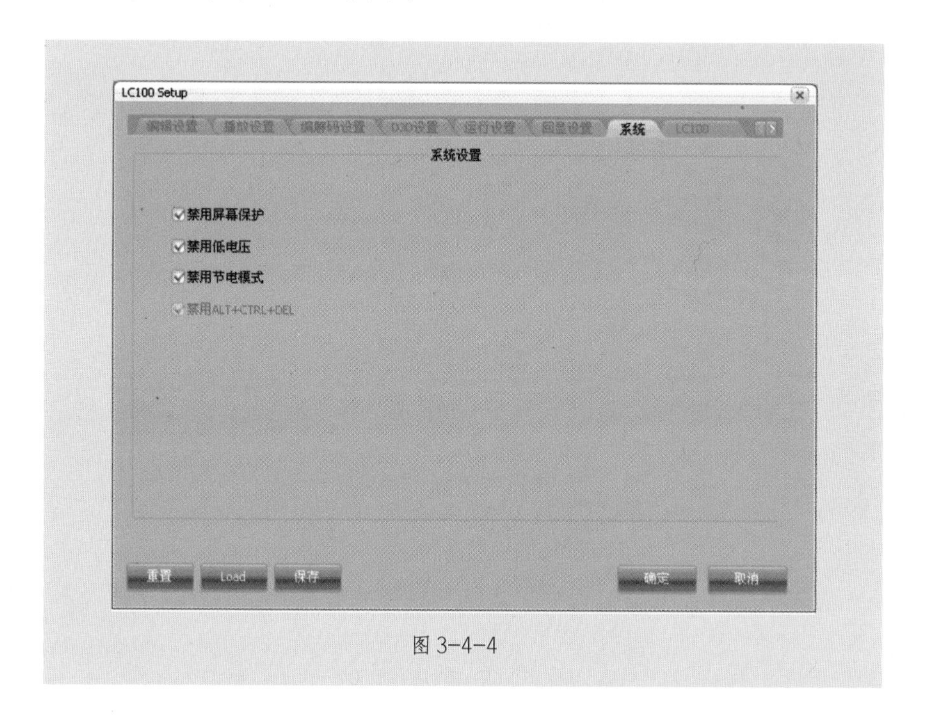

图 3-4-4

• 禁用屏幕保护：用于设置计算机系统的屏幕保护设置是否有效。

• 禁用低电压：用于设置计算机电源管理中的低电压设置是否有效。

• 禁用节电模式：用于设置计算机电源管理中的节电设置是否有效。

3.4.5 I/O 卡设置

I/O 卡设置如图 3-4-5 所示。

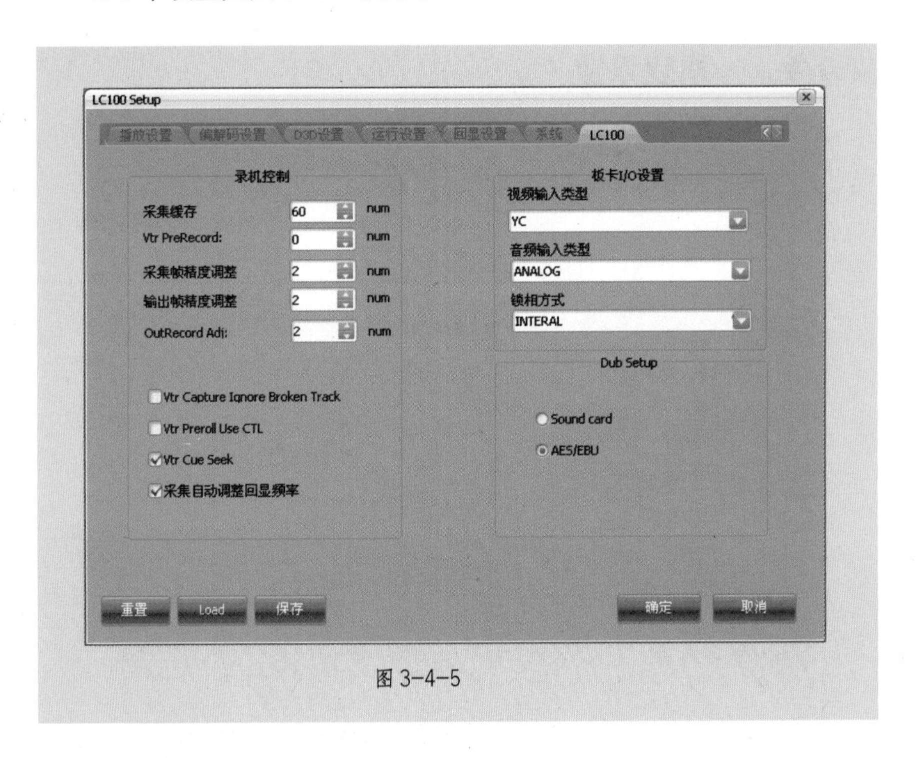

图 3-4-5

• 采集缓存：采集过程中采集的原始视频数据都会放在这个缓冲区中等待处理，这个参数值越大，采集时发生丢帧的几率越小，但会在采集时占用相应的内存空间，可根据本机的实际情况来设置采集缓存的大小。

这个参数的每个单位对应 1.6 M 内存空间，这部分内存只在采集时占用，退出采集界面后会自动释放。

• Vtr PreRecord：Vtr 提前录制时间。

• 采集帧精度调整：用于调整采集的帧精度，可以根据实际录放机设置微调参数值（调整单位为帧）。

• 输出帧精度调整：用于调节输出至录机时的输出精度，使用不同的设备时都需要先调节这个参数来校准（调整单位为帧），以保证输出的准确度。

• Vtr Capture Iqnore Broken Track：采集时忽略 TC 码断磁点。

• Vtr Preroll Use CTL：磁带预卷时使用 CTL 码。

• Vtr Cue Seek：遥控是使用 Cue 磁迹控制预卷。

• 采集自动调整回显频率：当 CPU 占用率较大时自动降低回显实时程度。

• 视频输入类型：选择视频的输入端口。

• 音频输入类型：选择音频的输入端口。

• 锁相方式：有 BB 模式、Internal 模式和 Slave 模式三种方式可选。

第 4 章 大洋资源管理器

在这一章中，主要介绍大洋 ME 非线性编辑系统中资源管理器的相关功能和应用。

大洋资源管理器是大洋 ME 系统为操作者提供的管理视频、音频、图文、字幕、特技、故事板等一系列资源的桌面平台，它基于数据库管理技术，在操作中大大提高了资源管理的稳定性、安全性和操作速度。在应用层面上，大洋资源管理器采用了标准的资源管理模式，方便设定以大图标、小图标、列表和文本等方式来显示资源信息，同时可以进行类似 Windows 系统的资源操作，如：创建、删除、复制、移动文件夹及素材，更改文件夹及素材的属性，查询素材详细信息，排序、查找、管理素材等操作。

本章要点

◎ 大洋资源管理器功能及使用

◎ 资源的排序、搜索、过滤、删除

◎ 资源的导入、导出

◎ 属性页的使用

4.1 大洋资源管理器界面

大洋资源管理器主界面从结构上可划分为两个部分：功能按钮区和标签页（见图 4-1-1）。每个标签页由目录树和内容显示区构成，这与大家所熟悉的 Windows 资源管理器十分相似，能更好适应操作者的操作习惯。目录树列出了资源库的整体架构，内容显示区与目录树相关联，显示所选文件夹下的内容，还提供了类似 Windows 窗口的操作方式，允许素材及文件夹通过鼠标拖拽的方式直接改变存储路径，提供收藏夹和回收站功能，等等。

图 4-1-1

4.1.1 功能按钮

对于查找过滤素材、拷贝粘贴素材等常用操作，系统提供了相关的工作按钮，并设置了直观的显示方式。

- 剪切：将选中的媒体文件剪切到剪切板（快捷键 Ctrl+X）。
- 复制：将选中的媒体文件复制到剪切板（快捷键 Ctrl+C）。
- 粘贴：将剪切板中的内容粘贴到资源库的指定位置（快捷键 Ctrl+V）。
- 资源库：关闭和打开目录树的切换开关。
- 过滤：关闭和打开资源过滤器的切换开关，打开过滤器开关，目录树下方将显示出条件过渡设置区。
- 搜索：单击该按钮可弹出资源查询窗口，按条件搜索所需资源。
- 编辑模式：用大图标的方式显示各类资源，可直接对媒体文件进行浏览、修改入出点等操作。
- 缩略图：以缩略图标方式显示各类资源，显示媒体文件的文件名、类型等信息。
- 缩略图 + 详细资料：以“小图标 + 列表”的方式显示各类资源的详细信息。
- 详细资料：以详细列表方式显示资源的各种属性。

4.1.2 标签页

大洋资源管理器含有三个标签页（见图 4–1–2），分别是媒体库、特技模板和字幕模板。

媒体库　特技模版　字幕模版

图 4-1-2

• 媒体库：用于集中管理当前项目中所使用的媒体文件等。

• 特技模板：包含系统提供的各类固化特技以及自定义的特技模板，还可以进行对特技模板的导入、导出操作。

• 字幕模板：用于管理各级字幕模板，包括系统预制模板和自定义的模板，还可以进行对字幕模板的导入、导出操作。

每个标签页的所有状态属性都是可以单独记忆的，如显示模式、排序方式等。资源管理器的三个标签页可以统一在同一个资源管理窗口中，也可以将其中的标签页拖出大洋资源管理窗成为一个游离的窗口；关闭游离出来的窗口后，该窗口会自动还原回到资源管理窗中。

下面，就媒体库、特技模板和字幕模板的菜单和相关功能做介绍。

1. 媒体库

媒体库用于集中管理当前项目中所使用的视音频素材、字幕素材和故事板文件，允许创建多级文件夹，可以对媒体文件进行复制、粘贴、浏览、搜索查找、过滤等常规操作。

在媒体库中不同的地方单击右键会出现不同选项菜单。

（1）项目树结点右键菜单

• 新建文件夹：用于创建一级文件夹（见图 4–1–3）。

（2）文件夹右键菜单（见图 4–1–4）

• 删除：用于删除选中的文件夹。

在大洋资源管理器中，被删除的各级文件夹是不会进入回收站的，只有文件夹中的素材会进入回收站并能够进行恢复操作，恢复时将被还原到项目的根目录下。

• 重命名：用于对文件夹的重命名操作。

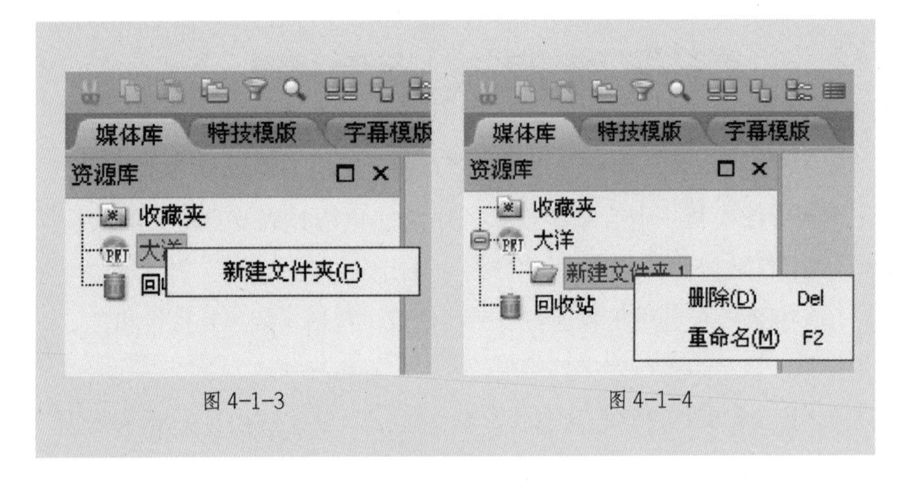

图 4-1-3　　图 4-1-4

（3）显示区选中媒体文件的右键菜单（见图 4-1-5）

图 4-1-5

• 打开：用于打开选择媒体文件。

该操作对视音频素材及 TGA 图文件，将自动调入到素材调整窗中；对于 CG 文件，将自动调入 XCG 字幕编辑窗中；对于 SBF 故事板文件，将在编辑窗中打开该故事板。

• 剪切：剪切选中的媒体文件。

• 复制：复制选中的媒体文件。

• 删除：删除选中的媒体文件素材。

删除命令（快捷键 Delete）是将媒体文件从列表中删除，移动到回收站中，删除的媒体文件可通过回收站操作恢复还原；如果按住 Shift 键选择删除命令（快捷键 Shift+Delete），为直接删除，删除的文件不会进入回收站，此时系统将弹出素材删除选项对话框（见图 4-1-6）：勾选删除数据文件（无引用时）选项后，在无故事板引用的前提下，彻底删除素材图标及磁盘上的数据文件；如果此时系统检测到有故事板引用过该媒体文件，而引用的故事板仍然存在，则将提示不予删除。勾选删除数据文件（强制删除）选项后，无论是否有故事板引用，该媒体文件都将被强制删除，不能恢复。

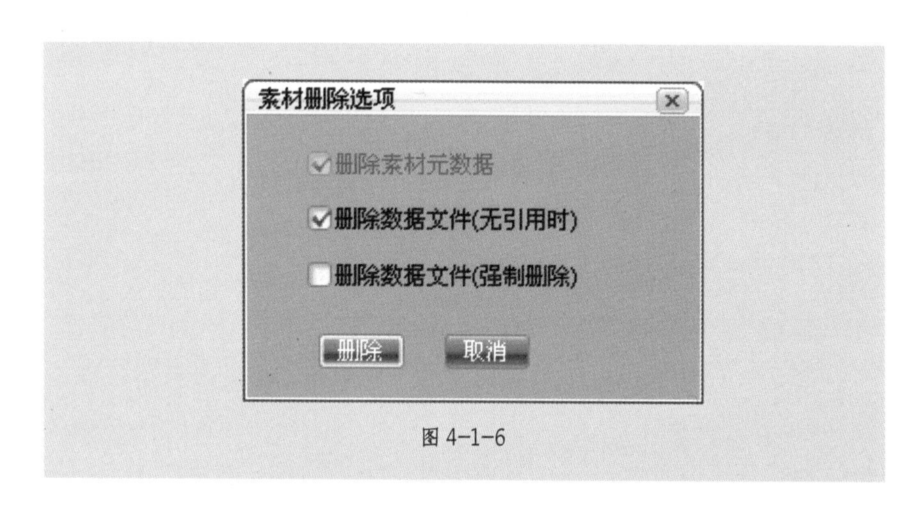

图 4-1-6

• 释放数据文件：当采集到的素材源数据中包含获取实体数据文件所需信息时（例如时码信息等），可使用“释放数据文件”功能释放掉实体数据文件，并保留源数据。此后如再次编辑可通过重采集功能再次获取实体数据文件。释放过程中将弹出删除选项框（见图 4-1-7），选择要删除的视、音频文件，点击确定按钮确认后删除。

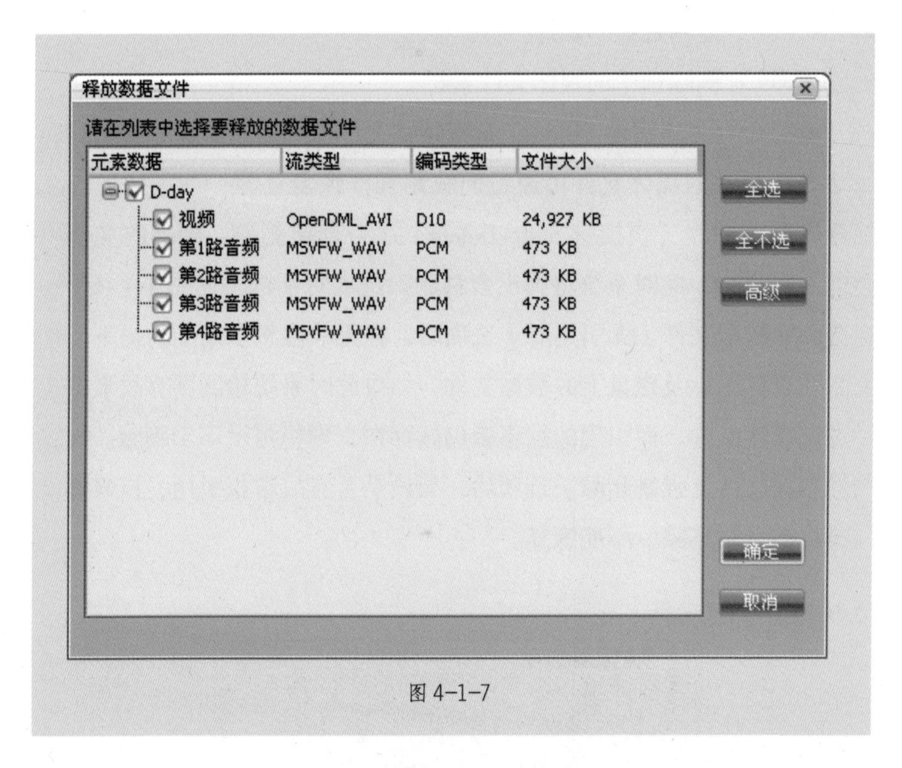

图 4-1-7

• 素材重采集：通过素材源数据中记录的 VTR 时码信息，重新采集素材。采集过程可保持原视音频格式，也可重新设置目标格式。重采集后继续延用原素材名称及素材图标,资源管理器中不会产生新的素材。

• 导出：用于导出选中的媒体文件，其中包括视音频素材、字幕素材、故事板文件等。

• 重命名：对选中的媒体文件进行重命名。

• 添加到收藏夹：将选中的媒体文件添加到收藏夹中。此操作会将媒体文件的数据文件复制到收藏夹存储路径下，在大洋资源管理器的收藏夹中创建该媒体文件的复本。

• 属性：查看选中媒体文件的属性信息。

（4）显示区空白处右键菜单（见图 4–1–8）

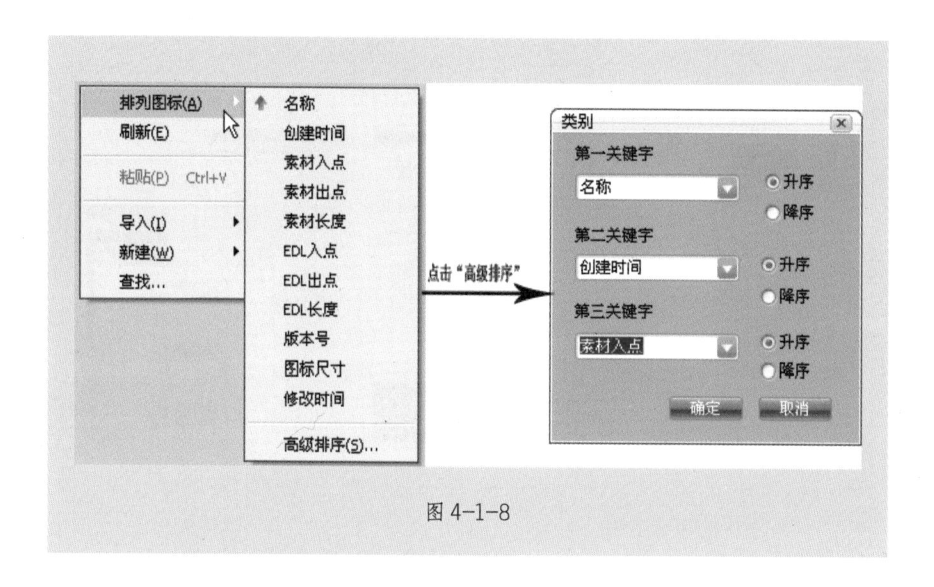

图 4–1–8

• 排列图标：以所选定的属性对资源管理器当前文件夹内容进行排序。每种属性都可以按照升序或降序来排列（点击属性名前的箭头即可切换）。如果选择高级排序功能，还可设置多重条件排序（见图 3–1–8）。

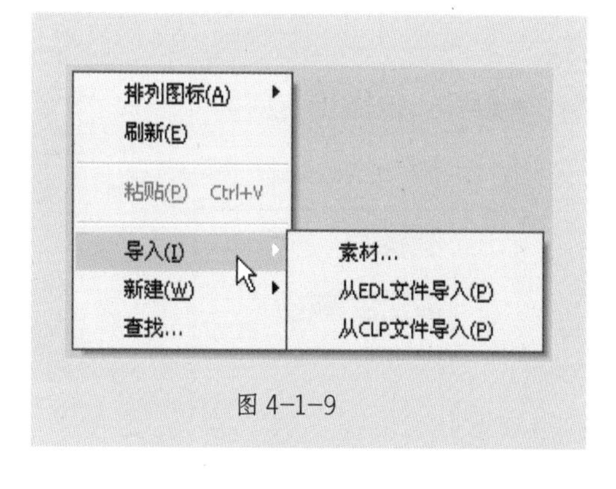

图 4–1–9

• 刷新：刷新大洋资源管理器中的媒体文件列表。

•粘贴：将剪切板中的内容粘贴到当前文件夹下。

•导入：用于导入各种媒体文件（见图 4–1–9）。

•新建：用于在当前文件夹下创建下一级子文件夹、字幕素材或故事板文件。

•查找：在弹出的查找窗口中按条件查询所需的媒体文件。

（5）回收站中选中媒体文件的右键菜单（见图 4–1–10）

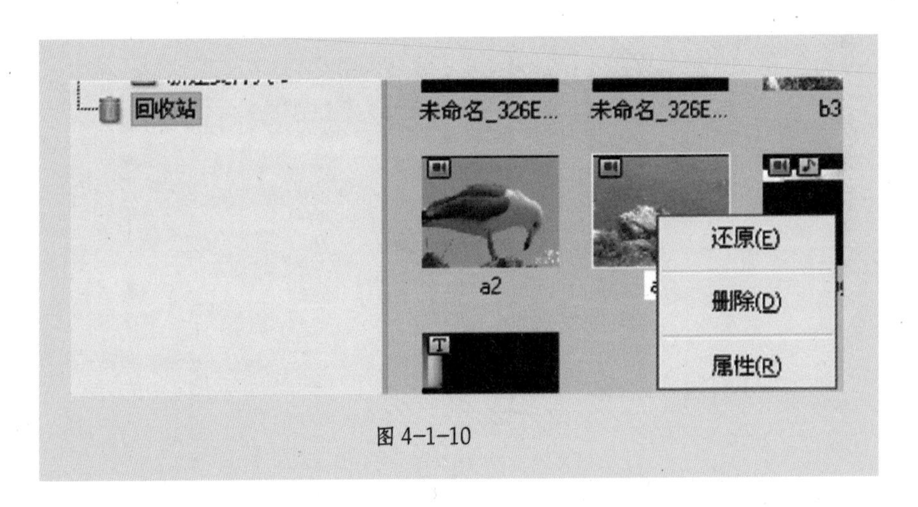

图 4-1-10

•还原：将当前选中媒体文件从回收站还原到原有目录下（如果原有目录已被删除，则还原到当前项目根目录下）。

•删除：该操作与前面介绍的“Shift+Delete”一样，彻底删除选中媒体文件的源数据和实体数据文件，不可恢复。

•属性：查看选中媒体文件在回收站中的属性信息。

（6）回收站空白处右键菜单（见图 4–1–11）

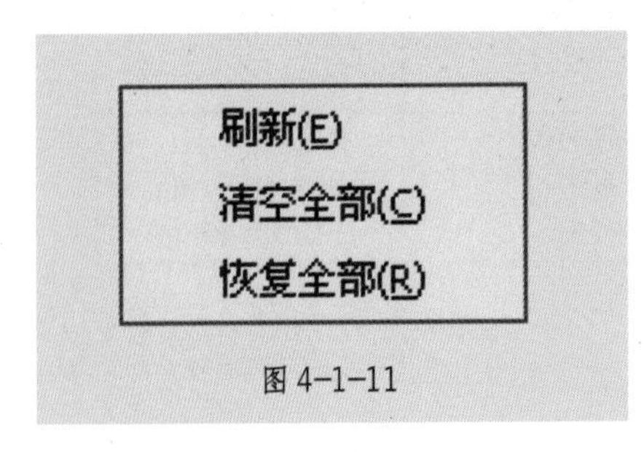

图 4-1-11

• 刷新：刷新回收站中文件列表。

• 清空全部：删除回收站内全部文件，不可恢复。

• 恢复全部：将回收站内全部文件还原到资源库的原有目录下（如果原有目录已被删除，则被还原到当前项目的根目录下）。

2. 特技模板

大洋 ME 系统的特技模板库中包含了视频特技和音频特技两大类固化特技模板，其中视频特技又包含视频滤镜和转场特技两个类型。每个特技分类中都预制了丰富的特技效果（见图 4–1–12），可以通过鼠标拖拽直接将特技模板添加到轨道的素材上，为剪辑制作提供了极大的方便。

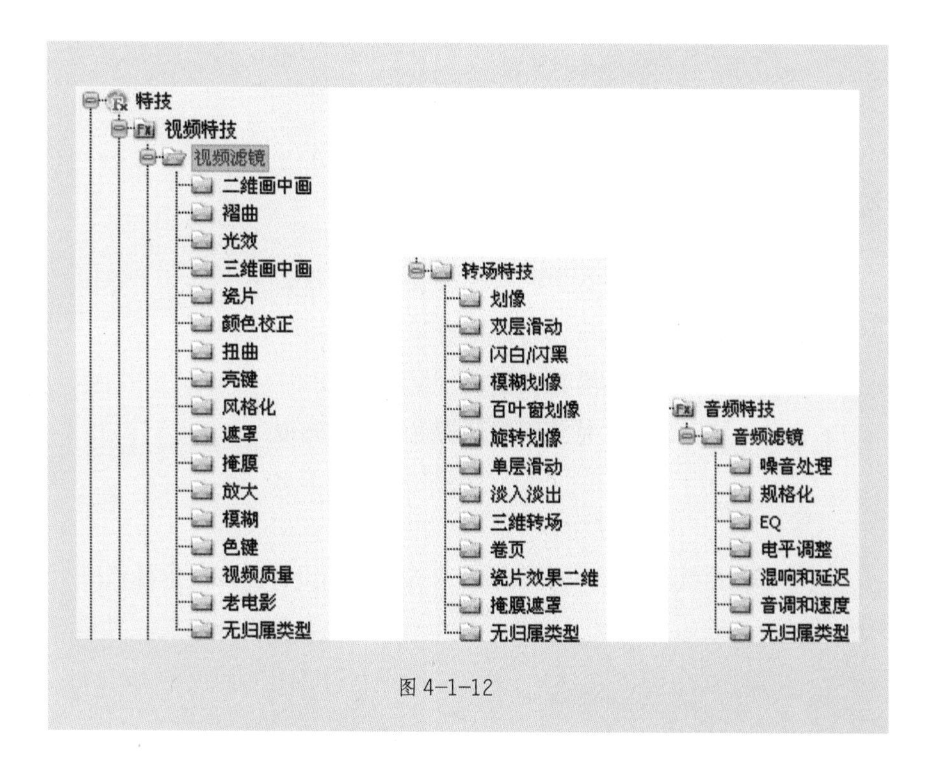

图 4–1–12

（1）特技根目录右键菜单

•增加特技类型：用于创建特技类型文件夹。

（2）特技文件夹右键菜单

•删除特技类型：删除选中的特技模板文件夹。

•修改特技类型：修改选中的特技模板文件夹名称。

（3）空白处的右键菜单

•排列图标：根据选定的属性对当前特技模板进行排序。

•刷新：刷新特技模板文件。

•粘贴：将剪切板中的特技模板粘贴到当前文件夹中。

•导入：用于导入已备份的特技模板。

•新建：用于在当前文件夹下创建新文件夹或创建特技模板。

（4）选中特技模板的右键菜单

•编辑特技：将选中的特技模板调入特技调整窗中进行编辑。

•剪切：剪切选中的特技模板。

•复制：复制选中的特技模板。

•删除：将选中的特技模板删除到回收站中。

•添加到收藏夹：将选中的特技模板添加到收藏夹。

•添加到项目：将选中的特技模板添加到指定项目。

•重命名：对选中的特技模板进行重新命名。

•导出：导出选中的特技模板到指定的磁盘位置。

3. 字幕模板

大洋 ME 系统对字幕应用做了较为人性化的设计，在字幕模板库中预置了镜头、滚屏、唱词、动画、图片五大类上百种字幕模板，只需以鼠标拖拽直接添加到轨道上即可生成字幕素材。各级字幕模板都可以在资源管理器中进行制作和修改。既可自行设计创建字幕素材，也可利用现有的字幕模板进行修改和替换，创建新的字幕素材，从而满足操作中的各种需要。

（1）字幕一级目录的右键菜单

- 增加字幕类型：用于创建字幕类型文件夹。

（2）文件夹右键菜单

- 删除字幕类型：删除选中的字幕类型文件夹。
- 修改字幕类型：修改选中的字幕类型文件夹名称。

（3）空白处右键菜单

- 排列图标：根据选定的属性对字幕模板文件进行排序。
- 刷新：刷新字幕模板文件。
- 粘贴：将剪切板中的字幕模板粘贴到当前文件夹中。
- 新建：用于在当前文件夹中创建新文件夹或字幕模板。
- 导入：导入字幕模板。

（4）选中字幕模板的右键菜单

- 编辑字幕模板：将选中字幕模板调入字幕编辑窗口进行编辑。
- 剪切：剪切选中的字幕模板。
- 复制：复制选中的字幕模板。
- 删除：将选中的字幕模板删除到回收站中。
- 添加到收藏夹：将选中的字幕模板添加到收藏夹中。
- 添加到项目：将选中的字幕模板添加到指定项目中。
- 由模板生成素材：将选中字幕模板生成为字幕素材添加到媒体库中。
- 导出：导出字幕模板到指定的磁盘位置。

4.2 素材管理

采集和导入素材后，素材图标便会出现在资源管理器的媒体库中。媒体库会列出每一个素材的信息，以便对素材进行查看和分类，也可根据实际需要对媒体库中的素材进行管理。

4.2.1 调入素材

媒体库显示区主要用于对媒体文件的预览，还可以进行一些基本的编辑操作。在媒体库显示区中可以通过以下四种方式将素材调入素材调整窗中进行浏览、编辑：

方法 1：选择素材，使用右键菜单“打开”命令（见图 4–2–1）。

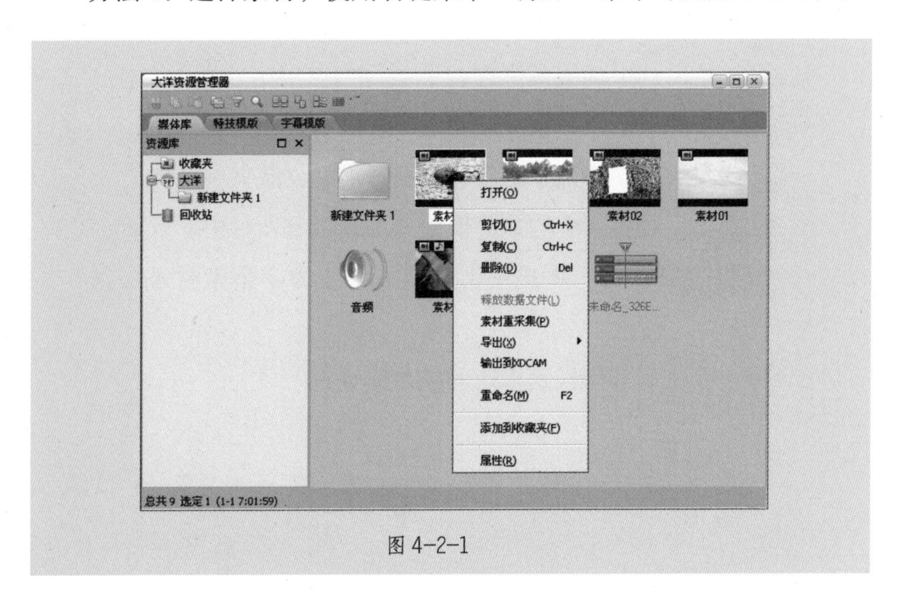

图 4–2–1

方法 2：选择素材，双击鼠标左键。

方法 3：以拖拽的方式将素材添加到素材调整窗中。

方法 4：选择素材，单击 Enter 回车键。

4.2.2　浏览素材

在媒体库显示区中，系统提供了四种资源的显示模式，分别为编辑模式、缩略图、缩略图＋详细资料和详细资料（见图 4-2-2）。

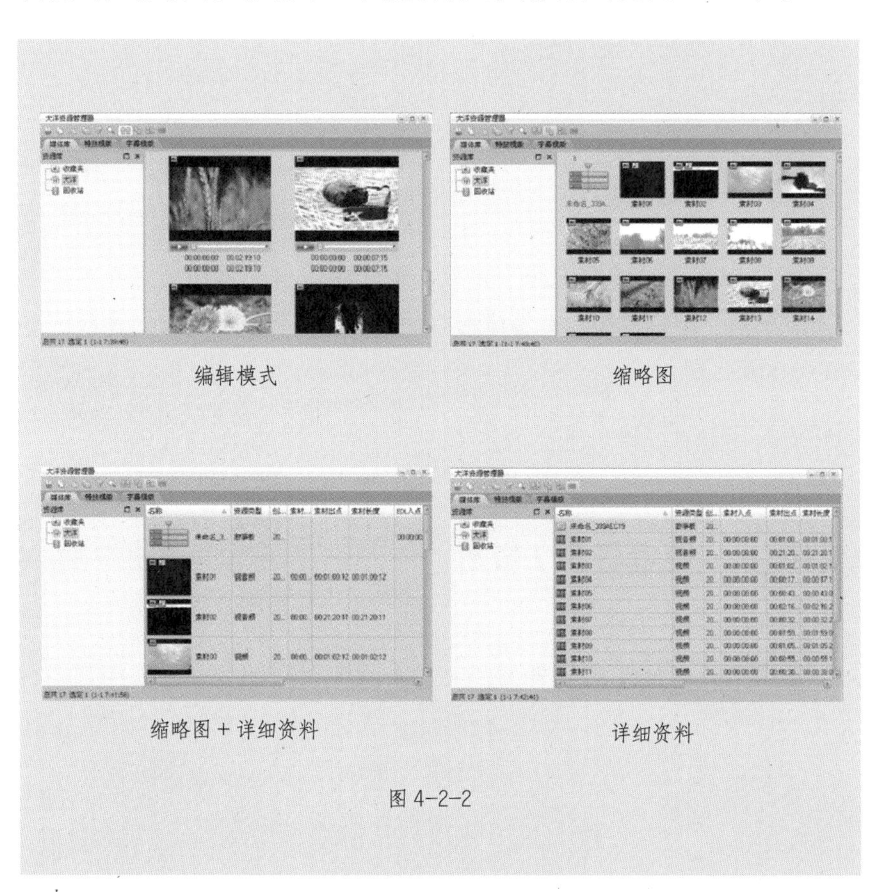

编辑模式　　缩略图

缩略图＋详细资料　　详细资料

图 4-2-2

- 编辑模式：用大图标的方式显示各类资源。

素材图标以浏览窗加播放按钮的形式显示，可直接对视音频素材进行浏览、修改入出点等操作。

- 缩略图模式：以缩略图标方式显示各类资源。
- 缩略图 + 详细信息：以小图标 + 列表方式显示各类资源的详细信息。
- 详细信息：以详细列表方式显示资源的各种属性。

4.3 资源管理

在大洋资源管理器中除了会列出每一个素材的属性信息外，还会列出故事板、字幕模板、特技模板等文件的相关信息，可以对这些资源进行查看和分类，并根据实际需要对大洋资源管理器中的资源进行管理，以方便下一步的编辑。

4.3.1 资源导入 / 导出

资源导入是除采集以外的另一重要获取资源的途径。大洋 ME 系统支持对多种格式的视音频、图片、动画等文件的导入，同时支持对从大洋 ME 系统导出的素材、故事板、特技模板、字幕模板进行导入还原。

1. 素材导入

方法 1：在媒体库显示区空白处，使用右键菜单“导入素材”命令或双击左键，打开导入对话窗口（见图 4–3–1）。

方法 2：打开 Windows 文件夹，将需要导入的媒体文件直接拖入媒体库显示区。

2. 窗口布局

- FTP：从 FTP 服务器中查找、添加需要导入的素材。
- 添加：从本地磁盘添加需要导入的素材。
- 删除：删除列表中选中的素材条目。
- 导入列表：显示将要导入的任务列表。

选择素材名称后，在“操作”栏下方点击鼠标右键，可设置该素材的导入方式。系统提供“保留”“拷贝”“移动”三种导入方式（见图 4–3–1），主要区别在于对源文件的处理方式。以“保留”方式导入，速度最快，系统只是在资源管理器中建立索引，没有对实体数据文件进行任何操作；以“拷贝”方式导入，需要一定时间，系统将源文件的实体数据拷贝到系统存储路径下；以“移动”方式导入，与拷贝方式类似，只是拷贝完成后删除原磁盘中的实体数据文件。

- 匹配文件名：勾选此项后，在添加源文件时，系统将根据视音频成组命名规则预先进行判断，名称匹配的视音频文件，将被视为一个独立的视音频素材而被添加到导入列表中（见图 4–3–2）。如果未勾选此项，每个文件都将作为一个独立的素材添加到列表中。

大洋 ME 系统视音频素材命名规则：视频素材名称以 V 结尾，音频素材名称分别以 A1、A2 结尾，在前面的素材名称完全相同的情况下，进行文件名匹配。

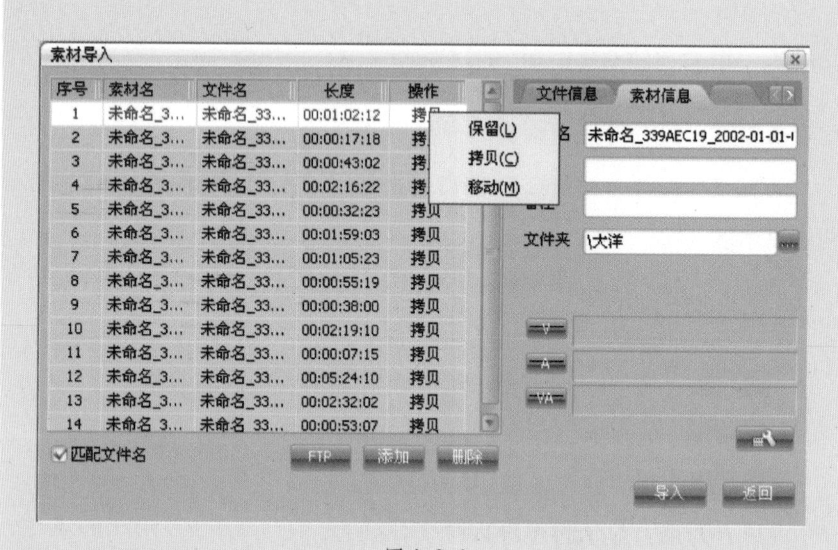
素材导入
序号 素材名 文件名 长度 操作
1 未命名_3... 未命名_33... 00:01:02:12
2 未命名_3... 未命名_33... 00:00:17:18
3 未命名_3... 未命名_33... 00:00:43:02
4 未命名_3... 未命名_33... 00:02:16:22
5 未命名_3... 未命名_33... 00:00:32:23 拷贝
6 未命名_3... 未命名_33... 00:01:59:03 拷贝
7 未命名_3... 未命名_33... 00:01:05:23 拷贝
8 未命名_3... 未命名_33... 00:00:55:19 拷贝
9 未命名_3... 未命名_33... 00:00:38:00 拷贝
10 未命名_3... 未命名_33... 00:02:19:10 拷贝
11 未命名_3... 未命名_33... 00:00:07:15 拷贝
12 未命名_3... 未命名_33... 00:05:24:10 拷贝
13 未命名_3... 未命名_33... 00:02:32:02 拷贝
14 未命名_3... 未命名_33... 00:00:53:07 拷贝
保留(L)
拷贝(C)
移动(M)
文件信息
素材信息
未命名_339AEC19_2002-01-01-
文件夹
\大洋
V
A
VA
匹配文件名
FTP
添加
删除
导入
返回

图 4-3-1

素材导入
序号 素材名 文件名 长度 操作
1 未命名_33... 未命名_339AE... 00:00:32:23 拷贝
素材信息
浏 览
0:00:00
00:00:16:00
00:00:32
00:00:00:00
00:00:32:23
00:00:00:00
00:00:32:23
匹配文件名
FTP
添加
删除
导入
返回

图 4-3-2

• 素材设置：用于查看列表中选中素材的视音频属性信息、设置素材名称、指定存储路径，以及浏览素材画面。素材设置由文件信息、素材信息和浏览三个页签组成（见图 4-3-3）。

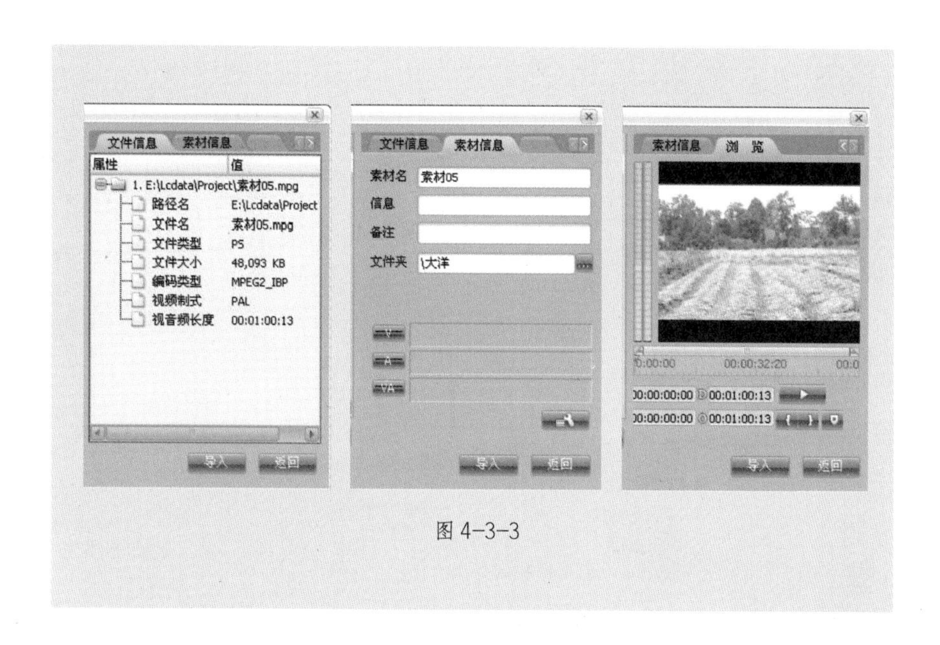

图 4-3-3

3. 素材导出

在媒体库中选择要导出的素材（可以是视音频素材、单个视（音）频素材、字幕素材等），在选中的素材上单击右键，选择“导出”命令；弹出路径设置窗，指定导出的路径位置（见图 4-3-4），点击确定按钮确认后素材导出。

导出完成后，会在设置好的目标路径下生成以该素材名命名的文件夹，文件夹中包含所有的数据文件和信息文件。

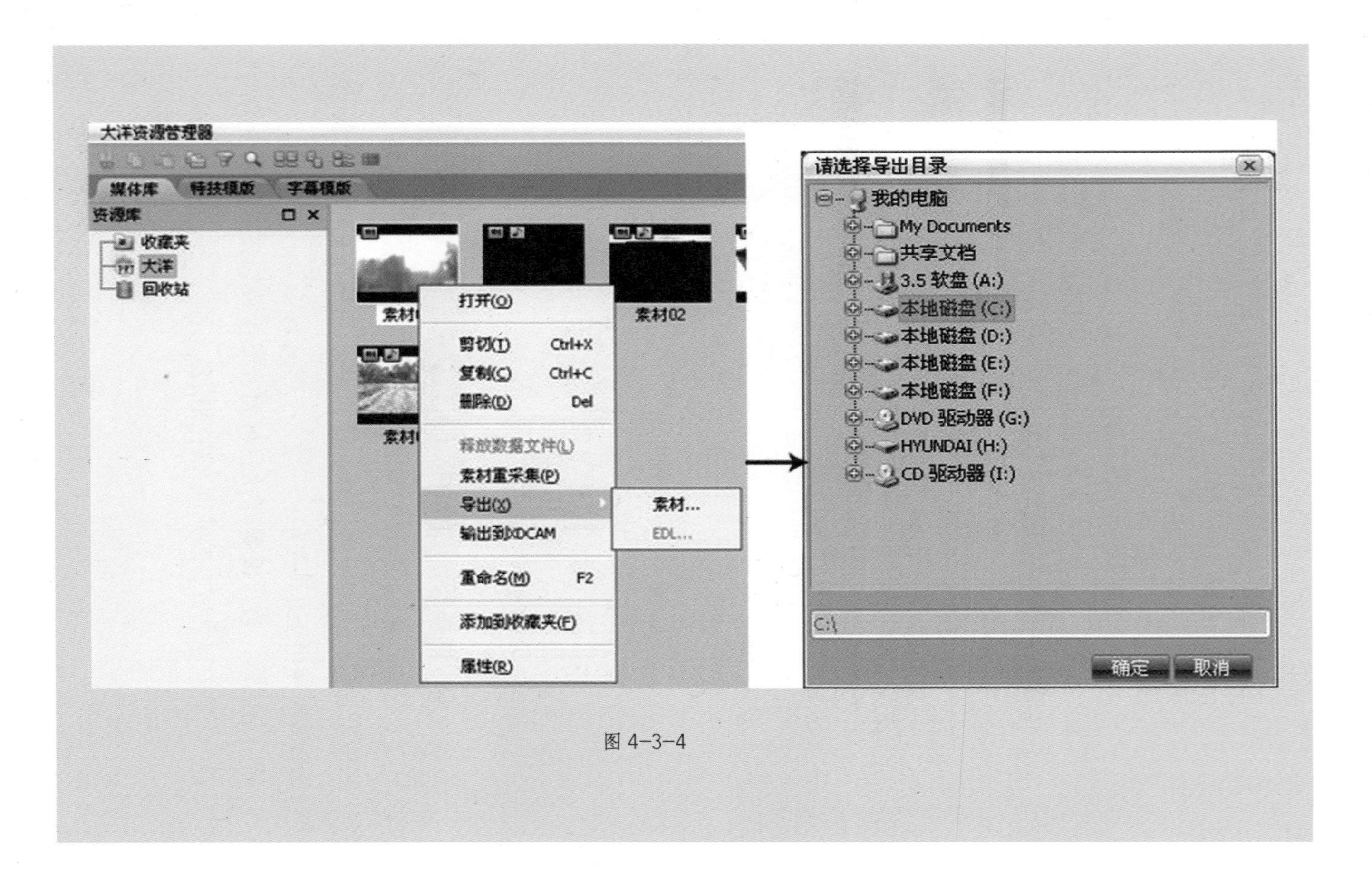
大洋资源管理器
媒体库
特技模版
字幕模版
资源库
收藏夹
大洋
回收站
素材02
打开(O)
剪切(T) Ctrl+X
复制(C) Ctrl+C
删除(D) Del
释放数据文件(L)
素材重采集(P)
导出(X)
输出到XDCAM
重命名(M) F2
添加到收藏夹(F)
属性(R)
素材...
EDL...
请选择导出目录
我的电脑
My Documents
共享文档
3.5 软盘 (A:)
本地磁盘 (C:)
本地磁盘 (D:)
本地磁盘 (E:)
本地磁盘 (F:)
DVD 驱动器 (G:)
HYUNDAI (H:)
CD 驱动器 (I:)
C:\
确定
取消

图 4-3-4

4. 从 CLIP 文件导入

该功能主要用于对导出的视音频、字幕素材进行导入还原。在媒体库显示区空白处使用右键菜单“导入→从 CLIP 文件导入素材”命令，打开导入对话窗；选择其中的 *.clp 文件（见图 4-3-5），点击确定按钮确认后，素材便导入到媒体库当前文件夹中。

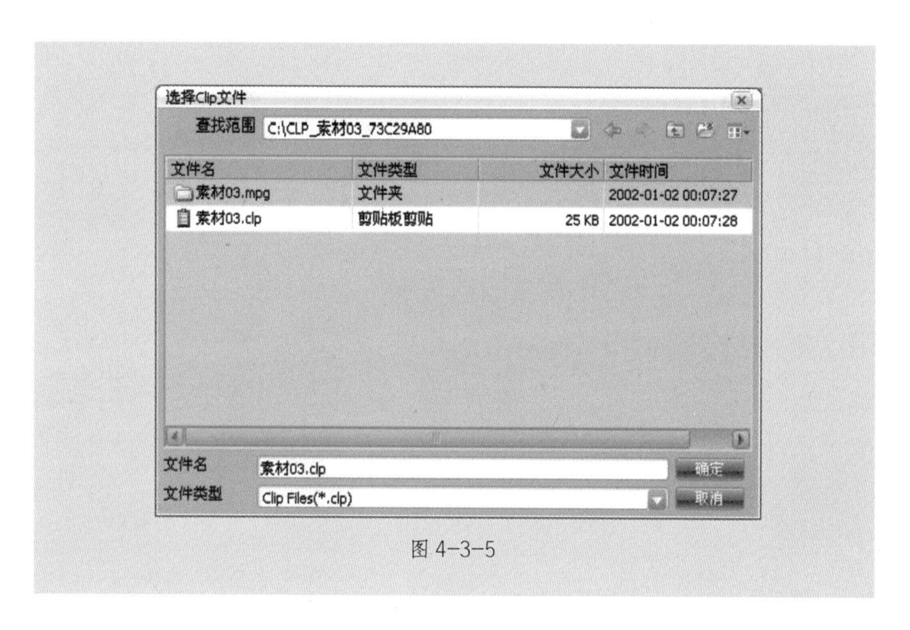

图 4-3-5

4.3.2　故事板导入 / 导出

在大型系列节目编辑过程，往往会由多人完成多个故事板的编辑，在最后合成的时候会将多个故事板导出后，再进行导入汇总编辑。

1. 导入故事板

导入操作要先在媒体库中新建一个文件夹（用来放置即将导入

的故事板和素材），然后在媒体库显示区空白处，使用右键菜单“导入→从 EDL 文件导入故事板”命令，打开导入对话窗；找到需要导入的 EDL 文件夹，选择其中的 *.edl 文件（见图 4-3-6）；点击确定按钮确认后，在弹出的文件路径设置窗中指定故事板素材的存储位置；继续确定后，故事板被导入到媒体库的当前路径下，而故事板所引用的素材则被另外存储在指定的文件夹中。

图 4-3-6

2. 导出故事板

故事板的导出功能，用于将指定的故事板，以及该故事板中包含的所有素材统一导出到指定的路径下，以在不同的大洋 ME 系统之间进行编辑。由于导出时包含了故事板中所有素材的实体文件和原数据信息，所以也可用于故事板的备份。

在媒体库中选择要导出的故事板文件，使用右键菜单“导出”命令（见图 4–3–7），在弹出的路径设置窗中指定导出到的路径位置，点击确定按钮确认后；弹出参数设置窗，可根据实际情况选择“全部输出”“仅输出故事板结构”或“仅输出故事板结构和字幕”，再次确定后，故事板开始导出。导出完成后，会在目标路径下生成以该故事板命名的文件夹，其中包含所有的数据文件和信息文件。

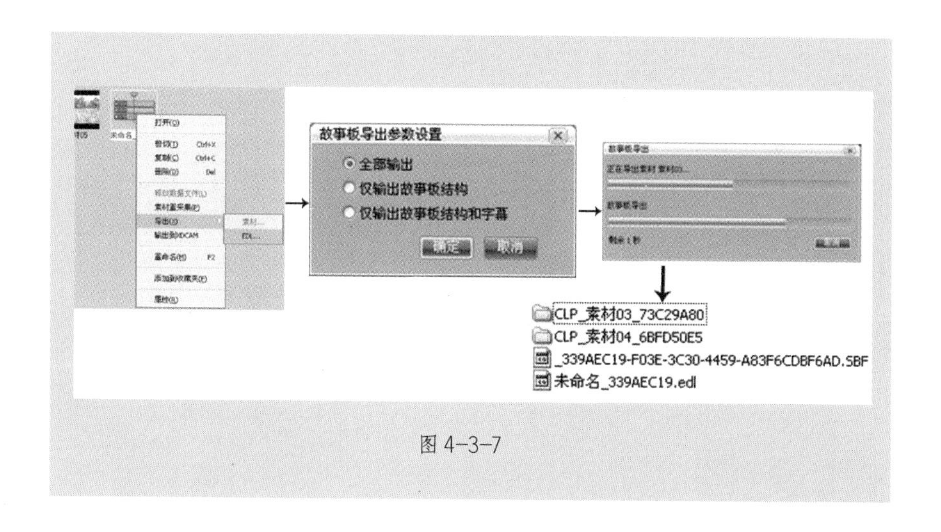

图 4–3–7

4.3.3　特技模板导入 / 导出

为了方便对自制的特技效果进行有效备份或移动到其他大洋 ME 系统中使用，大洋 ME 系统提供了特技模板导入、导出功能。从大洋 ME 系统中导出的特技模板以 *.xef 后缀名存在于磁盘中，导入时正确选择 *.xef 文件即可还原特技模板。

1. 导入特技模板

导入操作要先在希望导入的特技类型（视频滤镜或是转场、音频滤镜）中创建一个新文件夹（用来放置即将导入的特技模板），然后进入新创建的文件夹，使用右键菜单“导入特技模板”命令，在弹出的对话窗中指定 *.xef 文件所在路径及文件名（见图 4-3-8）；点击 确定 按钮确认后，特技效果图标出现在特技模板库中。

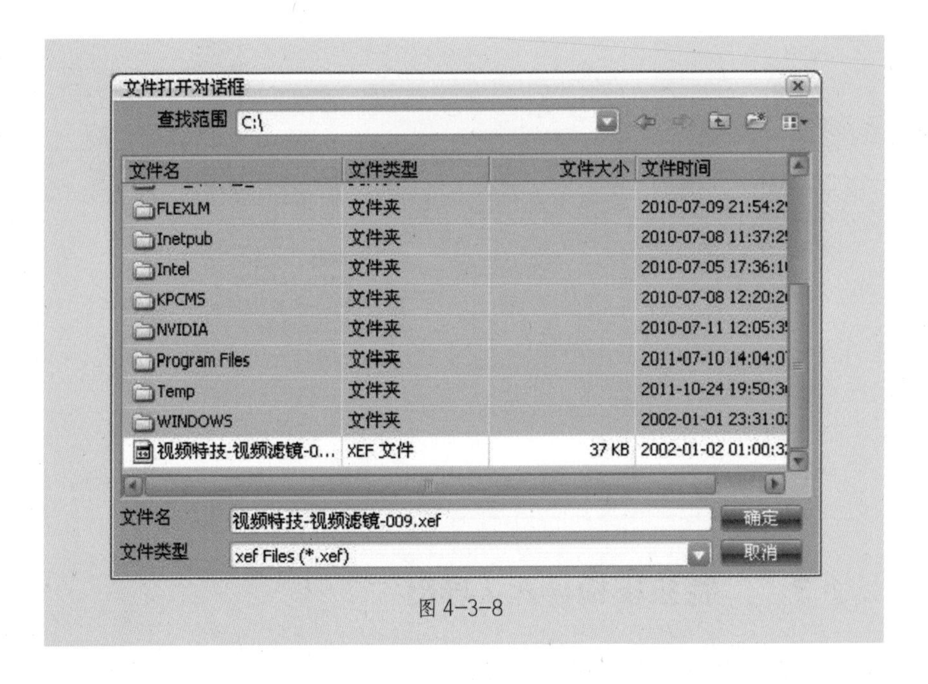

图 4-3-8

当大洋 ME 系统中已存在同名的特技模板时，会弹出包含“新建、覆盖、略过”三个选项的信息提示窗（见图 4-3-9），需做出选择操作。

- 新建：在当前特技模板库中创建一个新的特技图标。
- 覆盖：用导入的特技模板覆盖原同名的特技模板。
- 略过：放弃当前模板的导入操作。

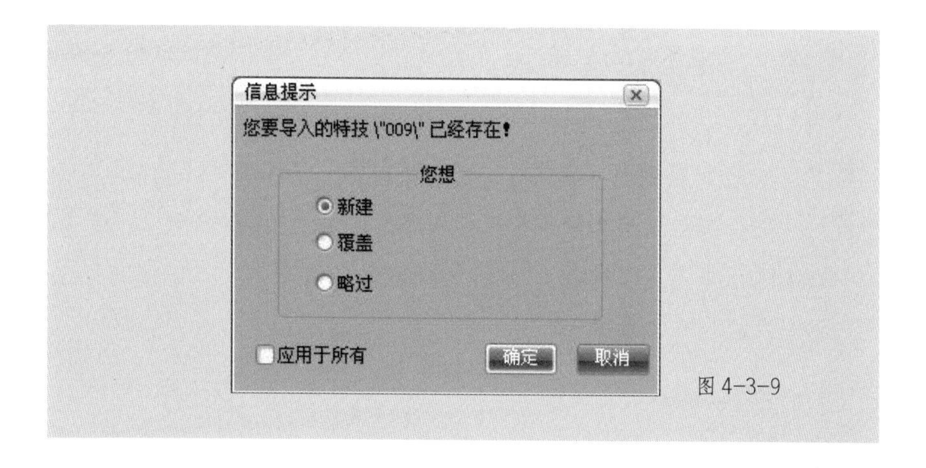

图 4-3-9

2. 导出特技模板

在特技模板库中选择需要导出的特技效果（可多选）后，使用右键菜单“导出”命令，在弹出路径设置窗中指定导出的路径位置后（见图 4-3-10），点击确定按钮确认，完成导出。

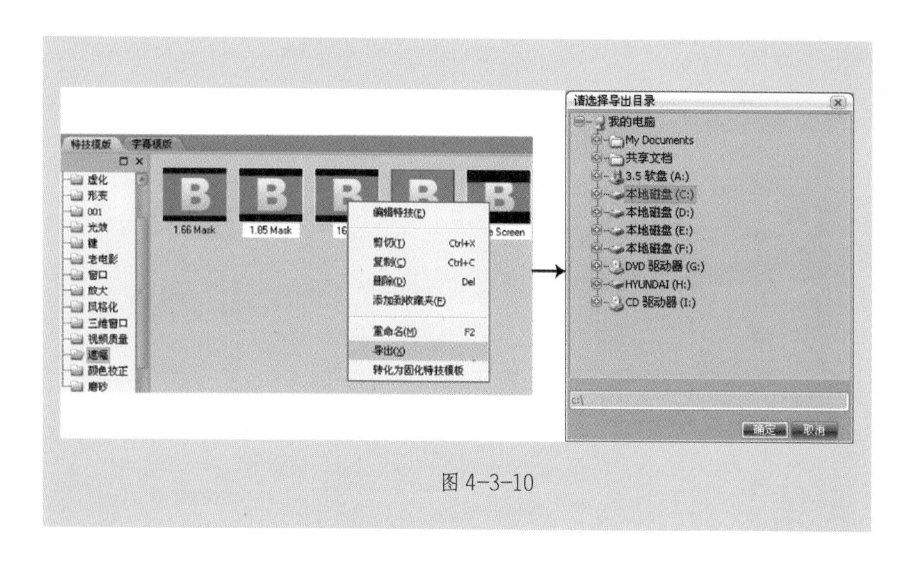

图 4-3-10

4.3.4 字幕模板导入 / 导出

为了方便对自制的字幕模板进行有效备份，或移动到其他 ME 系统中使用；大洋 ME 系统提供了字幕模板导入、导出功能。从大洋 ME 系统中导出的字幕模板以 *.xcg 后缀名存于磁盘中，在导入中指定相应 *.xcg 文件即可恢复还原字幕模板。

1. 导入字幕模板

选择要导入的字幕类型文件夹，然后使用右键菜单“导入字幕模板”命令，在弹出的对话窗中指定 *.xcg 文件所在的路径及文件名（见图 4–3–11）；点击 确定 按钮后，字幕模板图标出现在模板库中。

图 4–3–11

2. 导出字幕模板

在字幕模板库中选择需要导出的字幕模板（可多选），使用右键菜单“导出”命令，在弹出的路径设置窗中指定导出的路径位置后（见图 4-2-12），点击确定按钮确认，完成导出。

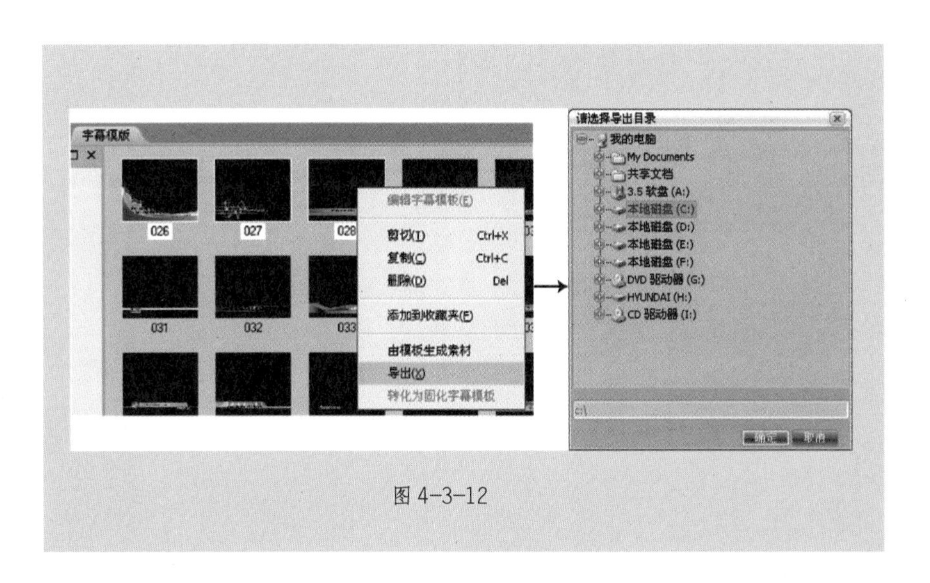

图 4-3-12

4.3.5　资源过滤

大洋资源管理器中的过滤功能，用于通过输入关键字在资源库中筛选出所需要的媒体资源。点击（过滤）按钮，目录树下方将显示出条件设置区域。大洋资源管理器提供了丰富的过滤选项（见图 4-3-13），支持对 SBF 引用、基本信息、VA 类型、VA 属性、日期时间等各种组合条件的过滤。

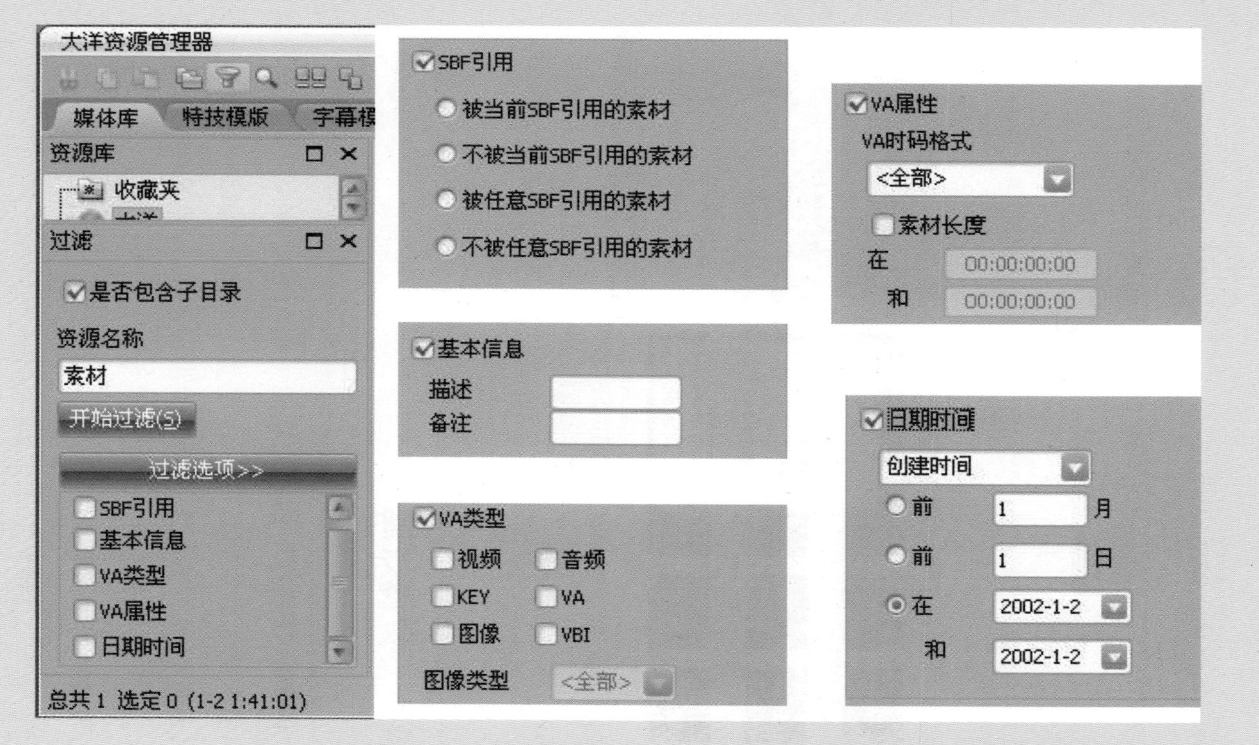
大洋资源管理器
媒体库
特技模版
字幕模
资源库
收藏夹
过滤
是否包含子目录
资源名称
素材
开始过滤(S)
过滤选项>>
SBF引用
基本信息
VA类型
VA属性
日期时间
总共 1 选定 0 (1-2 1:41:01)
SBF引用
被当前SBF引用的素材
不被当前SBF引用的素材
被任意SBF引用的素材
不被任意SBF引用的素材
基本信息
描述
备注
VA类型
视频
音频
KEY
VA
图像
VBI
图像类型
<全部>
VA属性
VA时码格式
<全部>
素材长度
在
00:00:00:00
和
00:00:00:00
日期时间
创建时间
前
1
月
前
1
日
在
2002-1-2
和
2002-1-2

图 4-3-13

• 是否包含子目录：勾选此项后，条件过滤对资源库各级子目录均有效，否则仅对当前目录有效。

• 资源名称：按输入名称关键字进行条件筛选。

• 开始过滤(S)：单击该按钮，开始过滤。

• 过滤选项>>：包括 SBF 引用、基本信息、VA 类型、VA 属性和日期时间等。

4.3.6　资源查找

查找工具用于在本项目或其他项目中按条件查找资源，满足条件的资源可以导入到指定的存储路径中（见图 4–3–14）。

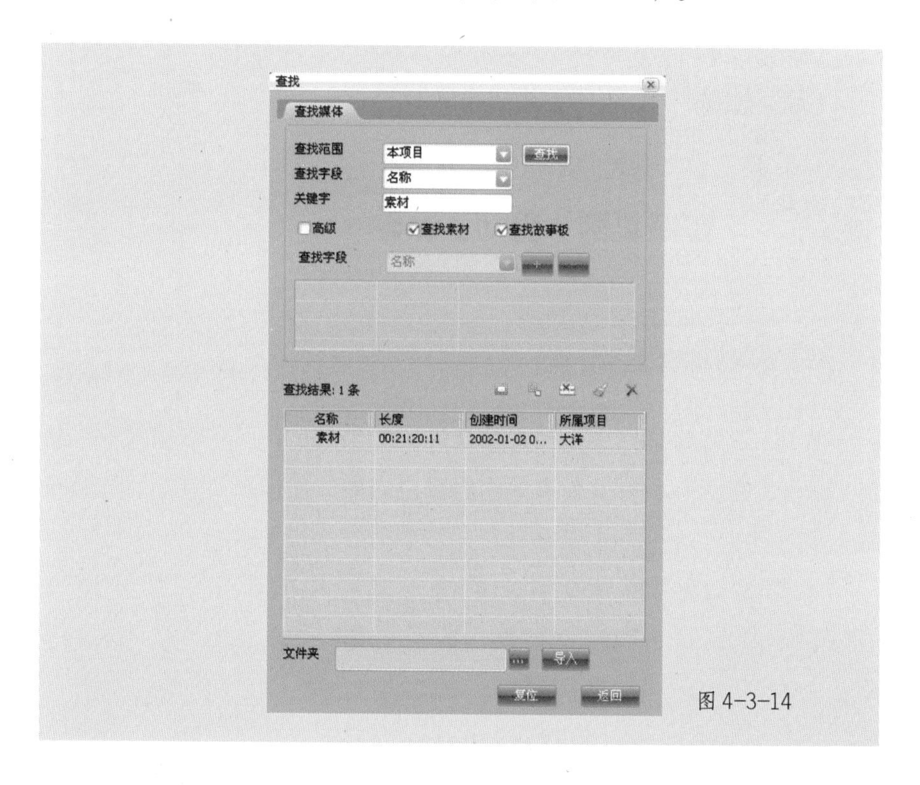

图 4–3–14

• 查找范围：设置资源所属范围，提供“本项目”“其它项目”和“全部项目”三个选项。

• 查找字段：关键字属性。

• 关键字：输入需要查找的主关键字。

• 高级：用于多个关键字的组合搜索。按 增加一个搜索条件，每个条件中填入关键字，搜索结果是这些条件的合集。 代表此条件被选中。

• 查找结果列表：以列表方式显示满足条件的查询结果。列表包括名称、长度、创建日期、所属项目等信息。

• 文件夹：指定导入媒体库的存储路径。

• 导入 导入：在设置好存储路径后，点击该按钮，可将查询结果导入到指定路径。

• 复位 复位：清除查找条件和查找结果。

• 返回 返回：关闭查找功能窗。

4.3.7 资源复制 / 剪切 / 粘贴

1. 资源复制的操作方法

方法 1：在媒体库中选择媒体文件（可多选），使用右键菜单“复制”命令，然后在目标文件夹的内容区空白处，使用右键菜单“粘贴”命令。

方法 2：选中媒体文件，单击工具栏中的 按钮（快捷键 Ctrl+C），然后进入目标文件夹，单击工具栏中的 按钮（快捷键 Ctrl +V）。

2. 资源剪切的操作方法

方法1：在媒体库中选择媒体文件（可多选），使用右键菜单“剪切”命令，然后在目标文件夹的内容区空白处，使用右键菜单“粘贴”命令。

方法2：选中媒体文件，单击工具栏中的按钮（快捷键Ctrl+X），然后进入目标文件夹，单击工具栏中的按钮（快捷键Ctrl+V）。

方法3：选中媒体文件，使用鼠标直接拖拽到目标文件夹中。

4.3.8　查看资源属性

在大洋资源管理器中，对资源的属性查看，可以通过在对应媒体文件上使用右键菜单打开属性窗来查询详细信息。

1. 素材属性窗

在媒体库中选择素材，使用右键菜单中的“属性”命令，打开“素材属性”窗口（见图4–3–15）。窗口由素材浏览、基本属性、标记点、视音频信息、数据文件、引用关系、场记单七个属性页组成，用于浏览素材内容、修改入出点、设置关键帧、更改素材肖像等操作。

- 设为肖像：该按钮用于设置当前画面为素材的肖像。

大洋ME系统默认视频素材的首帧为该素材肖像，我们可以在此页签中进行更改。将时间线停留在所需要的画面处，点击按钮，再点击应用按钮，素材肖像即被更新（见图4–3–16）。

- 设置关键帧：在素材浏览页签中，将时间线停留在需要的画面处，点击按钮，即可生成关键帧（见图4–3–16）。切换到标记点页签时，就可以看到所设置的关键帧画面以及时间点信息。添加了关键帧的素材拖放到编辑轨后，会有三角形的标记点标识。

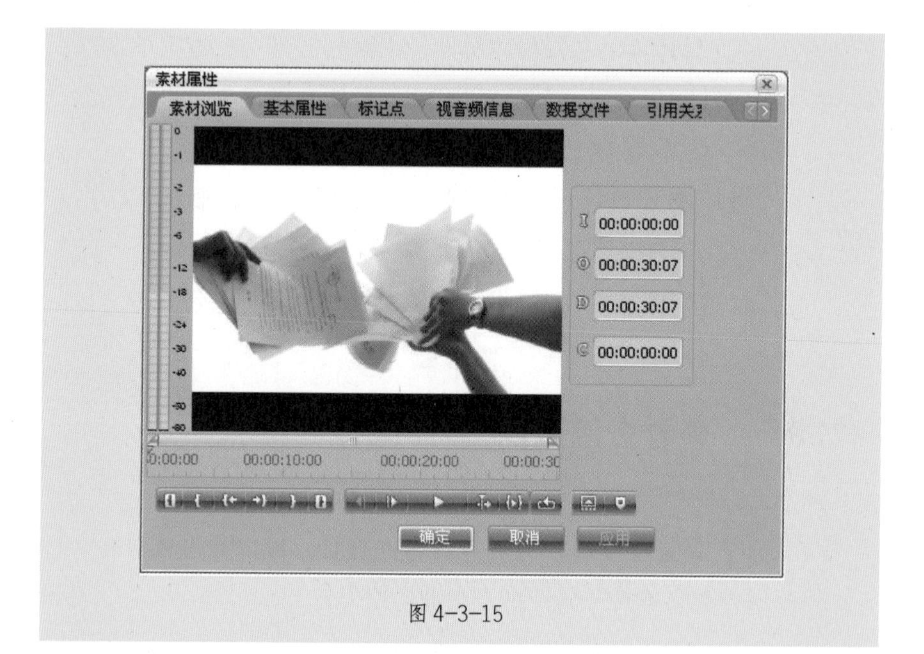

图 4-3-15

图 4-3-16

• 基本属性

提供了当前素材详尽特征的描述（见图 4–3–17），包括素材的创建日期、详细描述信息等，同时还可以修改素材名称、序列号、描述信息等，在单击  应用 按钮后修改即可生效。

素材属性
素材浏览 基本属性 标记点 视音频信息 数据文件 引用关系
素材名 素材08
序列号
描述
备注
文件夹
创建日期 2012-07-02 02:11:05
修改日期 2012-07-02 02:11:07
访问日期 2012-07-02 02:11:07
确定 取消 应用

图 4–3–17

• 标记点

显示当前素材段的标记点图标及时间点信息（见图 4–3–18）。

• 视音频信息

显示当前素材的视音频属性（见图 4–3–19），包括视音频的编码类型、画幅尺寸、音频的声道数、采样 bit 等。

素材属性
素材浏览
基本属性
标记点
视音频信息
数据文件
显示模式
缩略图
确定
取消
应用
00:00:01:18
00:00:17:23
00:00:28:01

图 4-3-18

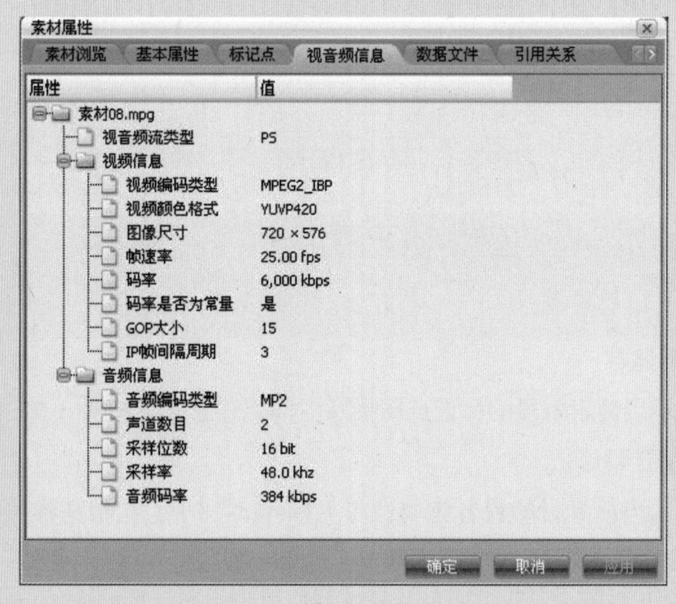
素材属性
素材浏览
基本属性
标记点
视音频信息
数据文件
引用关系
属性
值
素材08.mpg
视音频流类型
PS
视频信息
视频编码类型
MPEG2_IBP
视频颜色格式
YUVP420
图像尺寸
720 × 576
帧速率
25.00 fps
码率
6,000 kbps
码率是否为常量
是
GOP大小
15
IP帧间隔周期
3
音频信息
音频编码类型
MP2
声道数目
2
采样位数
16 bit
采样率
48.0 khz
音频码率
384 kbps
确定
取消
应用

图 4-3-19

• 数据文件

显示当前素材对应的磁盘文件存储位置等信息（见图 4–3–20）。页签中记录了视音频文件的文件名、文件存放路径、文件大小、磁带号、磁带入出点位置等（对磁带信息可以手动修改，只要在相关属性上双击就可以进入修改状态）。

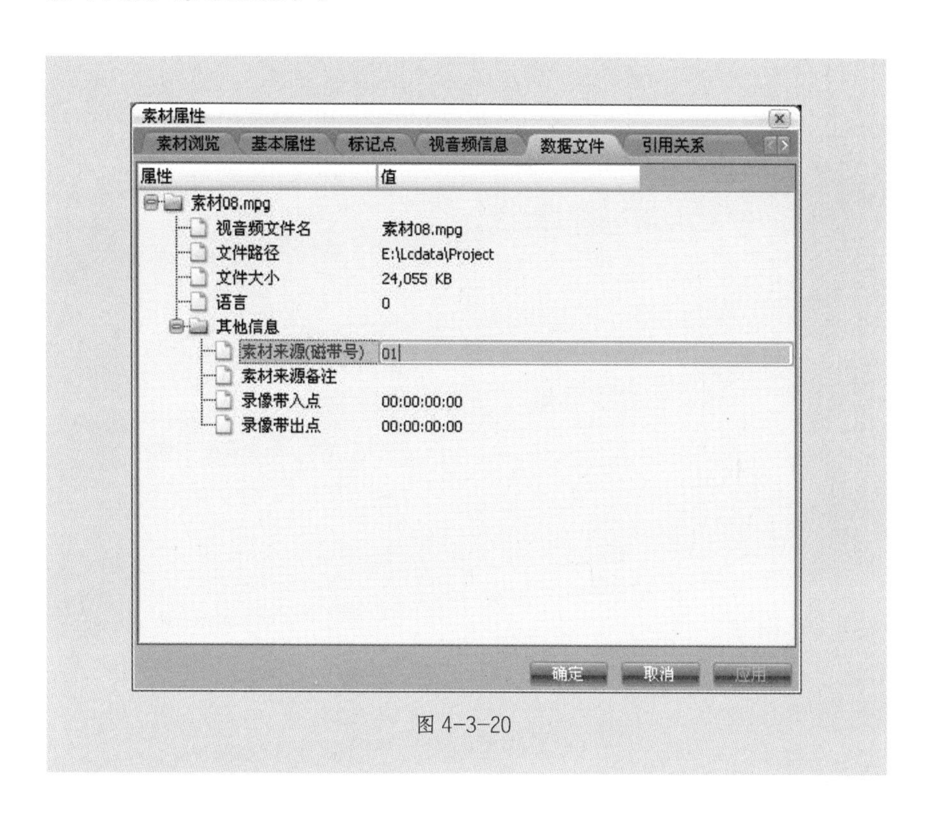

图 4–3–20

• 引用关系

用于查询当前素材的引用与被引用状况。

当选择“** 引用的资源”时，列表中将显示出该素材所引用的全部资源；当选择“引用 ** 资源”时，列表中将显示出引用了当前素材的故事板（见图 4–3–21）。

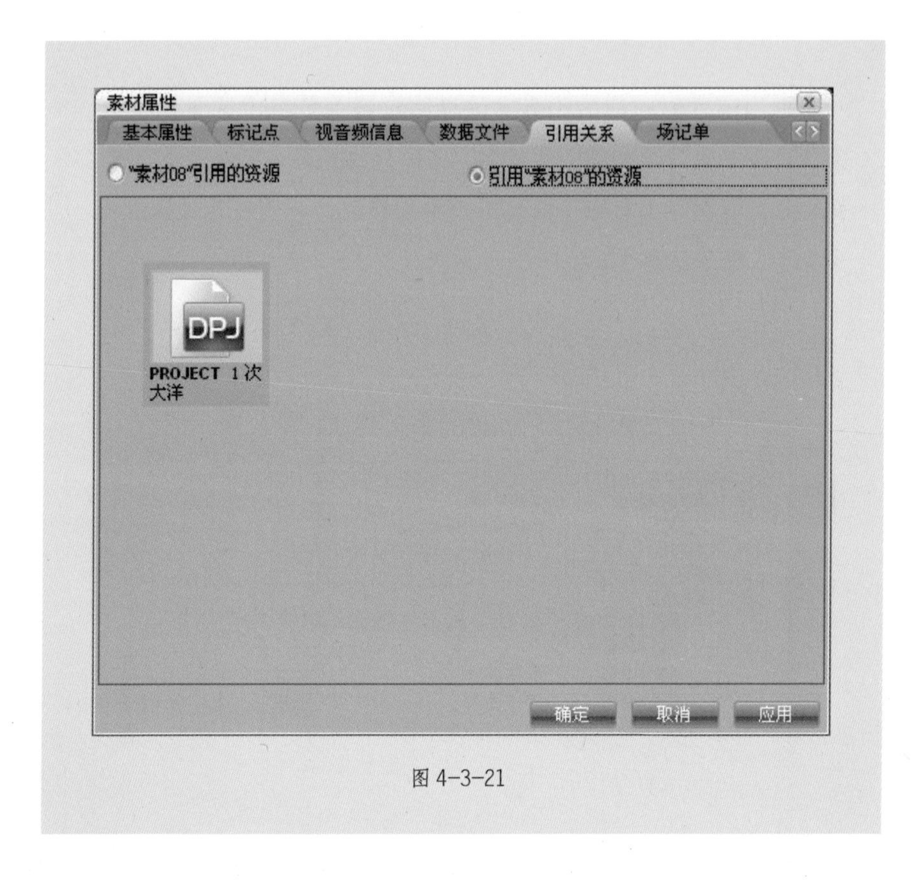

图 4-3-21

- 场记单

用于编辑当前素材的场记单信息（见图 4–3–22）。

2. 故事板属性窗

故事板属性窗用于查看当前故事板的详细描述信息、创建日期、长度信息以及引用关系等。该窗口由基本属性、视音频属性和引用关系三个页签组成（见图 4–3–23）。

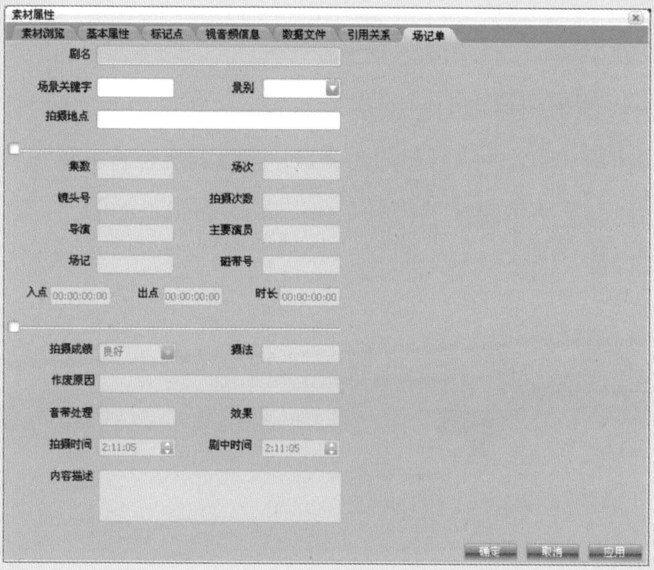

素材属性
素材浏览　基本属性　标记点　视音频信息　数据文件　引用关系　场记单
剧名
场景关键字　景别
拍摄地点
集数　场次
镜头号　拍摄次数
导演　主要演员
场记　磁带号
入点 00:00:00:00　出点 00:00:00:00　时长 00:00:00:00
拍摄成绩 良好　摄法
作废原因
音带处理　效果
拍摄时间 2:11:05　剧中时间 2:11:05
内容描述
确定　取消　应用

图 4-3-22

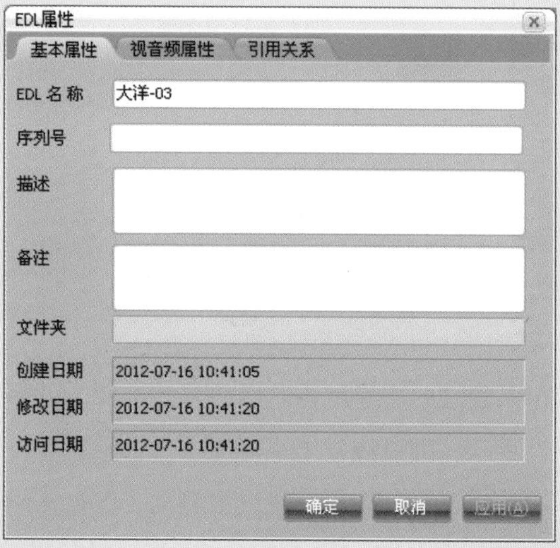

EDL属性
基本属性　视音频属性　引用关系
EDL 名称　大洋-03
序列号
描述
备注
文件夹
创建日期　2012-07-16 10:41:05
修改日期　2012-07-16 10:41:20
访问日期　2012-07-16 10:41:20
确定　取消　应用(A)

图 4-3-23

4.3.9 回收站

大洋资源管理器中的回收站与 Windows 系统中的回收站有着相同的功能和作用。对文件执行删除命令后，删除的文件将被移至回收站内，其索引信息和实体数据文件仍然存在，通过还原命令可以恢复文件（见图 4-3-24）。

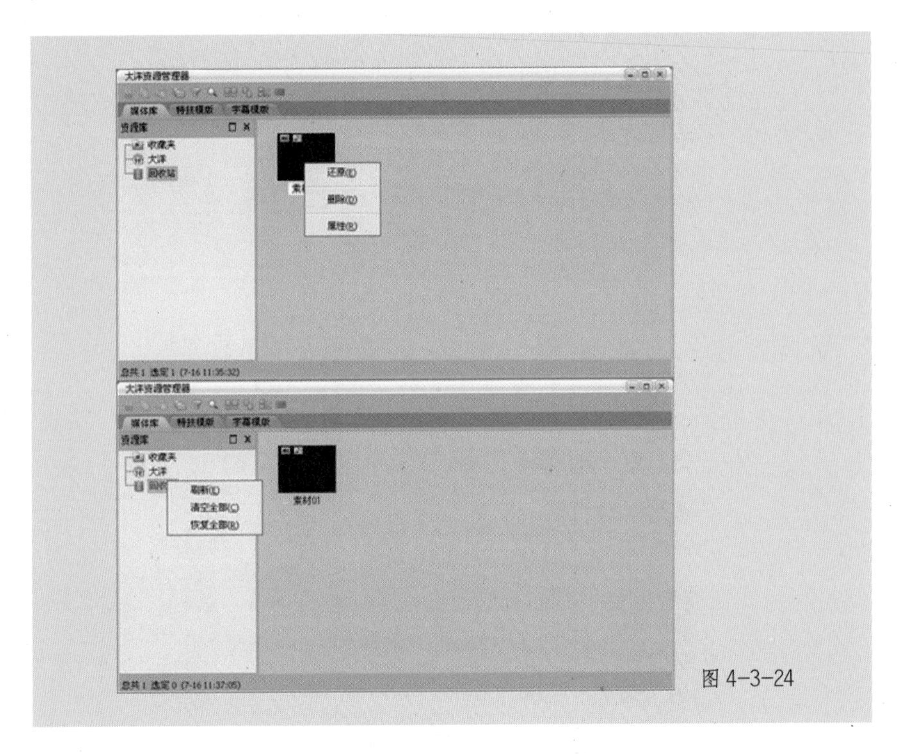

图 4-3-24

• 还原：在回收站中选择需要还原的媒体文件（可多选），使用右键菜单“还原”命令，即可恢复至媒体库中。如果原有目录存在，媒体文件将还原到原路径下，如果原目录已被删除，媒体文件将还原到媒体库的根目录下。

• 删除：选择需要删除的媒体文件，使用右键菜单“删除”命令，该媒体文件将从硬盘上彻底删除，无法恢复。

• 属性：选择素材，使用右键菜单“属性”命令，可以查看该媒体文件的删除信息，包括资源名称、原文件夹位置、资源删除时间、删除人、数据文件的存放路径等。

• 刷新：用于刷新回收站的媒体文件列表。

• 清空回收站：该命令将彻底清除回收站中的全部媒体文件。在回收站内容区空白处，使用右键菜单“清空全部”命令，或是在目录树的回收站位置使用右键菜单“清空全部”命令来清空文件。

• 全部恢复：可将回收站中的全部媒体文件恢复到媒体库中。在回收站内容区空白处使用右键菜单“全部恢复”命令，或是在目录树回收站位置使用选右键菜单“全部恢复”命令来恢复文件。

4.3.10　收藏夹

大洋 ME 系统提供了对资源备份和数据移动的收藏夹功能。收藏夹用于独立存储常用的媒体文件（包括素材和故事板文件）；收藏夹中的媒体文件以独立的副本方式单独存储在系统的收藏夹路径下，即使原媒体文件被删除也不会影响到收藏夹中媒体文件的使用。

选择需要收藏的媒体文件(可多选)，使用右键菜单“添加到收藏夹”命令或直接将媒体文件拖拽到收藏夹文件夹上（见图 4-3-25），媒体文件即被收藏在文件夹中。

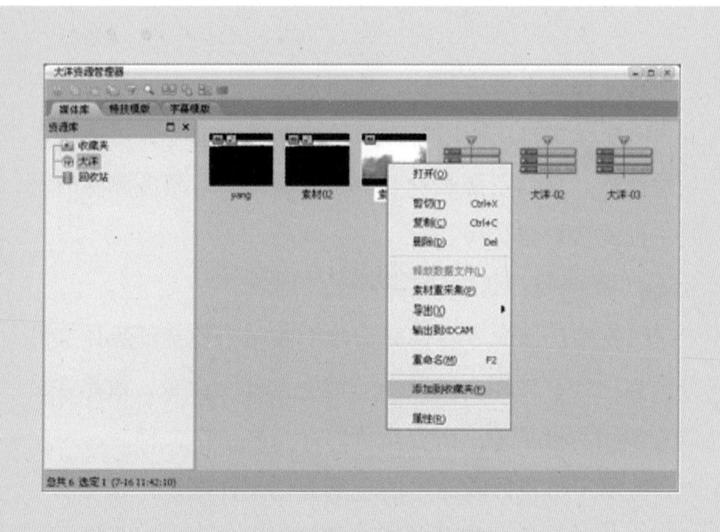
大洋资源管理器
媒体库
特技模板
字幕模板
资源库
收藏夹
大洋
回收站
yang
素材02
大洋-02
大洋-03
打开(O)
剪切(T) Ctrl+X
复制(C) Ctrl+C
删除(D) Del
释放数据文件(L)
素材重采集(P)
导出(X)
输出到XDCAM
重命名(M) F2
添加到收藏夹(F)
属性(R)

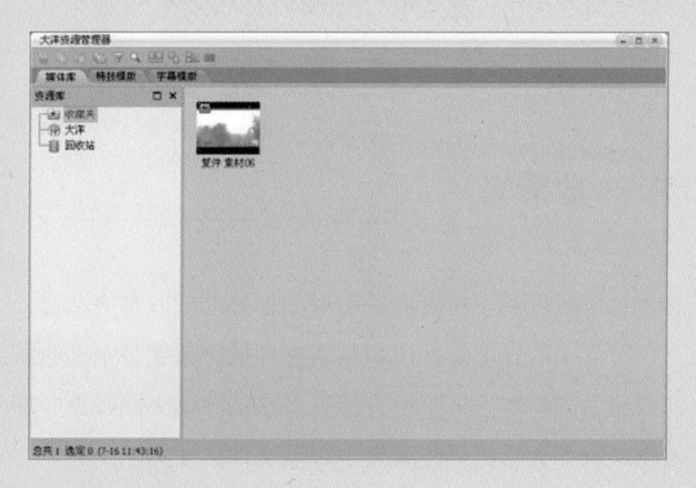
大洋资源管理器
媒体库
特技模板
字幕模板
资源库
收藏夹
大洋
回收站

图 4-3-25

第5章
采　集

在这一章中，主要介绍大洋 ME 非线性编辑系统为视音频采集提供的多种方案及其使用操作。

采集是非线性编辑中获取视音频素材最常用的方法。所谓采集，就是从摄像机或录像机等视频源获取视音频数据，通过视音频采集卡或 IEEE1394 接口，将视音频信号保存到计算机硬盘中，再通过数据库对媒体资源统一管理为我们编辑所使用。大洋 ME 系统根据不同的采集设备和采集质量要求提供了多种专业采集方案，以供不同的操作者选择、使用。

本章要点

◎ 视音频 /1394 采集

◎ 文件采集

◎ 图文采集

◎ 其他采集

◎ DVD 采集

◎ CD 抓轨

◎ 音频转码器

◎ 重采集

5.1 视音频 /1394 采集

1394 采集是针对具备 IEEE1394 接口的数字视频设备进行数据采集的一种方式，也是当前比较普遍的一种采集方式。1394 采集窗与视音频采集窗在界面和操作上基本相同，因此，我们将这两种采集整合在一起进行介绍。

5.1.1 1394 采集界面

通过使用主菜单命令“采集→视音频采集 /1394 采集”，就可以打开对应采集窗口（见图 5-1-1）。下面将分区域介绍采集界面的布局及功能。

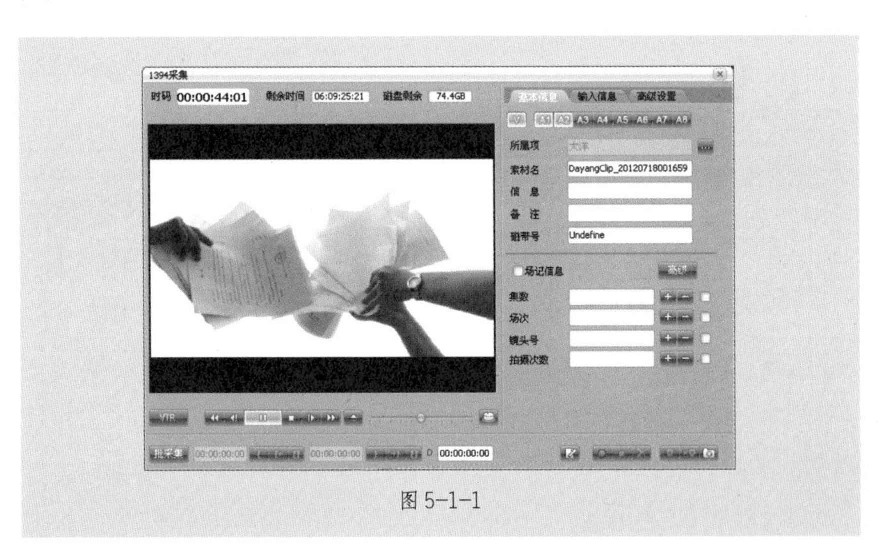

图 5-1-1

1. 预览窗

预览窗（见图 5–1–2）用于对采集素材的浏览。

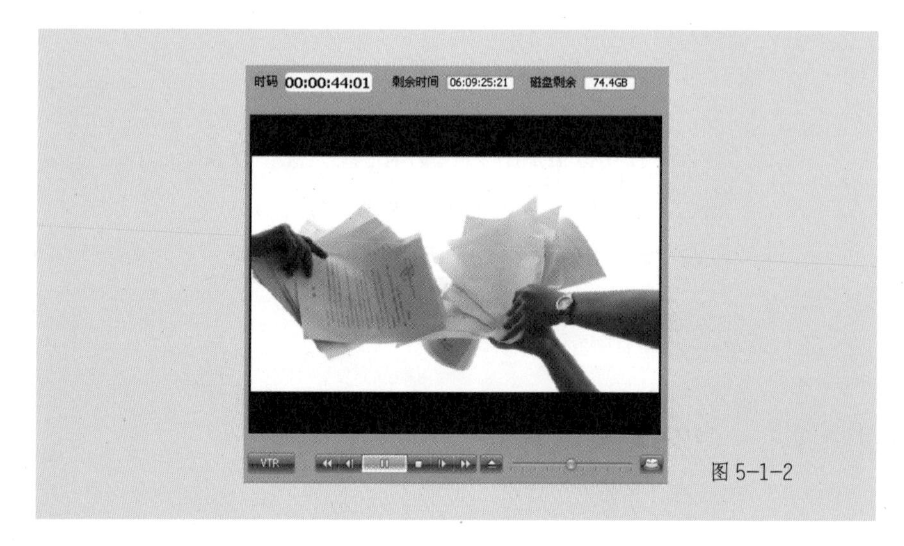

图 5–1–2

• 视频预览窗：可对录机播放的视频进行回显。

• 时码: 显示 VTR 时间码。在正确连接了录放机的 VTR 遥控信号后，时间码与录机 TC 时码一致。

• 剩余时间：显示项目所设置的磁盘空间范围内可继续采集的时间数（以“小时：分：秒：帧”方式动态刷新显示）。

• 剩余磁盘：显示项目所设置的磁盘空间范围内可用空间数（单位 GB）。

2. VTR 控制

预览窗下部是 VTR 控制部分（见图 5–1–3），负责对外部输入信号源遥控操作（连接了处于遥控状态的 VTR 设备后才会有效）。在有效遥控状态下，大洋 ME 系统可模拟 VTR 的控制面板和功能键，遥控外部录机进行快进、快退、变速播放和搜索等。同时，还可以记录磁带的入、出点和采集长度，以便实现对帧精度要求较高的打点采集或是批量采集功能。

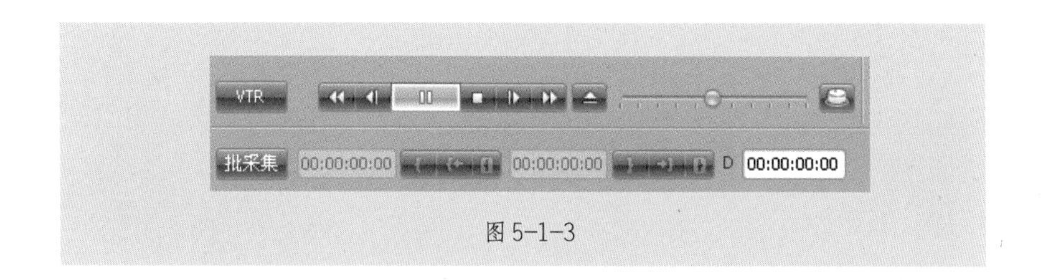

图 5-1-3

- VTR：VTR 切换按钮用于设定大洋 ME 系统采用何种方式进行采集。

该按钮呈非选中状态时VTR，大洋 ME 系统将进行硬采集（即采集过程只接受“开始采集”和“停止采集”命令）；该按钮呈选中状态时VTR，大洋 ME 系统将进行入、出点区域的打点采集。

- ：该组按钮用于对录机设备的遥控播放、快进、快退、逐帧查找等操作。

该组按钮只有在正确连接了 VTR 遥控信号时才有效，否则呈灰色无效状态。

- ：用于倍速浏览功能。右侧按钮可切换 JOG 和 SHUTTLE 模式。

- 批采：用于展开批采集列表，以实现批量采集功能。

- 00:00:00:00：用于记录磁带入点时码信息。后面三个按钮分别为设置入点、到入点和删除入点。

- 00:00:00:00：用于记录磁带出点时码信息。后面三个按钮分别为设置出点、到出点和删除出点。

3. 基本信息

基本信息页签主要用于设置素材名称、素材存储位置等信息（见图 5-1-4）。

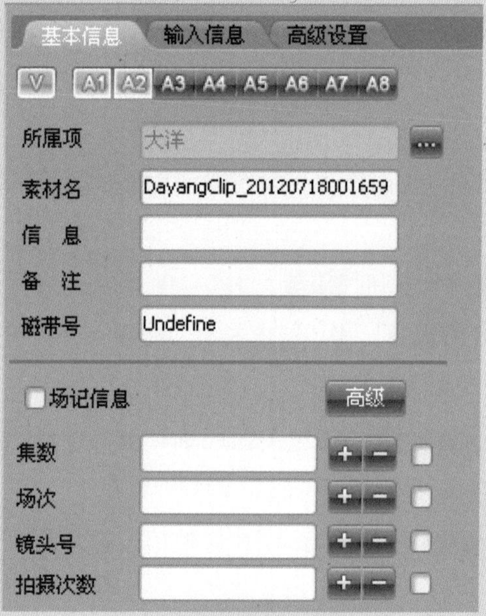

图 5-1-4

• 采集通道设置：用于设置采集时对视频 V、音频 A 的选择（见图 5-1-5），以实现单独采集视频或单独采集音频的操作。

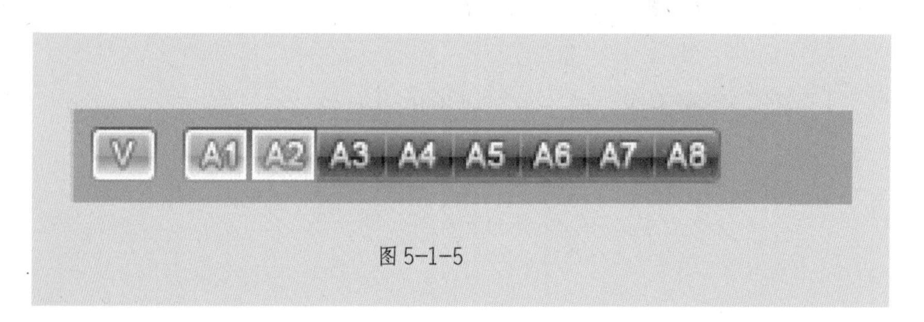

图 5-1-5

• 所属项：用于设置采集生成素材的存储路径。点击 （设置）按钮可更改存储路径。

• 素材名：用于输入和记录素材名称（默认情况下系统自动按采集时间设定素材名）。

• 信息 / 备注：用于输入和记录素材的附加信息。

• 磁带号：用于输入和记录磁带的编号。

• 场记信息：用于记录场记信息的功能。

场记信息提供集数、场次、镜头号、拍摄次数所对应的附加信息文字。可以手动调节每项信息后面的 、 按钮，为属性信息名加 1 或减 1；点击 高级 按钮弹出完整的场记单窗口，可输入更为详细的场记。

4. 输入信息

输入信息页签主要用于对输入端口的设定和对视音频输入信号的动态调整（见图 5-1-6）。

图 5-1-6

• 视频输入类型：用于设置视频的输入端口。根据所使用的非编卡和采集设备，大洋 ME 提供了 Composite（复合）、YC（S 端子）、Component（YUV 分量）等端口选择。

• 音频输入类型：用于设置音频输入端口。根据所使用的非编卡和采集设备，大洋 ME 提供 Analog（模拟）、HDMI 等端口选择。

• 视频动态调整：用于对采集中的视频的亮、色、对比度和饱和度进行实时调整，同时提供掩膜遮台标功能。

• 音频动态调整：用于采集过程中对音频幅度的调整，可针对左右声道或多路输出声道单独调整。

• 视频示波器：点击此按钮可弹出视频示波器窗口，用于采集中动态监看视频波形。

• 显示音频表：点击此按钮可弹出音频 VU 表，用于采集中监看音频电平。

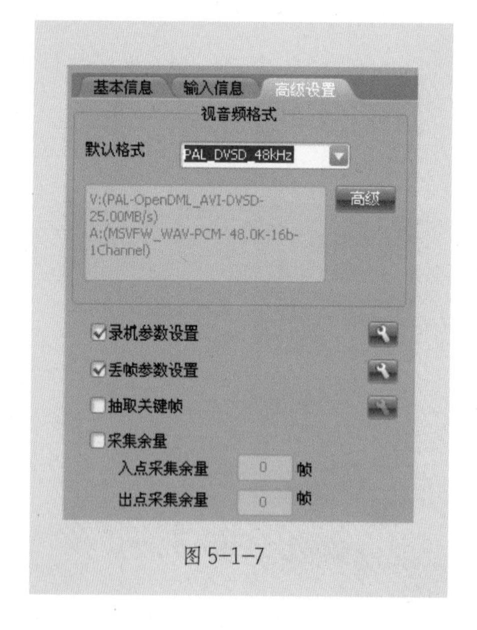

图 5-1-7

5. 高级设置

高级设置页签主要用于设置素材的视音频格式。同时还提供了采集中丢帧设置、自动抽取关键帧、采集余量设置、录机参数设置等高级设置项（见图 5-1-7）。

• 默认格式：用于选择采集素材的视音频编解码类型，可通过下拉菜单选择系统已预置的格式类型，也可以点击 高级 按钮自定义设置。

• 录机参数设置：用于针对不同录机设备，设置采集精度和输出精度，点击（系统设置）按钮进入设置窗口。

• 丢帧参数设置：可设置采集中出现丢帧情况时的处理方式。点击（系统设置）按钮进入设置窗口，系统提供“显示丢帧提示”和“中断采集”两种方式。

• 抽取关键帧：用于设置是否允许采集时系统自动按场景内容进行检测，并抽取关键帧或生成子素材。点击（系统设置）按钮进入设置界面。

• 采集余量：采集余量是指采集过程中多出采集区域的采集内容。该选项可设置采集入点余量和出点余量（单位为帧）。

6. 操作控制

操作控制部分用于对采集操作的控制（见图 5-1-8）。

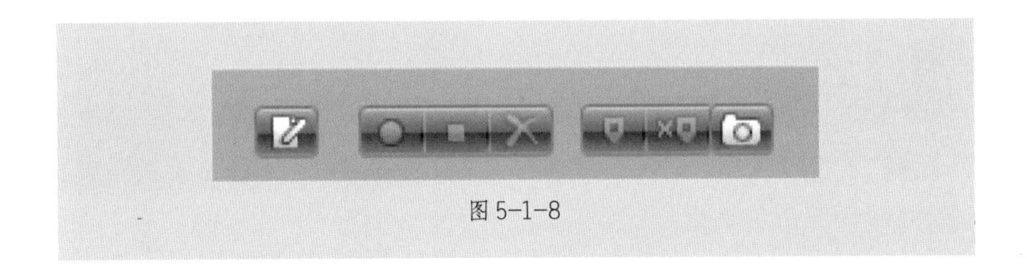

图 5-1-8

• ：直接采集素材元数据，采用此种方式采集的素材仅记录相关的素材属性信息，没有实体文件对应。资源管理器中素材图标为小写 va，以便重采集实体文件。

• ：开始采集，快捷键 W。

• ：停止采集，保存已采集的素材，快捷键 S。

• ：放弃采集，清除已采集的素材，快捷键 Shift+C。

• ：打标记点，用于对采集中的素材做标记，快捷键 M。

• 删除标记点，快捷键 Shift+M。

• 抓取单帧，单击该按钮或使用快捷键 N，可将当前画面保存为一幅 TGA 图片。

5.1.2 1394 采集操作

（1）连接好 DV 设备，切换设备开关到 VCR 状态，将控制开关打到 REMOTE 状态。

（2）进入大洋 ME 系统，打开 1394 采集窗口，此时通过软件采集窗中的控制按钮，可以正常操作 DV 设备的走带、停止等动作。

（3）根据需要修改素材名、设定素材存储路径。

（4）点击（采集）按钮，进行采集。

• 硬采集：取消 VTR 按钮，使其呈 VTR 灰色不工作状态，此时点击（采集）按钮，开始采集，直至点击（停止）按钮，结束采集。

• 打点采集：保持 VTR 工作状态，播放磁带并设置好磁带入、出点，点击（采集）按钮，系统倒带预卷，在设置的磁带入点位置开始采集，到设置的出点位置处自动结束采集。

5.2 文件采集

大洋 ME 系统中的文件采集，用于将磁盘中已存在的视音频素材分解成更小的素材片段，从而有效精简长素材，释放硬盘空间。通过使用主菜单命令“采集→文件采集”，打开文件采集窗口。

5.2.1 文件采集界面

文件采集界面与1394采集界面大体相似（见图5-2-1）。在此，我们仅对文件采集与其他采集不同的地方加以说明，相同部分请参见1394采集界面介绍。

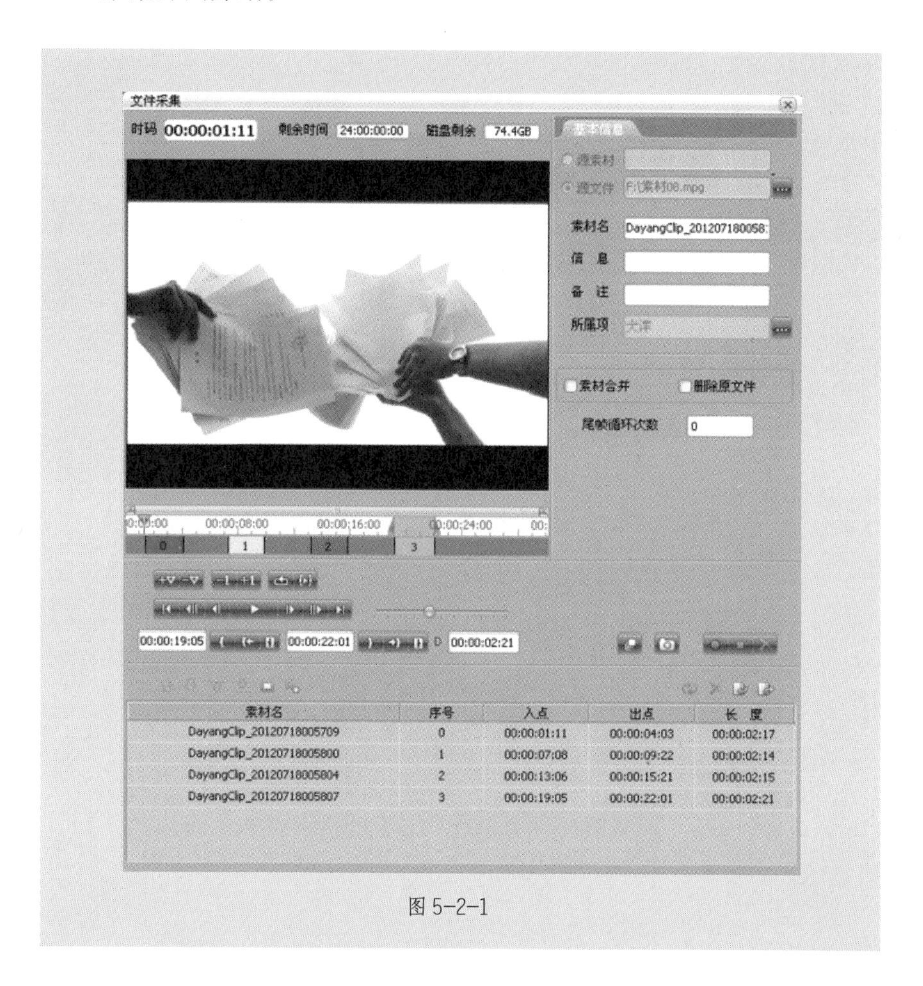

图5-2-1

1. 预览窗

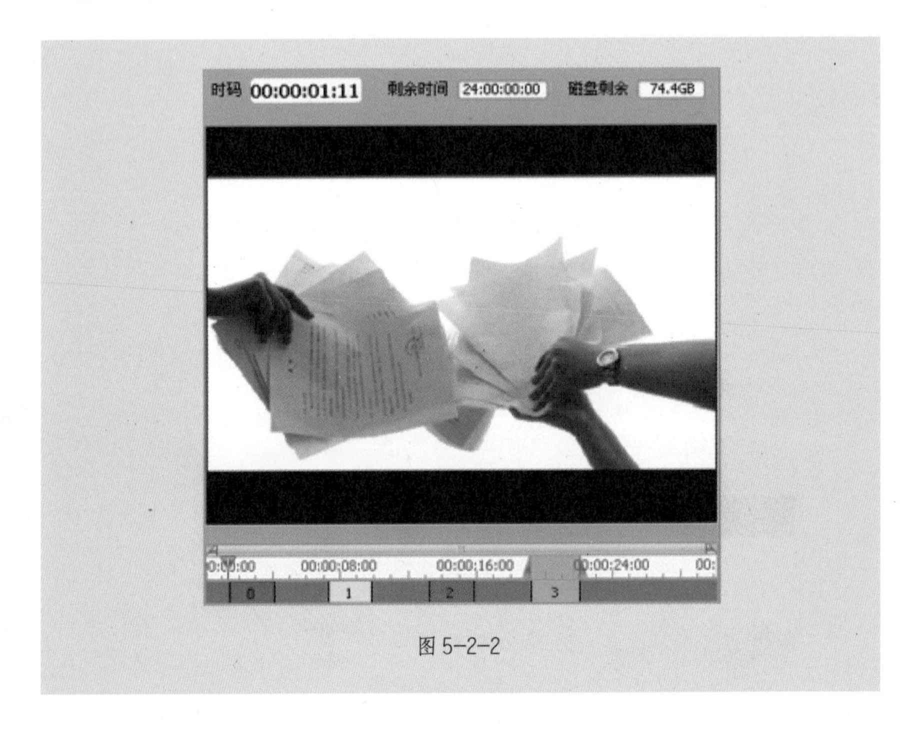

图 5-2-2

预览窗（见图 5-2-2）功能操作与 1394 采集界面一致。

2. 操作控制

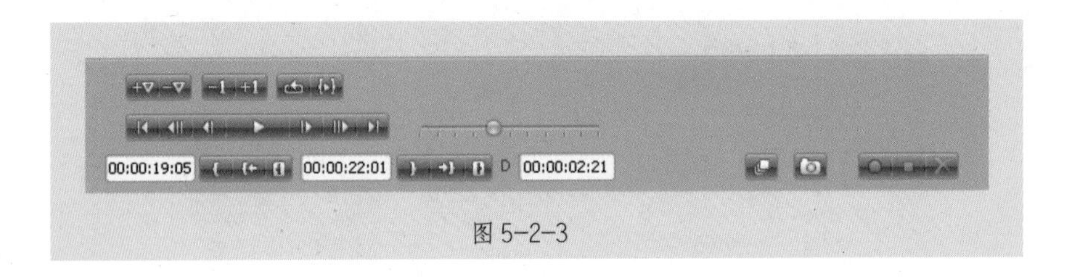

图 5-2-3

如图 5-2-3，，用于进行设置入、出点后素材片段的添加与浏览。

其他功能操作与 1394 采集界面一致。

3. 基本信息

基本信息如图 5-2-4。

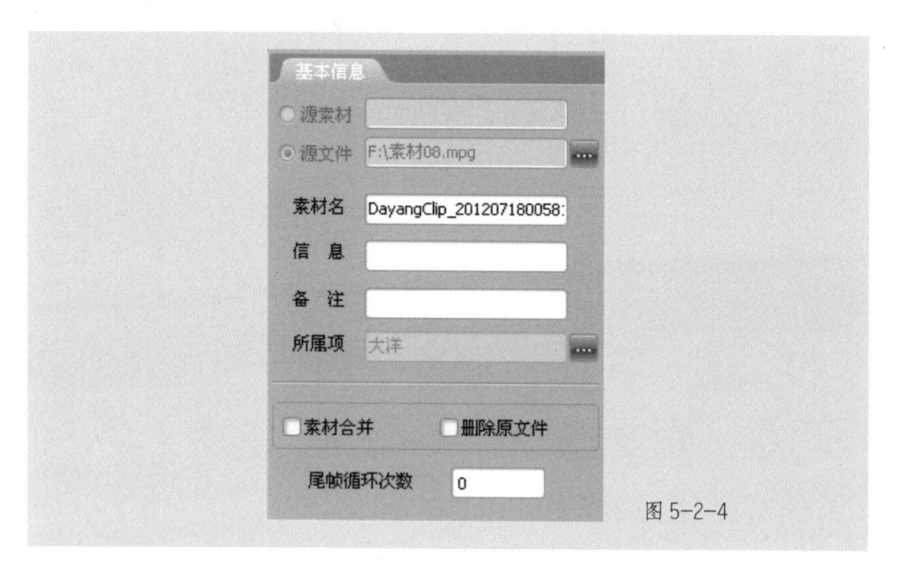

图 5-2-4

• 素材合并：勾选此项后，系统会将生成的新片段串成一段素材存于资源管理器中。

• 删除原文件：勾选此项后，文件采集结束，系统将自动删除源文件的实体文件和索引信息，释放硬盘空间。

• 尾帧循环次数：用于设定每一个新片段尾帧循环播放的次数，设置的循环次数越多，终屏停留时间越长。

其他功能操作与 1394 采集界面一致。

5.2.2 文件采集操作

（1）使用主菜单命令“采集→文件采集”打开文件采集窗口。

（2）将需进行分割的源素材调入文件采集窗中，浏览素材，以设置在入、出点的方式找出保留的片段内容（可为多段）。

（3）根据需要修改素材名、调整存储路径（所属项）。

（4）点击（添加块）按钮，添加到采集列表中。

（5）重复（2）、（3）、（4）步骤操作，完成对全部所需片段的筛选。

（6）点击（采集）按钮，开始文件采集。

5.3 图文采集

图文采集功能，用于将已知序列图像文件（图像串）合成为软件可以编辑的视频素材，从而最大限度地兼容第三方软件生成的媒体文件。

图文采集前，要在其他系统中将需要的内容输出成分辨率为720×576（PAL制）或720×486（NTSC制）的图像序列（如TGA串）。

5.3.1 图文采集界面

图文采集窗口与1394采集窗口非常相似（见图5-3-1），在此，我们仅对图文采集与其他采集不同的地方加以说明，相同部分请参见1394采集界面介绍。

• 文件名：用于指定图像序列的首帧图像文件。

在指定首帧图像文件之后，系统会在同一目录下搜索该序列的最后一帧作为“结束图像”；如果序列号有中断或缺失，则以中断或缺失图像的前一帧作为结束图像。选择序列的最后一帧作为“初始图像”时，系统将自动以序列的首帧作为“结束图像”，此时生成的视频素材为倒放。

图 5-3-1

• 帧 / 双场 / 顶场先 / 底场先：用于设置在采集时被选择的图像序列中的每一幅图在最终的视频文件中是作为帧还是作为场去处理，如果作为场处理，又可设置双场方式、顶场先方式和底场先方式。通常帧、场方式的选择与在第三方软件中合成图像序列时的设置方式保持一致。

• 重复次数：用于设置被选择的图像序列中的每一幅图在最终的视频文件中的重复次数。设置参数大于 1，可以生成慢动作视频素材。

5.3.2 图文采集操作

（1）使用主菜单命令“采集→图文采集”打开图文采集窗口。

（2）点击文件名后对应的 （设置）按钮，指定图像序列的首帧文件。

（3）浏览素材，设置入、出点转换区域。

（4）根据需要修改素材名、调整存储路径（所属项）。

（5）点击（采集）按钮，开始图文采集。

5.4 其他采集

为了满足当前节目制作时效性的要求，越来越多的设备制造商推出使用移动存储进行数据记录的摄像机。当前在广电系统中主要使用的有松下的P2、SONY的XDCAM及XDCAM EX等摄像机。在大洋ME系统中，对于这些移动存储数据的使用也提供了相应的采集功能。这些功能在采集界面和操作方式上都具有相同性，区别也只是对应的移动存储媒介；因此，在这里我们就以XDCAM的采集做介绍，其他移动媒体的采集方式可参照操作。

在大洋ME系统中，XDCAM光驱需要通过IEEE1394、USB接口或FTP接口与PC进行连接，连接后安装相应驱动程序，系统就可识别媒体文件。

5.4.1 XDCAM采集界面

启动大洋ME系统后，使用主菜单命令“采集→其他采集→XDCAM”，打开XDCAM采集界面（见图5-4-1）。

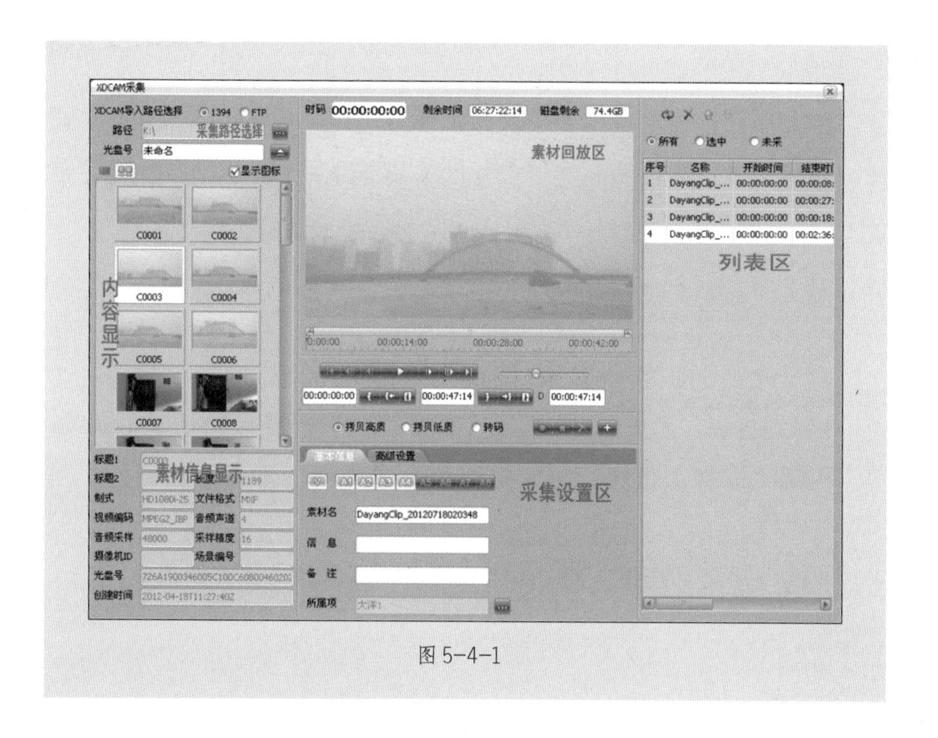

图 5-4-1

1. 采集路径选择区

XDCAM 支持 1394（USB 连接方式在此也属于 1394 连接）和 FTP 两种连接方式，对于使用 1394 连接，需选择 XDCAM 光驱对应盘符；对于 FTP 连接，需选择相应的 IP 地址和端口号等。

2. 内容显示区

用于显示当前目录下的 XDCAM 素材。

3. 素材信息显示区

在该区域可以查看当前 XDCAM 素材的原始信息。

4. 素材回放区

上部的回放窗用于浏览当前选中素材的视频画面，通过下面播放控制按钮或直接拖动时间线，浏览选中的 XDCAM 素材。点击（设置入点）和（设置出点），可设置素材需要采集的区域。

5. 采集设置区

用于设置当前 XDCAM 素材采集到素材库的名称和路径。

• 系统提供“拷贝低质”“拷贝高质”和“转码”三种方式的选择。

• （添加）按钮，用于将回放窗中当前的素材添加到批采列表中。

• （采集）按钮，列表添加完成后，点击该按钮开始采集。

6. 列表区

将需要采集的 XDCAM 素材加入列表区，以实现一次性批量采集功能。

5.4.2 XDCAM 采集操作

1. 选择 XDCAM 素材采集源的路径

如选中从 1394 采集，请选择 XDCAM 光驱路径；如选中从 FTP 采集，请选择 IP 地址和用户名密码。

2. 添加素材到采集列表

方法 1：在 XDCAM 素材库中双击将要采集的素材，此时该素材的图标高亮度显示，并同时显示在素材预览窗中（见图 5-4-2），设置素材入、出点后，鼠标单击按钮添加到采集列表中。

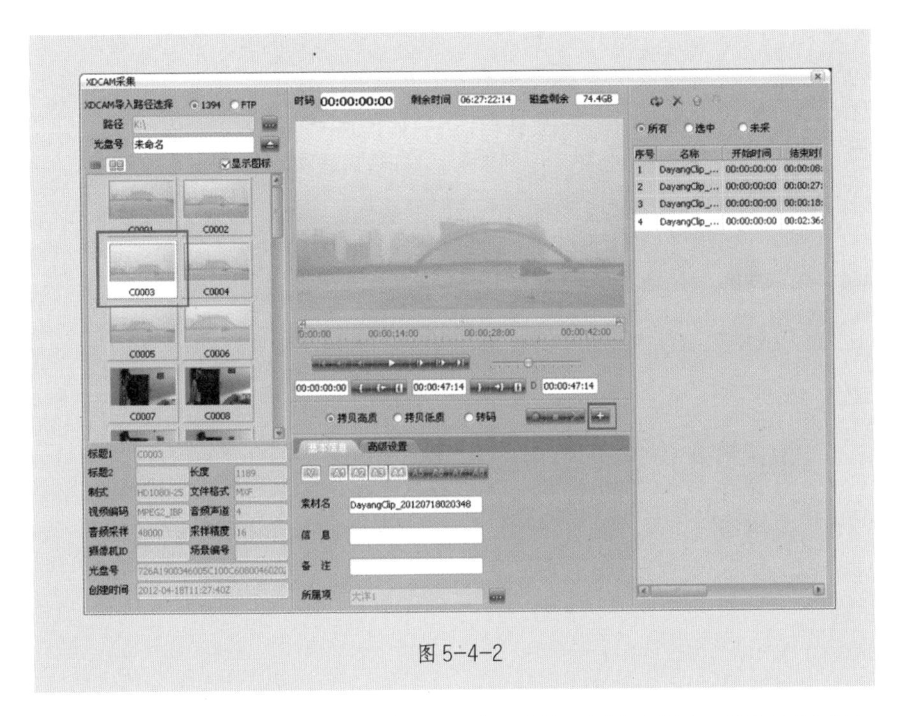

图 5-4-2

方法 2：选择将要采集的素材，使用鼠标右键“添加到任务列表”命令（见图 5-4-3），素材添加到采集列表中。

图 5-4-3

3. 列表区操作

- ：更新修改选中条目素材的信息。

更改列表中条目的设置：选择需要更改设置的条目，双击调入回显窗；修改该条目的基本信息、高级设置、入出点设置等；点击任务列表上排的（刷新）按钮，使修改生效。

- ：删除列表项中选中条目。
- ：移动选中的列表条目。

4. 开始采集

点击（采集）按钮，弹出素材采集的进度框（见图 5-4-4），开始采集。

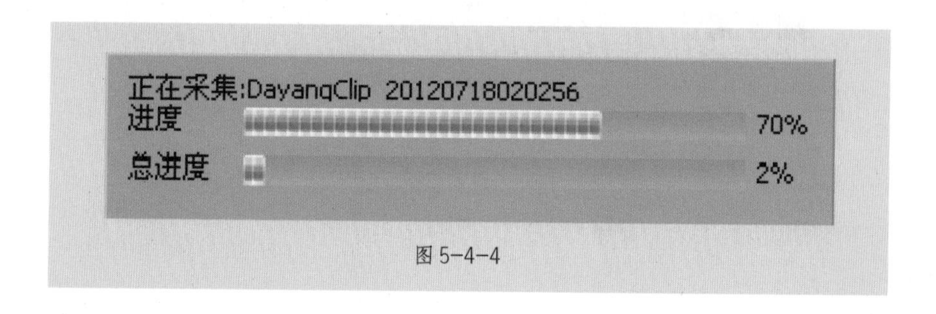

图 5-4-4

5.5 DVD 采集

DVD 采集功能，用于将 DVD 光盘上的视音频数据转码为大洋 ME 系统可以识别并使用的音视频素材。

5.5.1 DVD 采集界面

DVD 采集界面如图 5-5-1 所示。

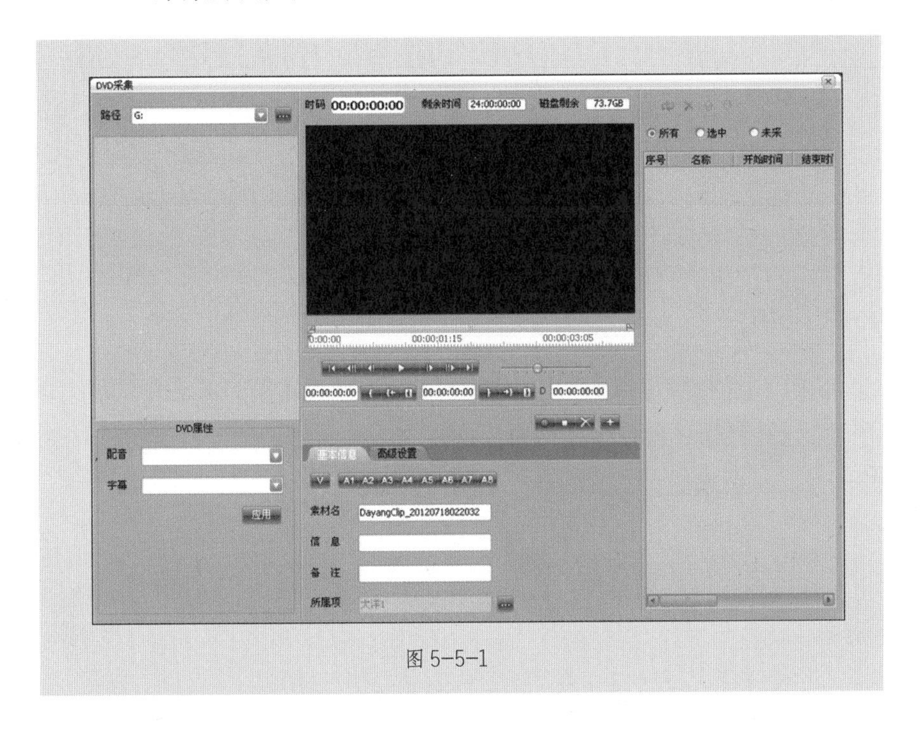

图 5-5-1

1. 路径设置

• 路径：显示 DVD 光盘所在驱动器位置。当系统同时有多个 DVD 光驱工作时，可通过下拉箭头或点击 （设置）按钮指定 DVD 光驱。

• 节目列表：当系统识别出 DVD 光盘后，自动刷新出节目列表。

2. DVD 属性

用于设置 DVD 转换时的配音语言和字幕类型（见图 5-5-2）。选用不同光盘，所提供的配音语言和字幕类型也有所不同，根据实际情况进行选择；一次转换只能选择一种配音语言和一种字幕类型。更改配音和字幕选项后，需点击 应用 按钮使更改生效。

DVD属性

配音

字幕

应用

图 5-5-2

3. 回显窗

用于浏览视频片段的内容（见图 5-5-3）。双击节目列表中的段落，可将节目片段调入回显窗中浏览。回显窗上排同时提供了当前时码、可用磁盘空间和剩余时间等信息。

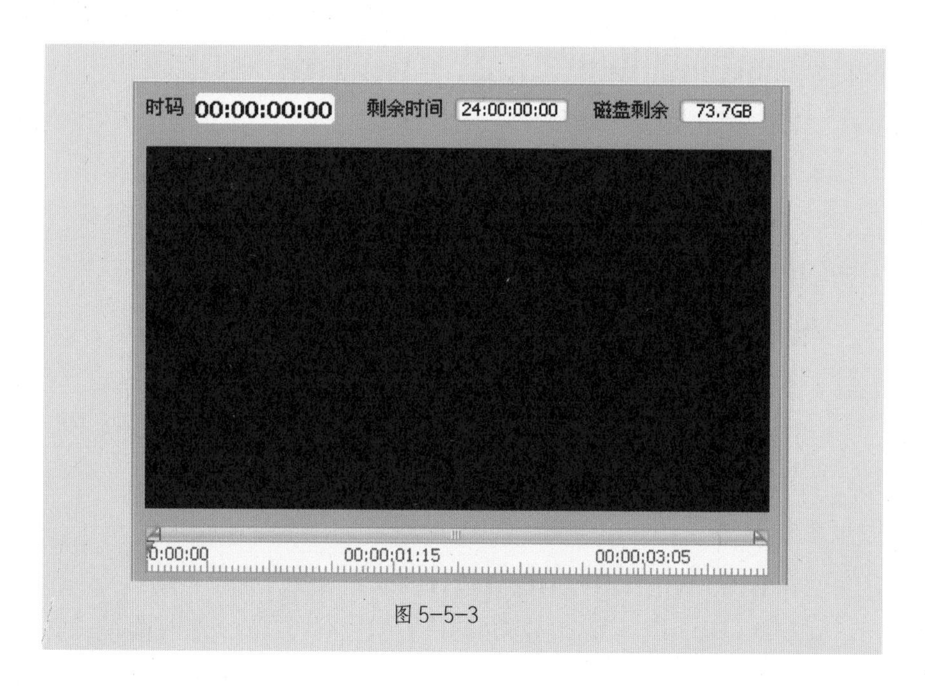

图 5-5-3

4. 操作控制

操作控制部分主要实现对片段的浏览、设置转换区域、将片段添加到任务列表、完成转换等工作（见图 5-5-4）。

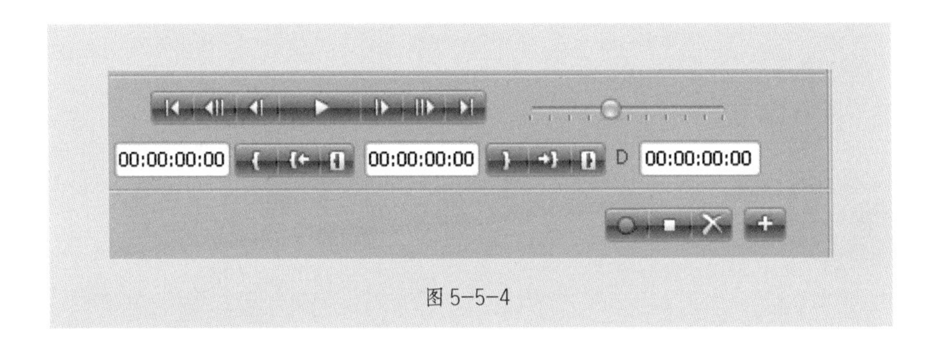

图 5-5-4

5. 基本信息设置

用于设置所生成的素材的名称、存储路径以及视音频通道（见图 5-5-5）。

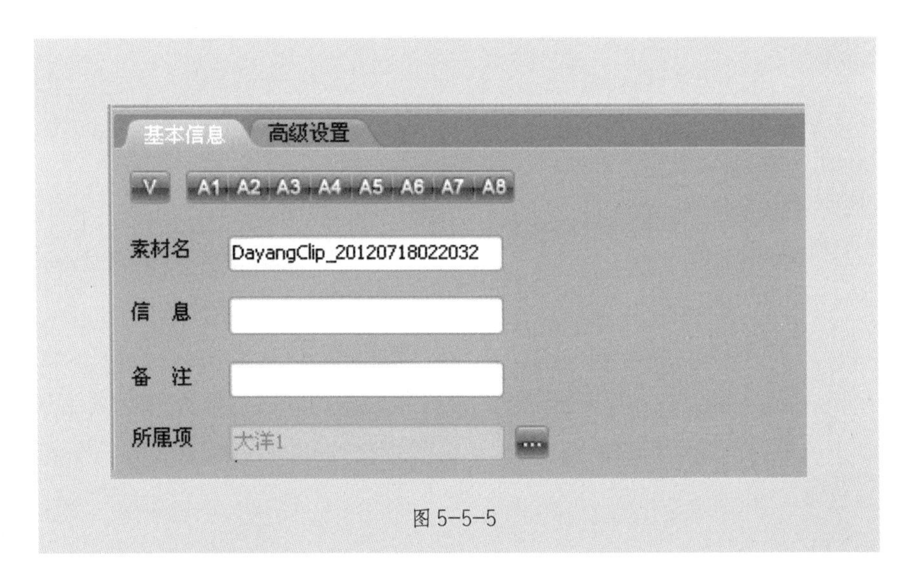

图 5-5-5

• V A1 A2 A3 A4 A5 A6 A7 A8 采集通道设置：用于设置视频 V、音频 A 的选择，可以实现单独转换视频或单独转换音频的功能。

• 素材名：用于自定义转换所生成新素材的名称。

• 信息 / 备注：用于输入和记录新素材的附加信息。

• 所属项：用于指定新素材存储在资源管理器的路径位置。

6. 高级设置

用于设置生成新素材的视音频格式（见图 5–5–6）。可通过下拉菜单选择系统已预置的格式类型，也可以点击高级按钮自定义设置。

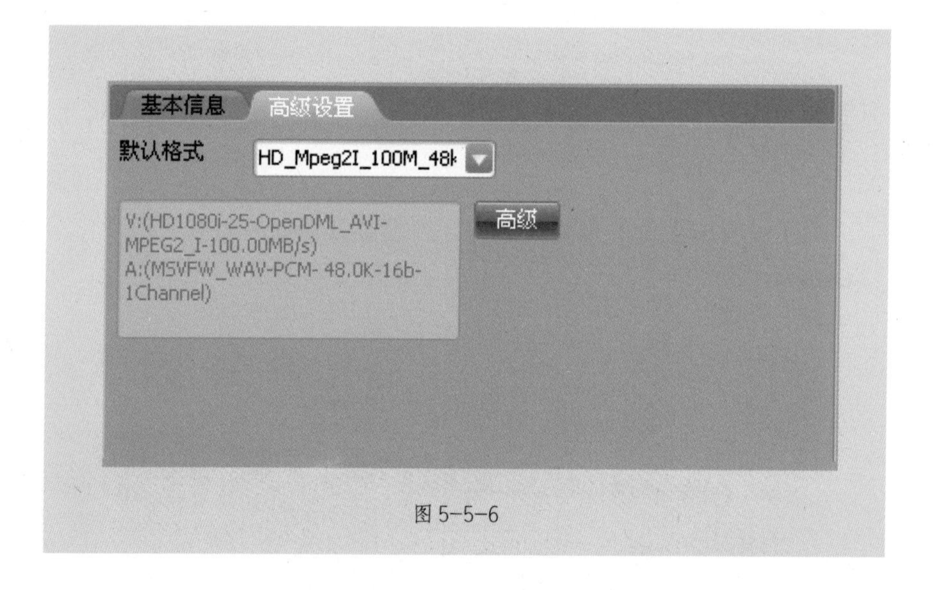

图 5–5–6

7. 任务列表

在大洋 ME 中，需将预转换的视频片段添加到右侧任务列表中，才能完成 DVD 转换（见图 5–5–7）。可以依次选择同一张 DVD 光盘中的多组片段，将其添加到任务列表，然后一次性批量完成转换。

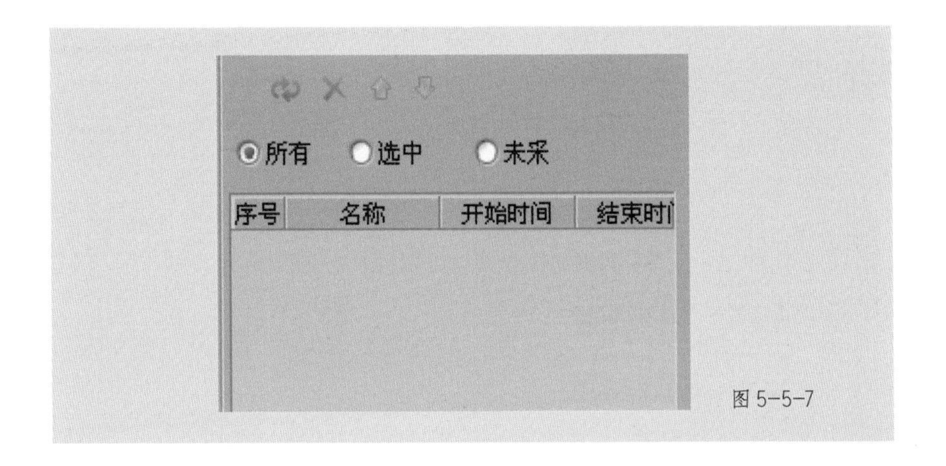

图 5-5-7

5.5.2 DVD 采集操作

（1）将 DVD 光盘放入 DVD 光驱，系统正确识别后弹出播放提示。

（2）使用主菜单命令“采集→其他采集→ DVD”，打开采集窗口。

（3）大洋 ME 系统自动识别 DVD 光盘，显示节目列表。

（4）选择所需要的配音语言和字幕类型，点击应用按钮使设置生效。

（5）展开列表中的视频，双击段落，回显窗中出现视频画面。

（6）播放浏览画面，选出需要采集的片段设置入、出点。

（7）根据需要修改素材属性、保存路径和视音频参数。

（8）点击（添加）按钮，将设置好属性的视 / 音频片段加入右侧任务列表。

（9）重复 5—8 步骤操作，完成任务列表的编辑。

（10）点击（采集）按钮，进行 DVD 采集。

5.6 CD 抓轨

CD 抓轨功能，用于将 CD 光盘上的音频文件转码为大洋 ME 系统可以识别并使用的音频素材。

5.6.1 CD 抓轨界面

CD 抓轨界面如图 5-6-1 所示。

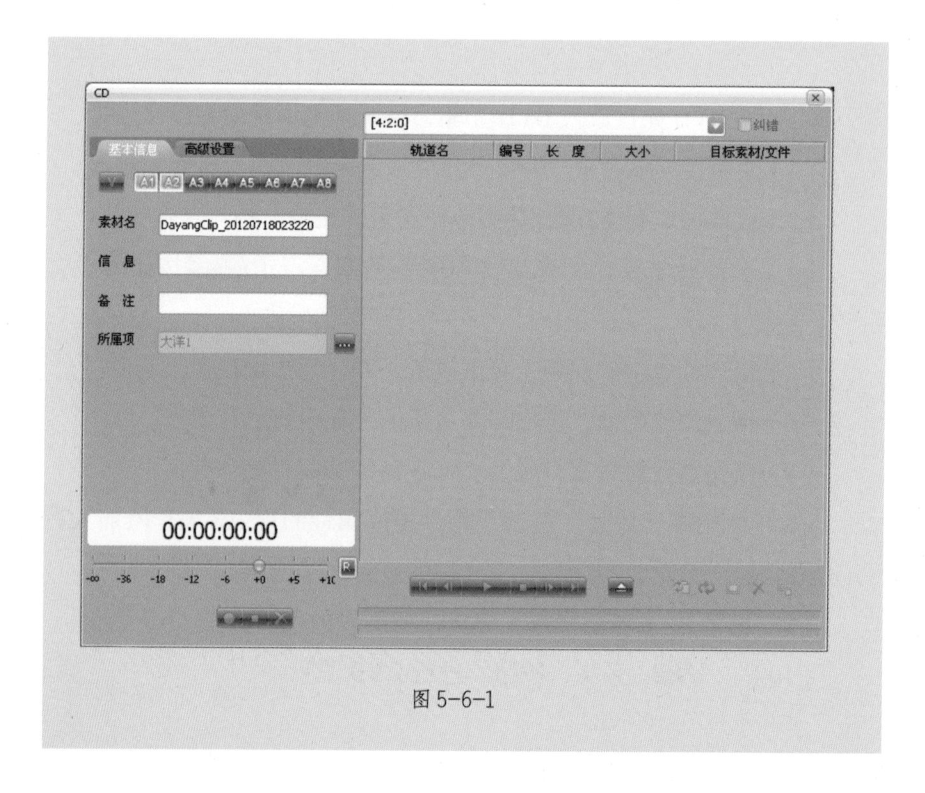

图 5-6-1

1. 音轨列表

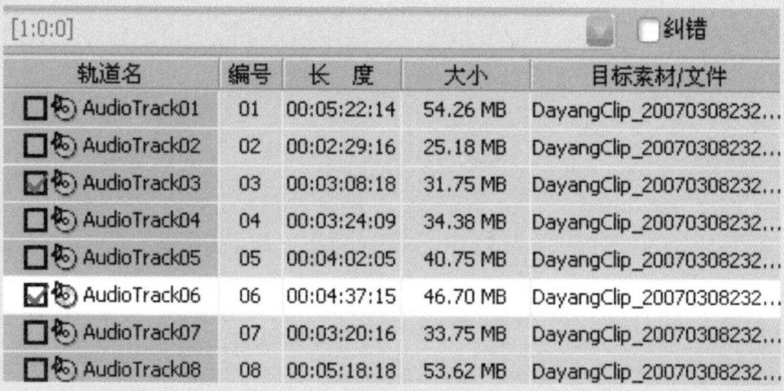

[1:0:0] 纠错

轨道名	编号	长 度	大小	目标素材/文件
AudioTrack01	01	00:05:22:14	54.26 MB	DayangClip_20070308232...
AudioTrack02	02	00:02:29:16	25.18 MB	DayangClip_20070308232...
AudioTrack03	03	00:03:08:18	31.75 MB	DayangClip_20070308232...
AudioTrack04	04	00:03:24:09	34.38 MB	DayangClip_20070308232...
AudioTrack05	05	00:04:02:05	40.75 MB	DayangClip_20070308232...
AudioTrack06	06	00:04:37:15	46.70 MB	DayangClip_20070308232...
AudioTrack07	07	00:03:20:16	33.75 MB	DayangClip_20070308232...
AudioTrack08	08	00:05:18:18	53.62 MB	DayangClip_20070308232...

图 5-6-2

音轨列表（见图 5-6-2）可自动列出 CD 光盘中所有音轨，选中音轨后可以进行试听；选择所需音乐（在轨道名前的复选项勾选）；更改素材名后需按（刷新）按钮进行确认。纠错 功能，用于在 CD 盘片有磨损的情况下，有效减少由于盘片误码出现噪声的概率，提高转码效率。

2. 基本信息设置

基本信息设置用于设置新素材的名称、存储路径以及音频通道（见图 5-6-3）。

基本信息 高级设置

V A1 A2 A3 A4 A5 A6 A7 A8

素材名 DayangClip_20120718023220

信 息

备 注

所属项 大洋1

图 5-6-3

- 采集通道设置：用于设置生成的音频素材包含几路音频。
- 素材名：用于自定义新素材的名称。
- 信息 / 备注：用于输入和记录新素材的附加信息。
- 所属项：用于指定新素材存储在资源管理器的路径位置。

3. 高级设置

高级设置用于设置新素材的音频格式（见图 5–6–4）。可通过下拉菜单选择系统已预置的格式类型，也可以点击 高级 按钮自定义设置。

图 5–6–4

4. 操作控制

- 00:03:03:21 当前曲目时码显示。
- 试听音量调节。0 位置为原始音量，左移滑块音量降低，右移滑块音量提升；点击 R（复位）按钮恢复原始音量。

5.6.2 CD 抓轨操作

（1）将 CD 光盘放入光驱，系统正确识别后弹出播放提示。

（2）使用主菜单命令“采集→其它采集→CD 抓轨”，打开 CD 抓轨界面。

（3）大洋 ME 系统自动识别 CD 光盘，显示曲目列表。

（4）在曲目列表中选择所需曲目，点击（播放）按钮试听，确定后，在轨道名前的复选项勾选。

（5）修改素材名、存储路径等信息，在左侧基本属性页签处进行更改，更改后点击进行确认。

（6）重复（4）、（5）步骤操作，完成曲目选择。

（7）点击（采集）按钮，开始 CD 抓轨音频转换。

5.7 音频转码器

音频转码器，用于将各种采样率和量化步长的 WAV、MP3 等音频文件转换为大洋 ME 系统能够识别并使用的音频素材。

5.7.1 音频转码器界面

音频转码器界面如图 5-7-1 所示。

（1）目录浏览区：采用类似 windows 资源管理器的操作方式，可以按目录树结构对所有文件进行浏览。双击文件夹，该文件夹中所有系统可识别的音频文件将被列在右侧的文件浏览区。

（2）文件浏览区：以列表方式显示所有音频文件。可选择按照名称、大小、类型以及修改时间等属性排列，文件浏览区的下部提供播放工具栏，可对选中的音频文件进行试听。

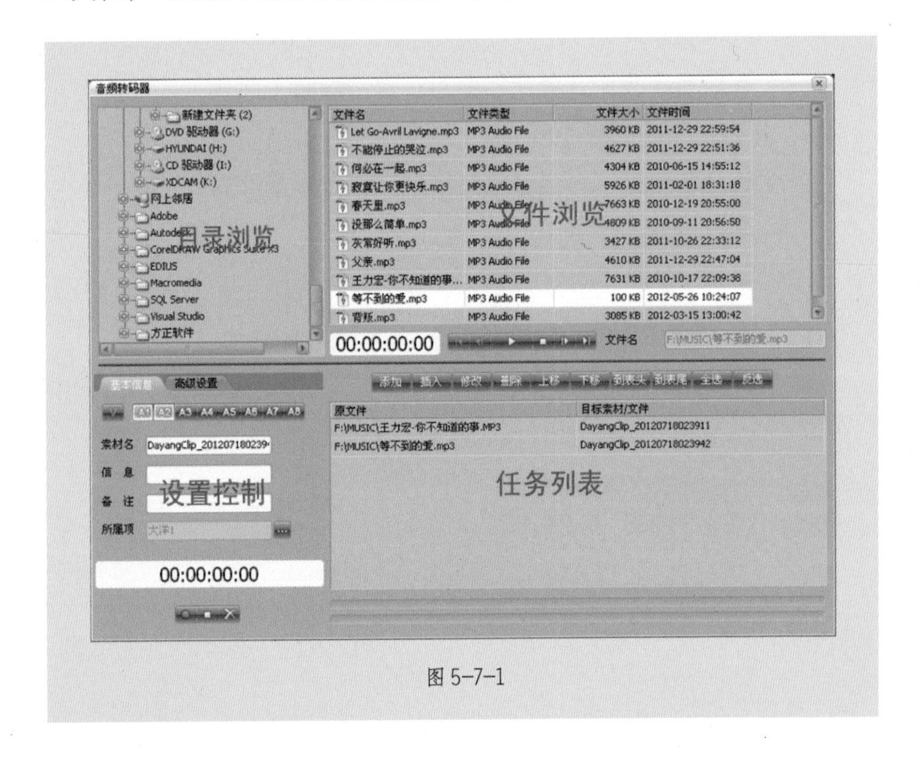

图 5-7-1

（3）任务列表区：以列表方式显示将进行转换的音频文件。使用鼠标直接将所需音频文件拖拽到任务列表区，也可点击 添加 按钮。对任务列表中的音频文件可以使用功能按钮进行添加、插入、修改、删除、移动、选择等操作。任务列表下方的两条进度条分别表示总进度和当前文件进度。

（4）设置控制区：用于设置新素材的音频通道、名称、附加信息、存储路径以及音频格式。列表编辑完成后，按转码控制区的 （录制）按钮进行转码。

5.7.2 音频转码器操作

（1）使用主菜单命令“采集→音频转码器”，打开音频转码器窗口。

（2）在目录浏览区中双击文件夹，右侧文件列表区选择需要转换的音频文件。

（3）文件区选择音频文件，点击（播放）按钮试听。

（4）选中所需的音频文件，使用鼠标直接拖拽到任务列表区（也可点击添加按钮）。

（5）在任务列表中选中任务项，在左侧设置控制区修改素材名、存储路径、音频格式等信息，更改后点击进行确认。

（6）重复（3）、（4）、（5）步骤操作，完成曲目选择。

（7）点击（录制）按钮，开始音频转码。

5.8 重采集

重采集最早是为了适应非线性系统脱机编辑和系统资源传输、整合的需要而产生的，主要应用在使用高压缩比进行采集、粗编后，针对故事板内容进行相同素材的低压缩比的重新采集；也可用于故事板移动后的重采集恢复，以及精简硬盘空间等使用。

5.8.1 素材重采集（VTR）

素材 VTR 重采集是针对素材库中的素材进行二次采集，能够实现重采集的素材须具备磁带信息，即只有通过录像机打点遥控采集的素材才可以进行 VTR 重采集（对于硬采集、素材合成或通过其他软件生成的素材无法实现重采集功能）。

1. 素材重采集界面

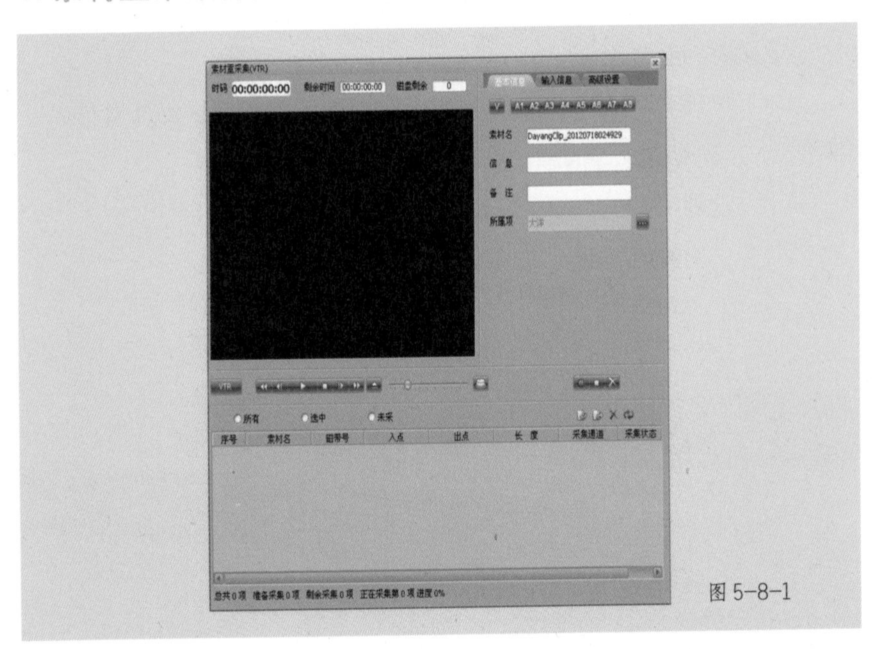

图 5-8-1

素材重采集界面（见图 5-8-1）中的回显窗部分、素材设置部分、播放控制部分与 1394 采集窗口的布局及功能完全一致。素材重采集窗的下半部分是任务列表，预重采集的素材条目以列表方式显示出来。系统默认列表中“所有”条目为预重采集的条目，根据需要选择仅对“选中”或“未采”的条目进行重采集（见图 5-8-2）。

所有 选中 未采

图 5-8-2

2. 素材重采集操作

（1）在大洋资源管理器中选择需要重采集的视音频素材。

（2）在选中的素材上点击鼠标右键，使用右键菜单“素材重采集”命令，打开重采集窗口。

（3）系统自动将符合重采集条件的素材添加到任务列表中，不符合重采集条件的素材会被自动滤除。

（4）根据需要修改素材属性、保存路径和视音频参数。

（5）点击（采集）按钮，核对磁带编号后，系统逐条采集。

5.8.2 故事板重采集（VTR）

故事板 VTR 重采集是针对故事板节目的二次采集，系统会自动识别故事板节目中用到的带有磁带信息的素材，进行二次采集。故事板重采集完成后，会生成新素材，这些素材将按 EDL 表的描述自动替换原时间线上的相应素材。

（1）在大洋资源管理器中选择需要重采集的故事板文件，双击打开，使其处于当前编辑状态。

（2）使用主菜单命令“采集→故事板重采集→故事板重采集（VTR）”，打开故事板重采集窗口（见图 5-8-3）。

（3）在采集任务列表中，系统自动加入符合重采集条件的素材条目。

（4）根据需要修改素材属性、保存路径和视音频参数。

（5）点击（采集）按钮，系统核对磁带编号后逐条采集。

故事板重采集会产生新素材，但不会与原素材重名，如素材属性未做修改，新素材将以原素材名后添加尾号“001、002、…”依次命名。

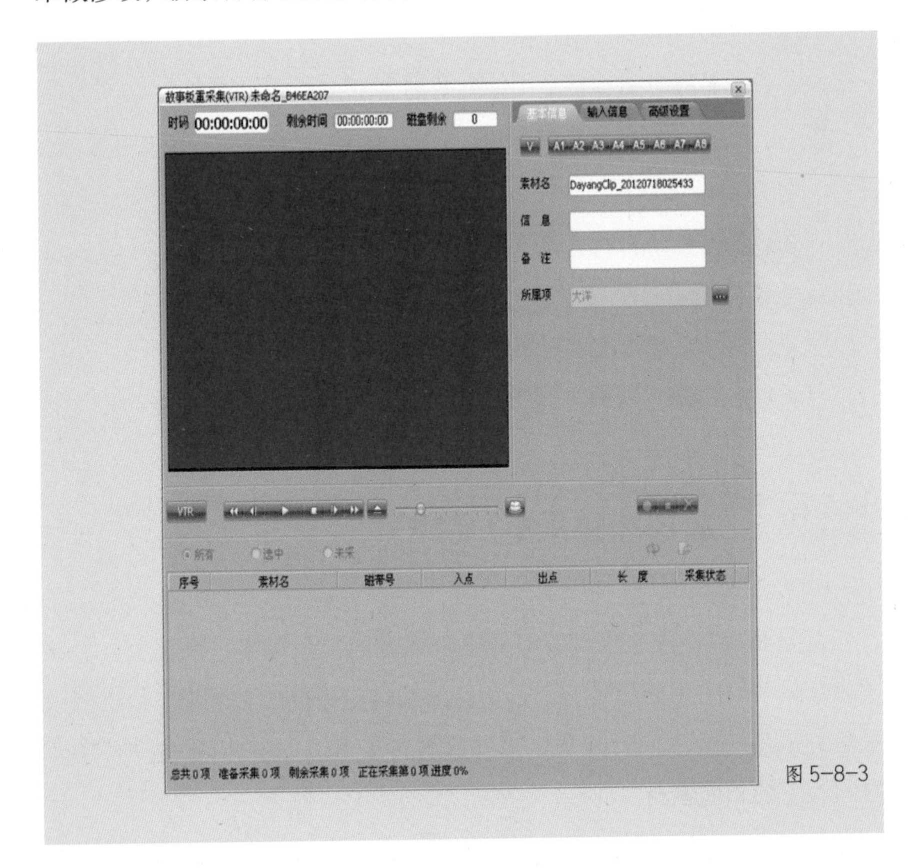

图 5-8-3

5.8.3 故事板重采集（文件）

故事板文件重采集是对故事板所引用的视音频素材段，按照记录在故事板上的入、出点信息，拷贝素材所需的实体数据，从而可以删除不再需要的原始数据文件，释放磁盘存储空间。

（1）在资源管理器中选择需要重采集的故事板文件，双击打开，使其处于当前编辑状态。

（2）使用主菜单命令“采集→故事板重采集→故事板重采集（文件）”，打开故事板重采集窗口（见图 5-8-4）。

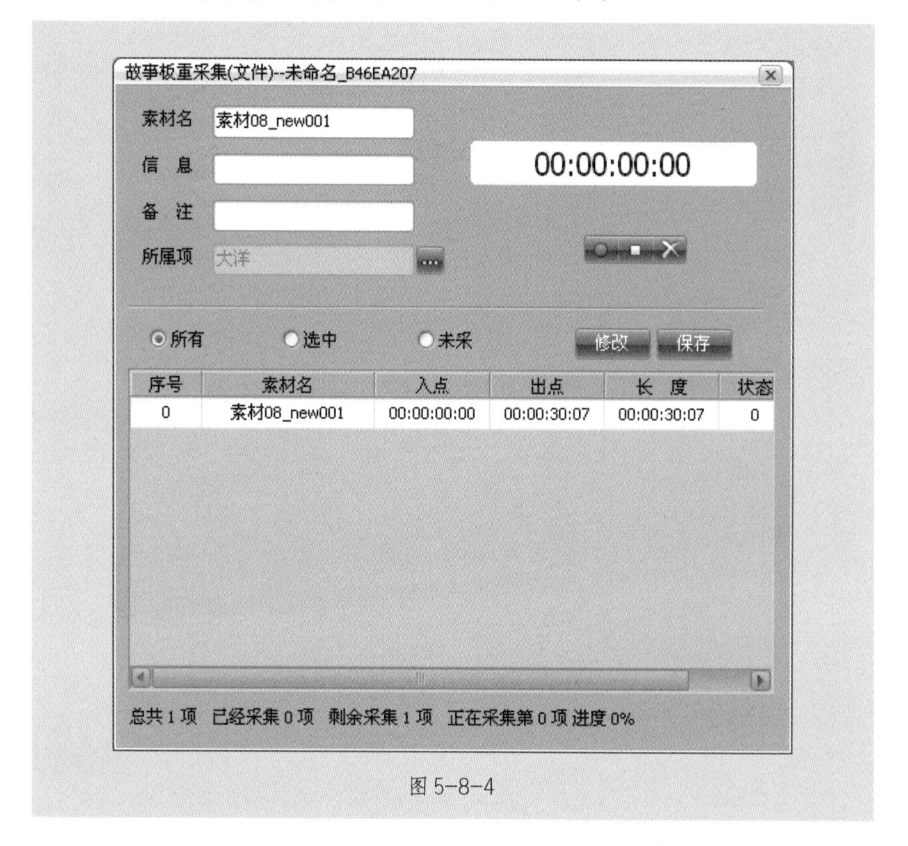

图 5-8-4

（3）在采集列表中，系统自动加入符合重采集条件的素材条目。

（4）根据需要修改素材属性、保存路径。

（5）点击（采集）按钮，系统开始逐条采集。

故事板重采集会产生新素材，但不会与原素材重名，如素材属性未做修改，则新素材将以原素材名后添加尾号“001、002、…”依次命名。

第 6 章

在这一章中，主要介绍大洋 ME 非线性编辑系统中故事板的创建和编辑。

编辑是将已经采集或导入的媒体素材按一定规则剪辑、编排成序列。很多编辑人员习惯先进行粗剪，完成整个节目的结构搭建后再进行精剪。精剪的工作主要包括添加转场特技、视频滤镜、添加字幕以及对声音的调整。编辑完成后，通常我们得到一个编辑决策表（即 EDL），在大洋 ME 系统中被称作故事板。在大洋 ME 系统中，编辑的操作对象主要围绕着素材、故事板、时间线和标记点。

本章要点

◎ 创建故事板

◎ 故事板操作

◎ 故事板的编辑

◎ 故事板实时性

◎ 故事板合成

6.1　故事板基本操作

与其他非线性编辑系统有所不同的是，在创建项目之后，大洋 ME 系统在默认状态下并不会自动创建一个剪辑所需的故事板；所以在通常情况下，需要自行创建一个故事板文件，以进行接下来的编辑工作。

6.1.1　新建故事板

方法 1：使用系统主菜单命令“文件→新建故事板”（见图 6-1-1）。

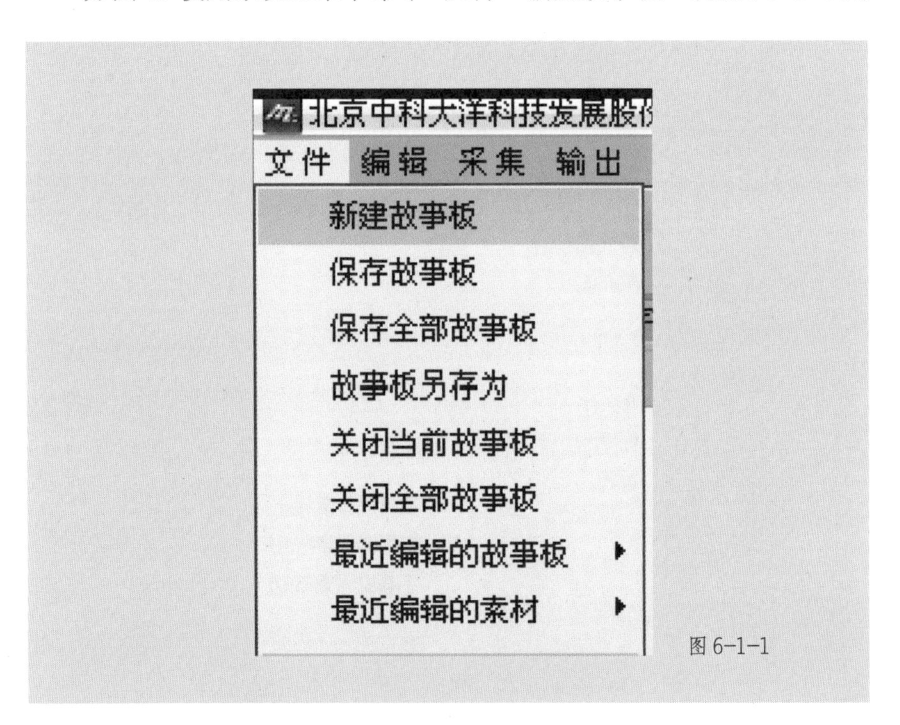

图 6-1-1

方法 2：在当前编辑的故事板页签处点击，选择菜单“新建”命令（见图 6–1–2）。

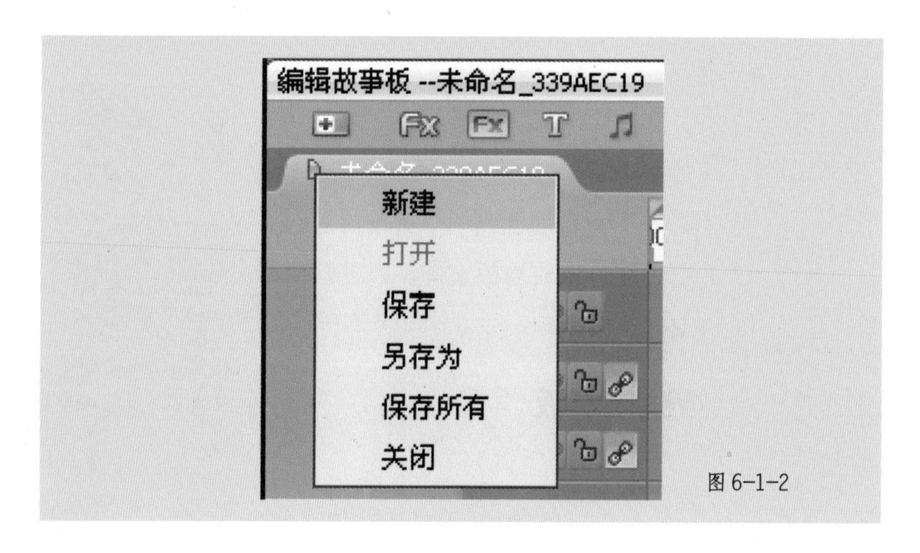

图 6–1–2

方法 3：在大洋资源管理器媒体库显示区空白处，使用右键菜单命令“新建→故事板”（见图 6–1–3）。

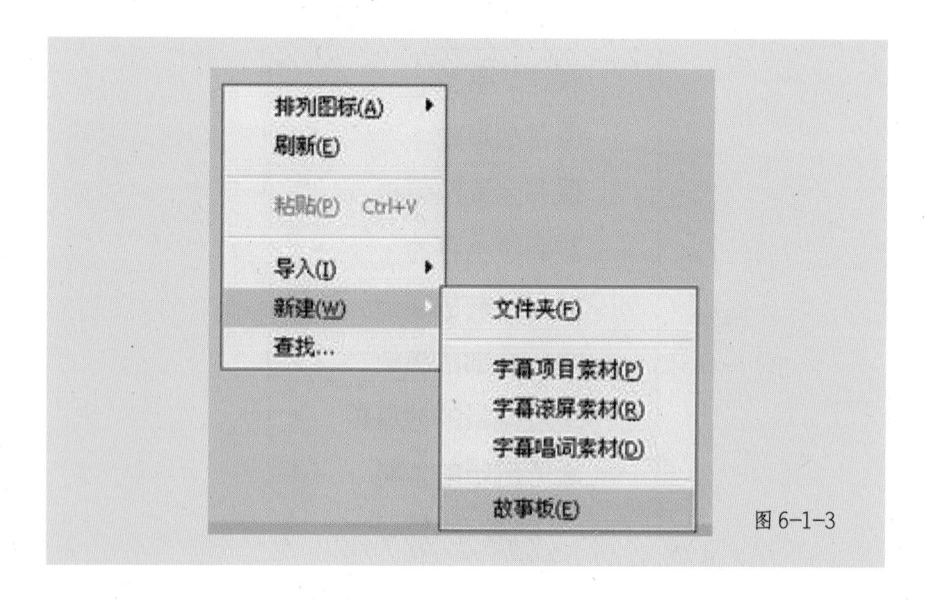

图 6–1–3

在打开的对话窗中，输入故事板文件名，点击文件夹对应的按钮，指定存储路径（如不指定路径，系统将默认存放在项目的根目录下）（见图 6–1–4）；设置完毕后，点击 确定 按钮确认后，即可新建一个空白故事板。

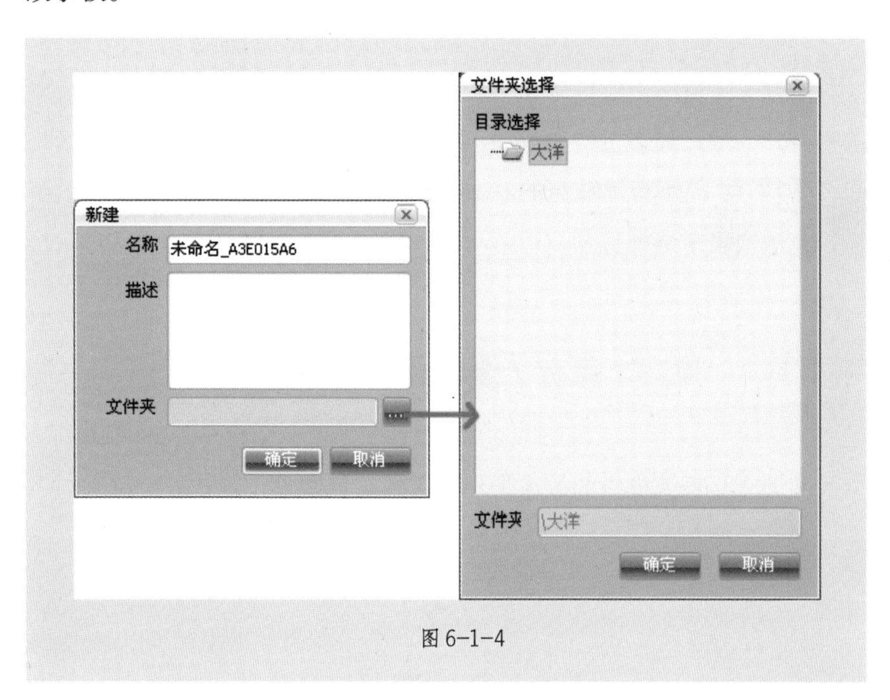

图 6–1–4

6.1.2　打开故事板

在资源管理器中，故事板图标的显示有三种状态（见图 6–1–5）：

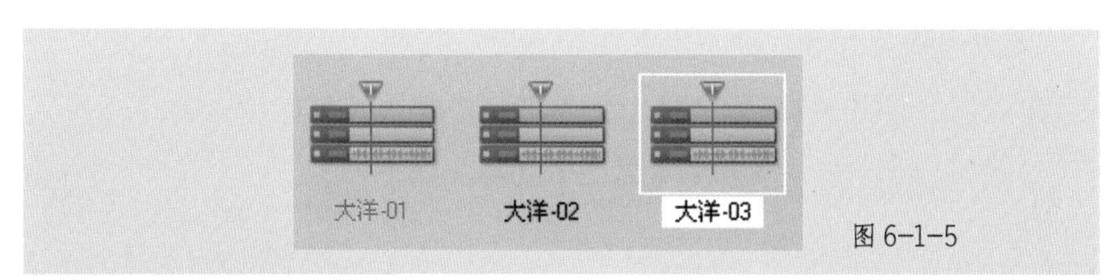

图 6–1–5

• 红色文件名，表示该故事板已被打开。

• 灰底黑色文件名，表示关闭状态。

• 白底黑色文件名，表示该故事板被选中。

打开故事板的操作方法：

方法 1：资源管理器中选中需要打开的 SBF 故事板文件，双击鼠标。

方法 2：使用主菜单命令“文件→最近编辑的故事板”，从列表中选择打开（最近编辑过的 10 个故事板文件）。

方法 3：故事板播放窗的左上角扩展菜单中点击“最近编辑的故事板”，从列表中选择打开。

6.1.3 保存 / 另存 / 全部保存

大洋 ME 系统提供的故事板保存方式（见图 6-1-6）如下：

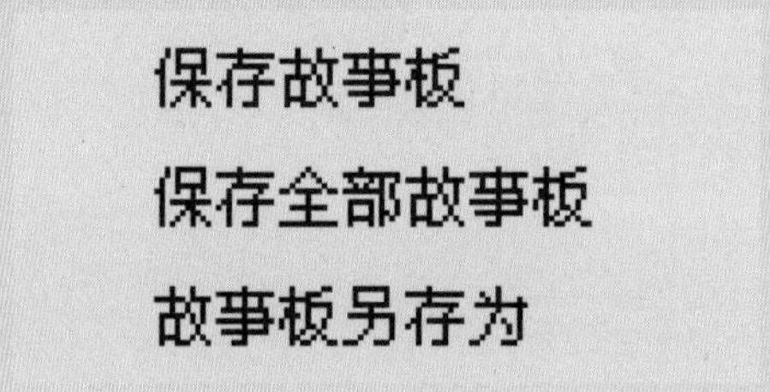

保存故事板
保存全部故事板
故事板另存为

图 6-1-6

• 保存故事板：只保存当前编辑的故事板。

• 保存全部故事板：对全部打开的故事板进行保存。

• 故事板另存为：将当前编辑的故事板以其他名称保存，系统会提示是否打开另存的故事板文件，如果选择“是”，新故事板被打开。

保存故事板的操作方法（见图 6-1-7）如下：

方法 1：在系统主菜单中使用“文件→保存故事板 / 保存全部故事板 / 故事板另存为”命令。

方法 2：当前编辑的故事板页签处点击“保存 / 另存为 / 保存所有”命令。

方法 3：当前编辑的故事板页签处点击，选择“关闭”命令，在关闭故事板的同时保存故事板。

方法 4：点击编辑窗右上角的 X（关闭）按钮，在出现的提示窗中选择 是 按钮确认后，保存全部故事板。

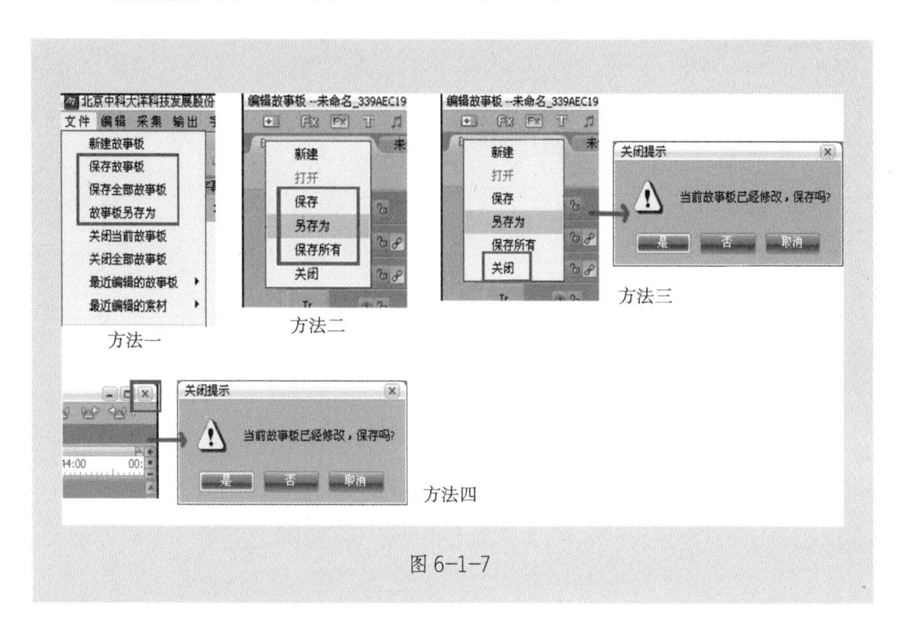

图 6-1-7

6.1.4　关闭 / 全部关闭

关闭故事板的操作方法（见图 6-1-8）如下：

方法 1：使用主菜单命令“文件→关闭当前故事板 / 关闭全部故事

板”，关闭故事板。

方法 2：当前编辑的故事板页签处点击，选择“关闭”命令，仅关闭当前编辑的故事板。

方法 3：点击编辑窗右上角的 （关闭）按钮，关闭全部故事板。

图 6-1-8

6.1.5 即时备份

大洋 ME 系统采用了独特的故事板即时备份机制，会对每一步操作进行记录。剪辑中，可以通过在备份列表中选择恢复到哪一步的操作，使我们的节目在不可预期的异常情况发生时，损失降到最低。

如异常关闭故事板时，系统会给出恢复对话框（见图 6–1–9）。在这个对话框中，有曾经做过操作的列表，选择“最新备份恢复文件”，点击 确定 按钮后，系统将以最后一步操作的自动备份打开故事板文件。如果发现打开的故事板不是需要的状态，可以通过快捷键“Ctrl+Alt+S”进入故事板属性窗（见图 6–1–9），选择“操作记录”页签，通过记录列表恢复到某步操作。

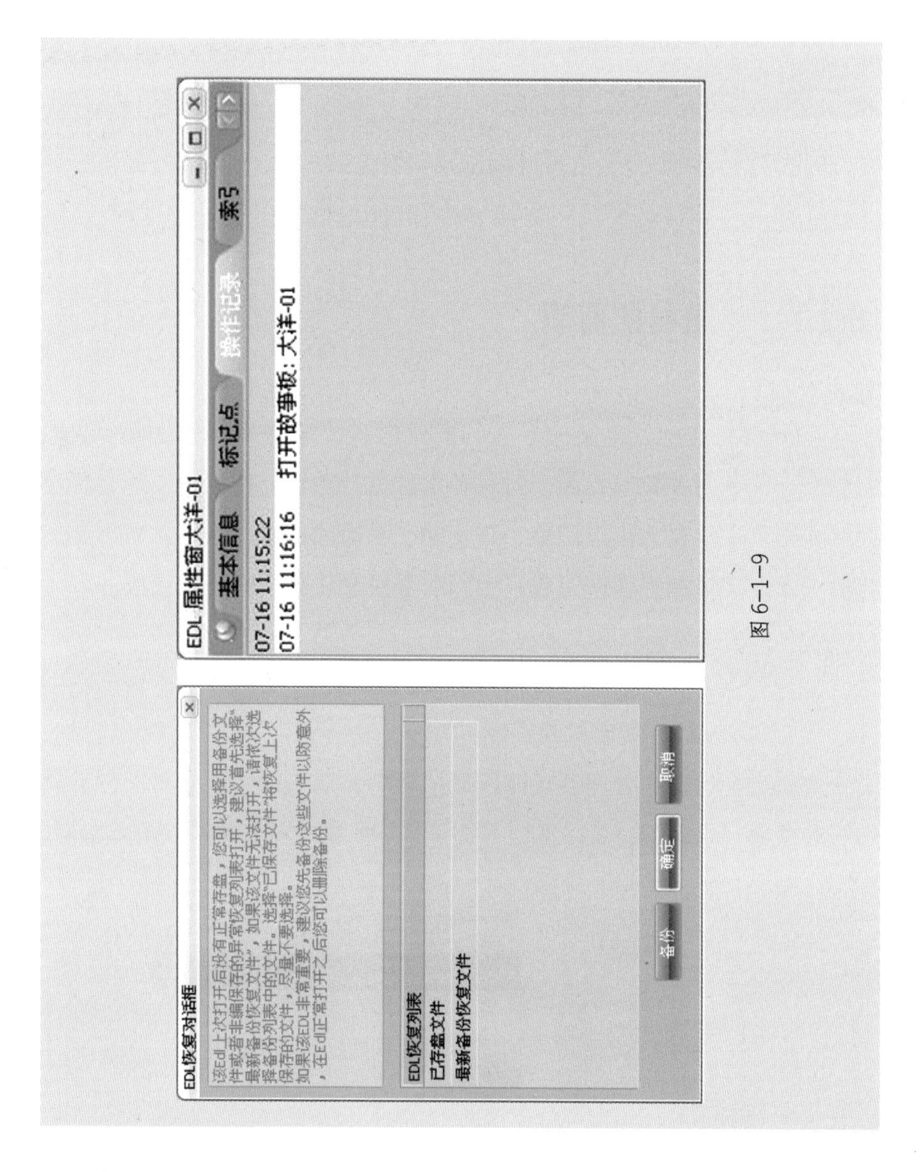

图 6-1-9

如果该故事板非常重要，建议先点击最下排的 备份 按钮备份这些文件，之后再点击 确定 打开故事板，因为在确认打开操作之后，一旦对故事板进行一次“保存”操作，系统将删除该故事板相关的全部备份文件。

6.2 故事板编辑

6.2.1 素材的剪辑

在剪辑工作中，采集或导入的素材内容、长度并不一定符合我们的要求，这就需要在节目制作时对源素材进行剪辑。剪辑的工作包括对素材的浏览、素材入出点调整、改变静态图像的持续时间等。对素材的剪辑可以在素材调整窗中完成，也可以直接在故事板轨道上完成。

1. 在素材调整窗中剪辑素材

（1）添加素材到素材调整窗

方法 1：在资源管理器媒体库显示区中，双击视音频素材图标或使用右键菜单“打开”命令（见图 6–2–1），将素材添加到素材调整窗中。

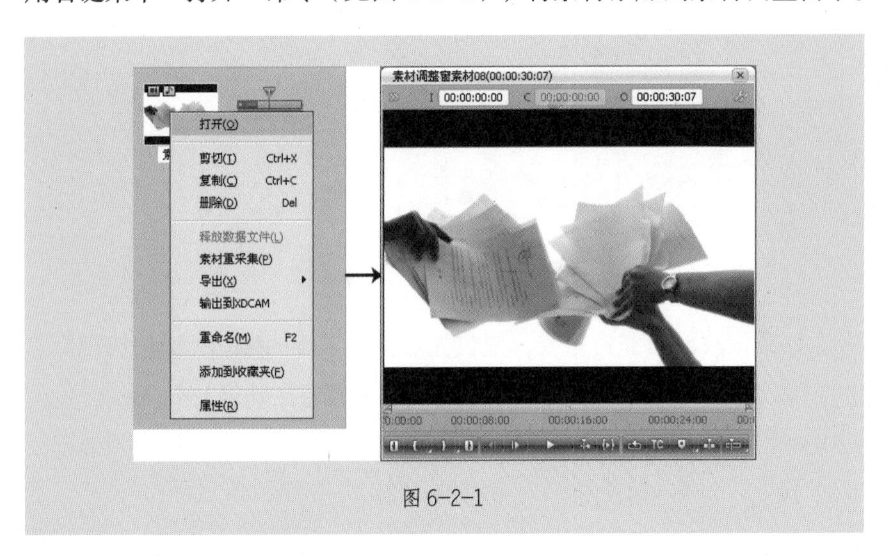

图 6–2–1

方法 2：直接从资源管理器媒体库中拖拽素材到素材调整窗中。

方法 3：时间线编辑轨上，双击素材，可将轨道素材调入素材调整窗中。

（2）浏览素材

• 按键盘空格键或点击（播放）按钮可播放浏览，再次操作，播放停止。

• 鼠标左键拉动时间线在标尺上移动，可进行快速浏览。

• JKL 三键操作，可实现倍速播放浏览功能。

此功能也叫做三键或多重速度播放。该功能在素材调整窗口、故事板回放窗口和故事板编辑窗口都有效。

• L= 加速快放（连续点击 L 键，将倍速正向播放）

• J= 加速倒放（连续点击 J 键，将倍速倒放）

• K= 暂停 / 播放

• 空格 = 停止

• K+L（Hold on）= 慢速前进

• K+J（Hold on）= 慢速倒退

• K+L（Click）= 逐帧前进

• K+J（Click）= 逐帧后退

（3）逐帧搜索画面使用键盘上的快捷键操作

• ← Left：　时间线向左走 1 帧

• → Right：时间线向右走 1 帧

• ↑ Up：　时间线向左走 5 帧

• ↓ Down：时间线向右走 5 帧

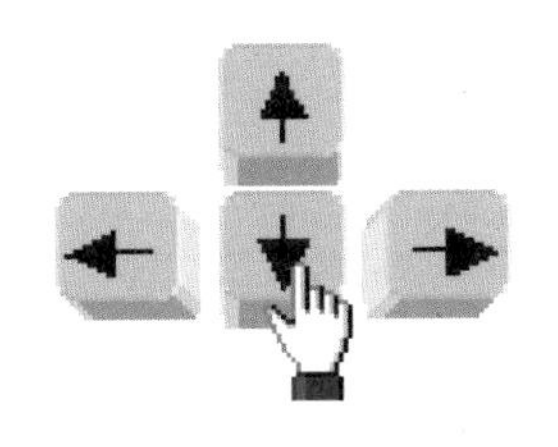

（4）设置素材入点和出点

点击按钮（快捷键 I）设置入点，点击按钮（快捷键“O”）设置出点，入出点间出现浅蓝色工作区域（按“Alt+I”或“Alt+O”删除入点或出点）。

2. 在故事板编辑轨上剪辑素材

方法 1：剪切（快捷键 F5）加删除（“Ctrl+Delete”键）（见图 6-2-2）。

①拖动时间线到故事板上需剪辑的起始位置，按快捷键 F5 将片段剪断。

②拖动时间线到故事板上需剪辑的结束位置，再次按 F5（三素材片段的中间片段就是我们希望剪掉的部分）。

③选择中间需删除的素材片段。

④按“Ctrl+Delete”键，选中的片段被删除，同时后面的一系列素材自动填补上来。

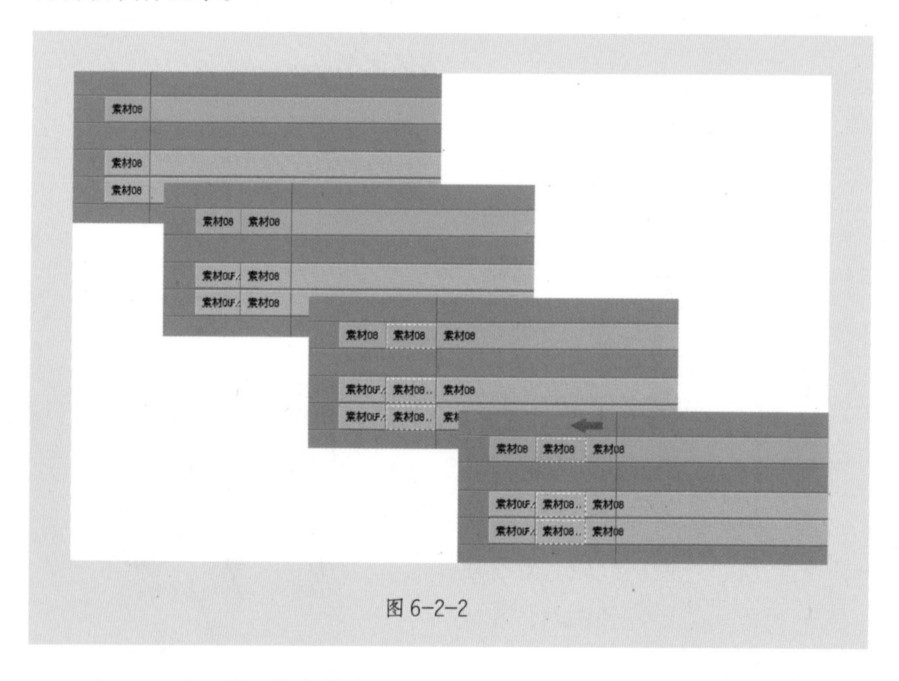

图 6-2-2

方法 2：用时间线定位剪切点（见图 6-2-3）。

①拉动时间线，时间线停留在需要保留的画面起始位置处。

②鼠标左键拉动素材边缘，向时间线位置拖拽。

③在时间线位置处放开鼠标，吸力功能使素材边缘与时间线重合。

④时间线前的素材被抹去。

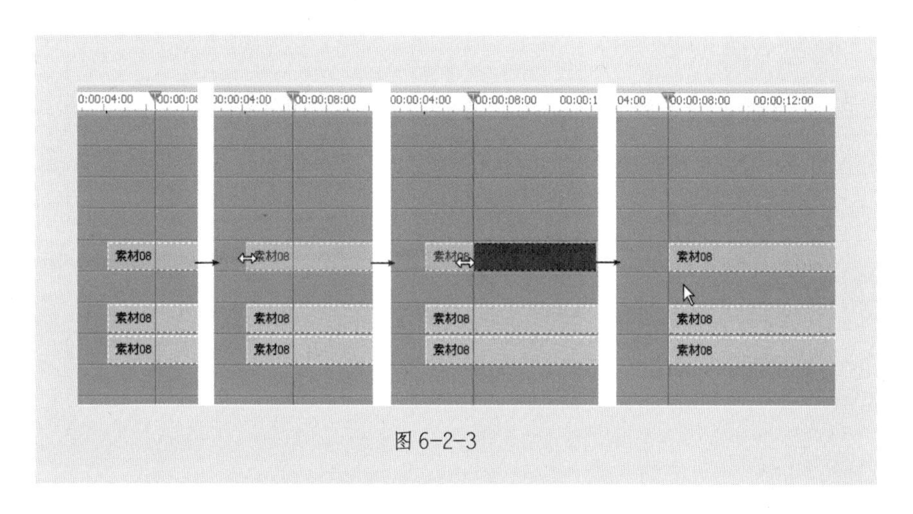

图 6-2-3

6.2.2　撤销和恢复

• 快捷键“Ctrl+Z”，可撤销到上一步操作。

• 快捷键“Ctrl+Alt+S”，可进入故事板的属性窗，选择“操作记录”页签（见图 6-2-4），从记录列表中点选之前的某一步操作，即回到之间的操作。

• 撤销操作后还想恢复上一步的操作，可以使用快捷键“Ctrl+Y”。

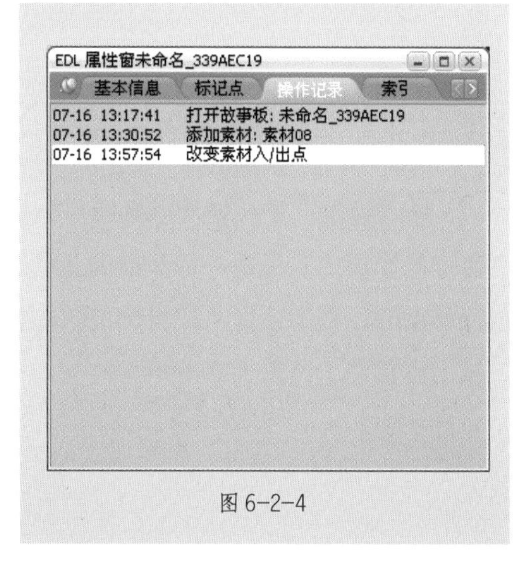

图 6-2-4

6.2.3　轨道上添加素材

1. 覆盖 / 插入模式

向故事板编辑轨添加素材时，故事板会有两种不同的编辑模式，分别是插入模式和覆盖模式（系统默认为覆盖模式）。编辑窗最下排的 按钮可实现二种模式间的切换。

• 覆盖模式：是一种标准的线性电视编辑模式。素材在添加到编辑轨或在编辑轨中移动时，将覆盖掉目标位置的空间（见图 6–2–5），无论此空间是否有素材存在。

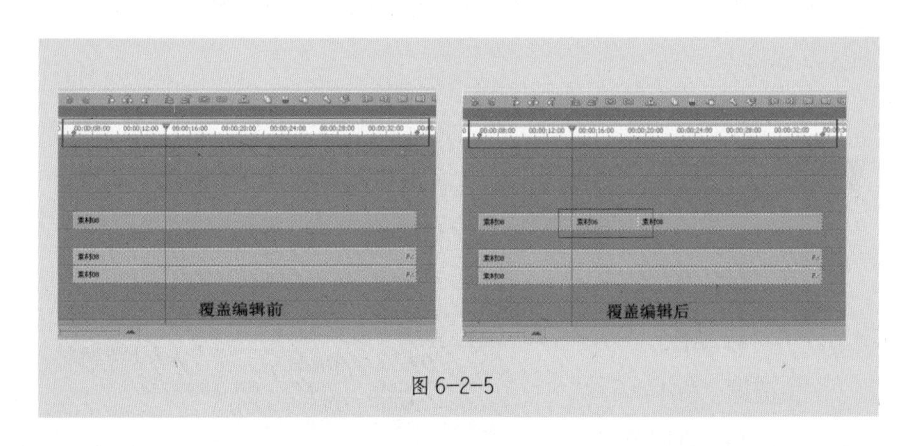

图 6–2–5

• 插入模式：是一种从电影胶片剪辑方式中演变而来的编辑模式，又称“电影模式”，是一种标准的非线性编辑模式。素材在添加到故事板或移动时，将不会覆盖掉目标位置的空间和素材，其原来位置的素材将被向后移动（见图 6–2–6）。

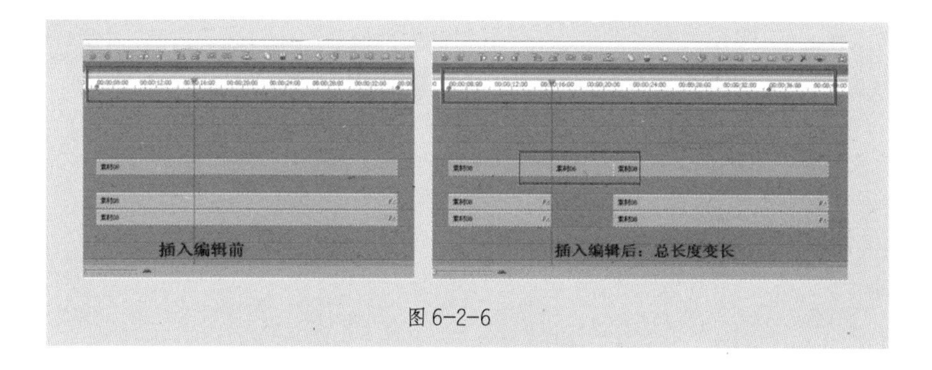

图 6-2-6

2. 直接拖拽素材到故事板编辑轨

直接拖拽是种最常用的方法。在大洋资源管理器或素材调整窗中（可设置入 / 出点），以拖拽的方式将素材添加到故事板编辑轨的任意位置。

如需准确放置素材位置，可将时间线拖拽至指定位置，然后再拖拽素材添加。这样添加素材可利用时间线和素材节点的引力功能，素材添加到指定位置。同样，在移动素材时，轨道上的素材首尾衔接处也具有吸力功能。如需在添加素材时只添加视频或音频，可在按住 Alt 键的同时拖拽视音频素材到视频轨或音频轨，以实现只添加视频或音频的操作。

6.3　三点编辑和四点编辑

6.3.1　三点编辑

三点编辑是通过素材调整窗和故事板播放窗分别设置两个入点和

一个出点，或者一个入点和两个出点（见图 6-3-1），以实现素材按照要求精确添加到故事板的功能。

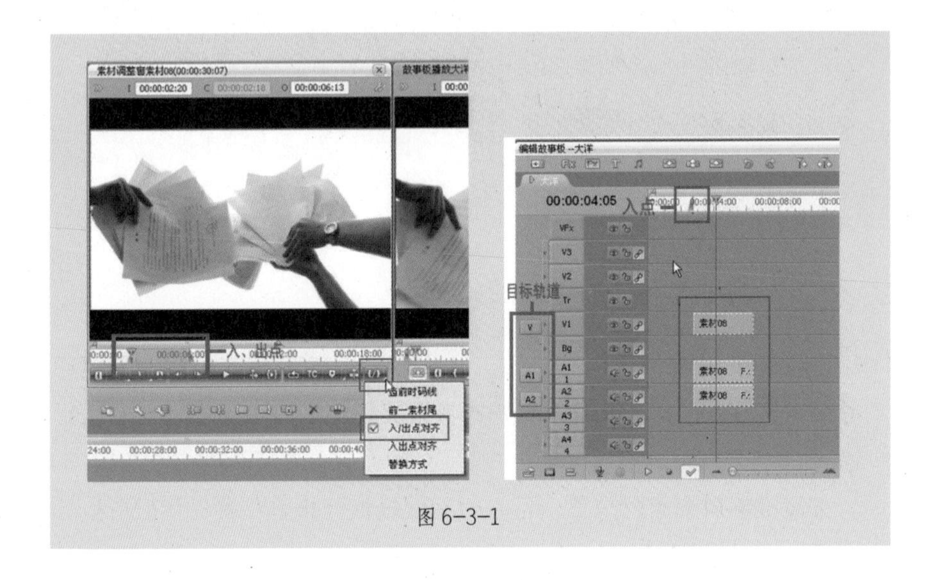

图 6-3-1

（1）在大洋资源管理器中双击需要添加的素材，调入素材调整窗口中。

（2）在素材调整窗中浏览素材，设置素材的入点和出点。

（3）在故事板编辑轨上需要放置素材的位置处，打入点（快捷键“I”）。

（4）点击素材调整窗 “素材到故事板”按钮旁的下拉箭头，选择“入 / 出点对齐”。

（5）用鼠标移动轨道头 V 、 A1 、 A2 标志，设置目标轨道。

（6）点击素材调整窗中 添加按钮，素材被添加到指定轨道，素材起始点为轨道的入点位置。

6.3.2　四点编辑

四点编辑是通过素材调整窗和故事板播放窗分别设置入点和出点，以实现用源素材中的设定区域替换节目中的指定素材区域（见图 6–3–2）。

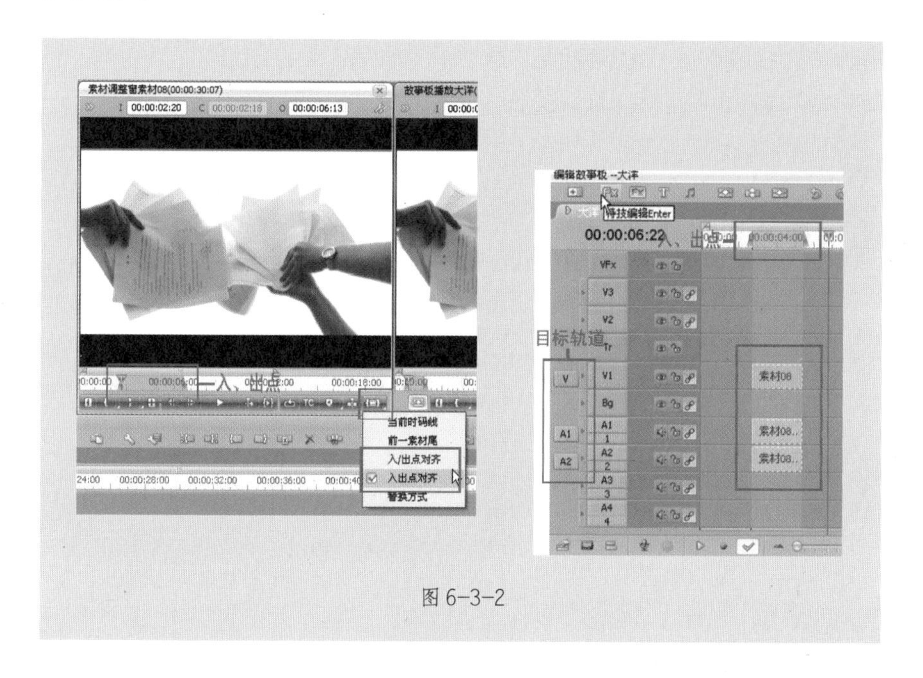

图 6–3–2

（1）在大洋资源管理器中双击需要添加的素材，调入素材调整窗口中。

（2）在素材调整窗中浏览素材，设置素材的入点和出点。

（3）在故事版编辑轨上对需要添加素材的区域设置入点和出点（快捷键 I、O）。

（4）点击素材调整窗 “素材到故事板”按钮旁的下拉箭头，选择“入出点对齐”或“入 / 出点对齐”。

（5）用鼠标移动轨道头 V 、A1 、A2 标志，设置目标轨道。

（6）点击素材调整窗中（添加）按钮，素材被添加到指定轨道，素材起始点为设置的轨道入点位置。

如果素材长度与故事板设置区域长度不符，填充素材操作由选择的对齐方式决定。选择“入/出点对齐”时，素材将在入点位置处插入，到出点位置处多余部分被截掉。选择“入出点对齐”时，系统会将素材进行变速处理以改变时间长度，适应编辑轨设置区的长度。

6.4 故事板轨道编辑

6.4.1 编辑窗工具栏

1. 编辑窗下方工具栏

编辑窗下方工具栏如图 6-4-1 所示。

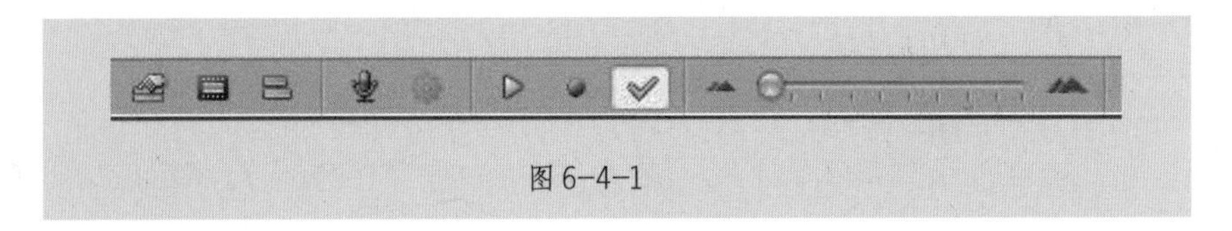

图 6-4-1

系统设置：用于设置故事板编辑窗轨道及素材的显示状态。同“用户喜好设置”作用相同。

编辑素材/编辑特技切换：用于故事板编辑素材模式和编辑特

技模式间的切换。

系统通常默认为编辑素材模式。在编辑素材模式下，可以对轨道素材进行添加、删除、移动等常规操作；在编辑特技模式下，轨道素材被锁定，可以对已添加特技的素材进行以曲线方式调整特技参数。

故事板分栏：用于在单栏和多栏（最多三栏）编辑模式间切换。

配音模式：用于故事板编辑模式和故事板配音模式（故事板轨道配音功能）间的切换。

配音控制器：用于展开配音控制面板。

音频自动化录制：用于音频自动化录制状态设定。

音频自动化录制是记录在播放故事板时对调音台上的推子的调节过程，调节参数会以关键帧曲线的形式在记录相应音频轨的 FX 子轨上。

音频自动化播放：用于音频自动化播放状态设定。

音频自动化播放是在播放故事板时监听自动化录制的效果，此时调整调音台的任何参数，系统都不做记录。

音频自动化无效：用于音频自动化无效状态设定。作用与上一按钮相反。

比例缩放：用于设定故事板上时间单位显示的比例。

点击或可以使时间单位显示缩小一级或放大一级（快捷键为“-”或“+”）；通过拖动中间的滑块也可达到相应的缩放效果。

2. 编辑窗轨道头工具栏

编辑窗轨道头工具栏（见图 6-4-2）主要提供了各编辑轨道的状态设置。初始状态下，系统提供了一层 Bg 景轨，三层视频轨 V1、V2、V3，一层 Tr 转场轨，一层 VFx 总特技轨以及四层音频轨。此栏可以通过“用户喜好设置”修改初始的轨道种类和数量，以及各轨道默认的状态属性。

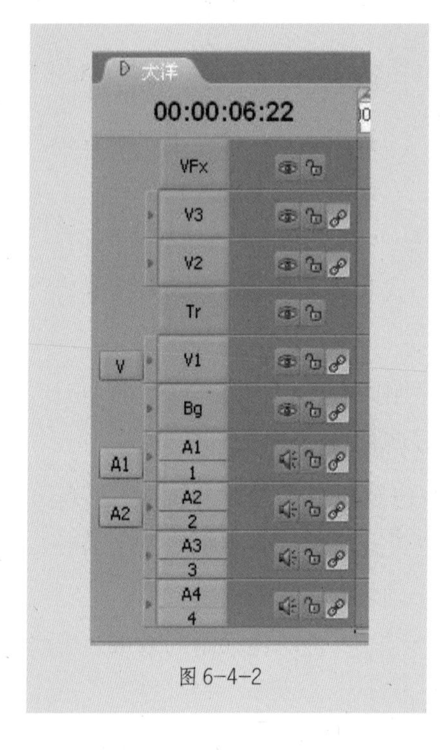

图 6-4-2

• V：视频编辑轨

• Tr：转场特技轨

• Bg：背景视频轨

• VFx：总特技轨

• A：音频编辑轨

其中 V 和 Bg 均为视频轨道，用于放置和编辑视频、静止图像、字幕等素材；A 为音频轨道，用于放置和编辑音频素材。根据需要，可对轨道进行重命名操作。

• 和分别表示视频轨道的有效和无效；和分别表示音频轨道的有效和无效；和分别表示轨道锁定和解锁；和分别表示轨道间的联动和不联动。

• 缩进按钮：用于展开或隐藏显示当前轨道的附加 FX 轨和附加 KEY 轨。

• 视频目标标志：用于标识视频素材添加的目标轨道。通过鼠标拖移 V 来实现目标轨道设置。

• 音频目标标志：用于标识音频素材添加的目标轨道。通过鼠标拖移 A1 和 A2 来实现目标轨道设置。

• Strip 编号：用于建立本轨道音频与调音台输出通路的对应关系。

6.4.2　素材的删除

1. 删除轨道上素材

选择轨道上需要删除的素材，按快捷键“Delete”，选中的素材被删除，后面的素材位置不变。

2. 抽取轨道上素材

选择轨道上需要删除的素材，按快捷键“Ctrl+Delete”，素材被删除，后面的素材位置前移，填补到被删除的素材的入点位置。

3. 删除轨道上入出点之间素材

在轨道上设置好入出点，在轨道空白处选择右键菜单“入出点之间的素材删除”（见图 6-4-3），则工作区域内的素材被删除。

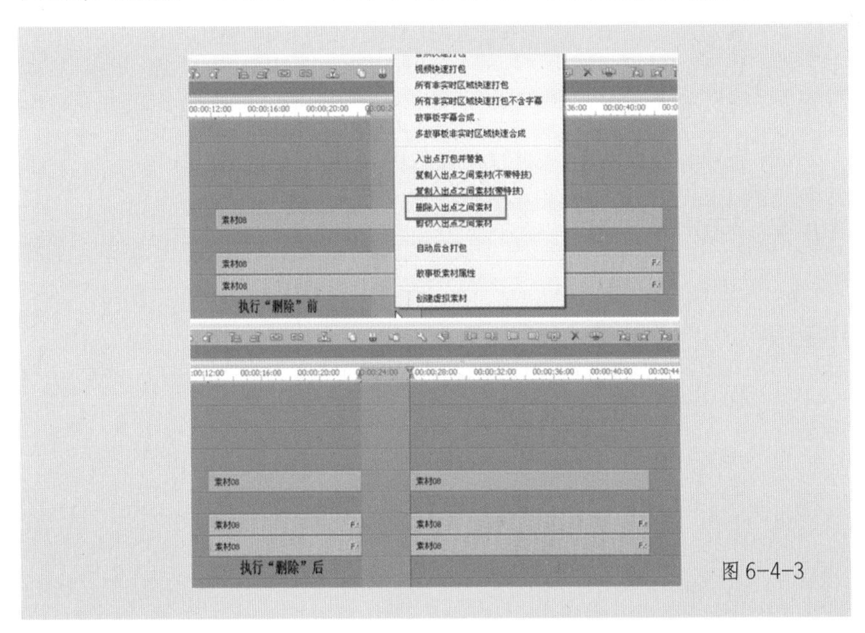

图 6-4-3

6.4.3 素材的有效与无效

在节目制作过程中，某一剪辑区域内实施了多个素材叠加的效果，同位置叠加素材在浏览编辑中带来了一些视觉上的不便利；通过设置相关素材处于暂时无效状态（见图 6-4-4），方便对多个叠加素材进行浏览编辑。

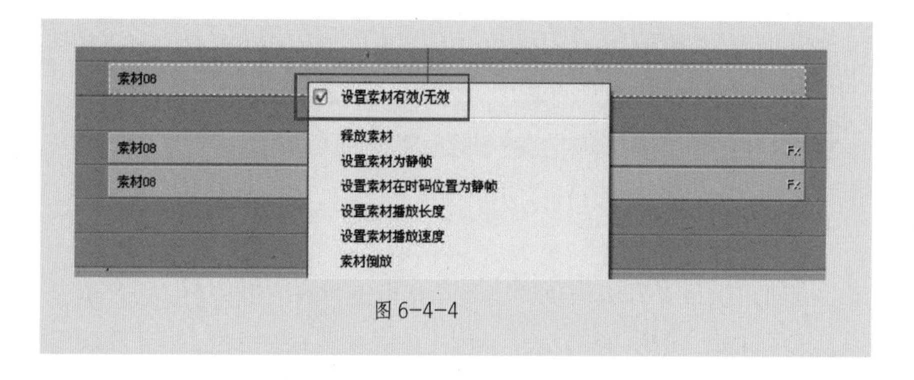

图 6-4-4

（1）在故事板上选择需要设置的素材，使用右键菜单“设置素材有效 / 无效”命令。

（2）素材被设置为无效后，播放时该素材无显示。

（3）再次选择此命令可恢复有效。

6.4.4 释放素材

在节目制作中，用其他视频素材替换当前故事板上选中的素材，且替换后的故事板结构以及素材上所添加的特技效果又不受影响时，可以通过释放素材的功能来实现。

轨道上选择需要释放的视音频素材，使用右键菜单“释放素材”命令，被释放的轨道素材显示灰色斜纹（输出时为彩条）。轨道素材被释放后，将新素材拖拽到轨道进行替换时，系统会弹出替换设置窗（见图 6–4–5），提供三个选项：

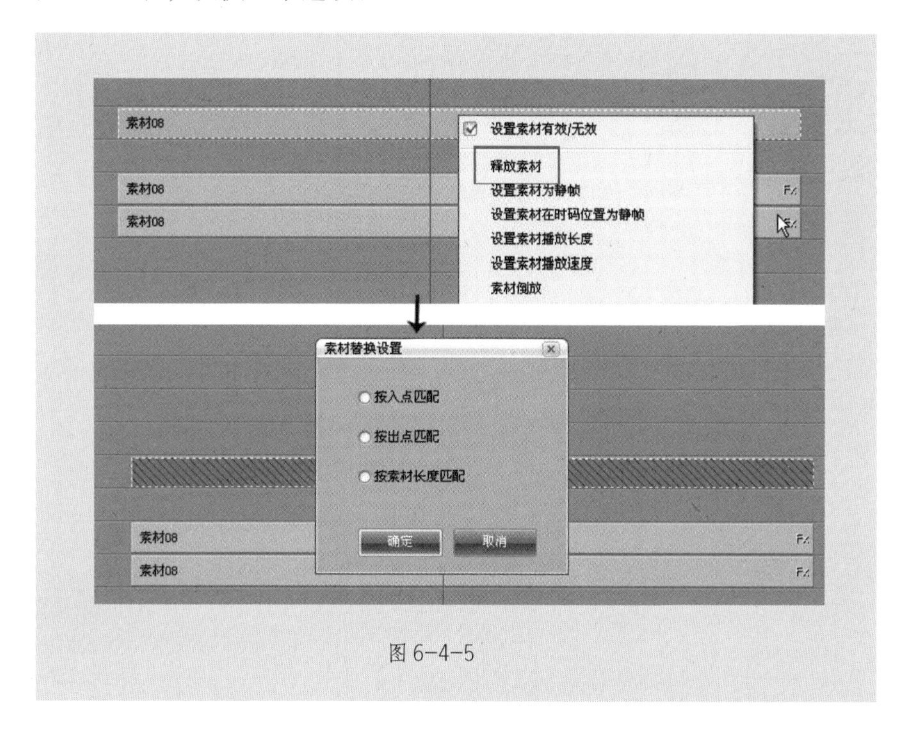

图 6–4–5

• 按入点匹配：新素材和轨道素材以入点对齐方式进行替换。

新素材长度如果短于轨道素材长度，将以新素材长度结束，轨道空余部分为彩条；新素材长度如果比轨道素材长，则按轨道素材长度截断。

• 按出点匹配：新素材和轨道素材以尾对齐方式进行替换。相应效果与上一选择相反。

• 按素材长度匹配：新素材首尾与轨道素材首尾对齐方式替换。新素材长度与轨道素材不一致时，做变速处理。

6.4.5　调整素材的长度

图 6-4-6

对素材做时间上的精确剪辑，可以通过“设置素材播放长度”这一功能实现。

在轨道上选择需要调整长度的素材，使用右键菜单“设置素材播放长度”命令（见图 6-4-5）；在弹出的设置播放长度对话框中输入时码长度或帧数（见图 6-4-6），点击确定按钮确认后，素材做相应的长度改变。

使用该操作，素材入点位置不变，出点会按入点到设置长度时码位置进行改变。在对话框的下部还有“变速播放”选项（见图 6-4-6），可在改变长度的同时对素材进行快 / 慢放的处理。

6.4.6　素材的速度调整

1. 快 / 慢放处理

在轨道上选择需做快放或慢放的素材，使用右键菜单“设置素材播放速度”命令（见图 6-4-5）。在弹出的设置对话框中设置需快放或慢放的比例数值（正常速度为 1，> 1 为快放，< 1 为慢放）（见图 6-4-7）；点击确定按钮确认后，素材会做相应速度改变，同时在素

材名后会有相应的快放或慢放的数值，播放时产生相应快 / 慢的画面。快捷方式是按住 Ctrl 键的同时，用鼠标拉动素材的入点或出点位置边线，放开鼠标后素材被变速处理，素材上出现相应速度数值。

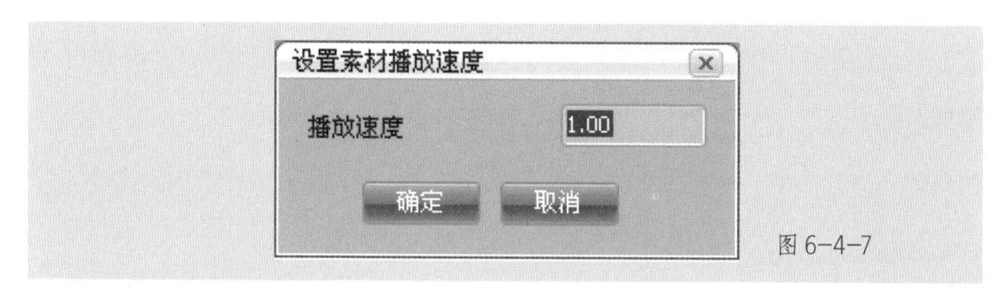

图 6-4-7

2. 曲线变速调整

在轨道上选择需要调整速度的素材，使用右键菜单“素材快 / 慢放调整”命令（见图 6-4-5），弹出曲线变速设置窗口。根据需要增加关键点，设置变速曲线（见图 6-4-8）；调整结束后，点击确定按钮确认后，素材会做相应速度改变，同时在素材名后会出现平均运算后的速度数值。

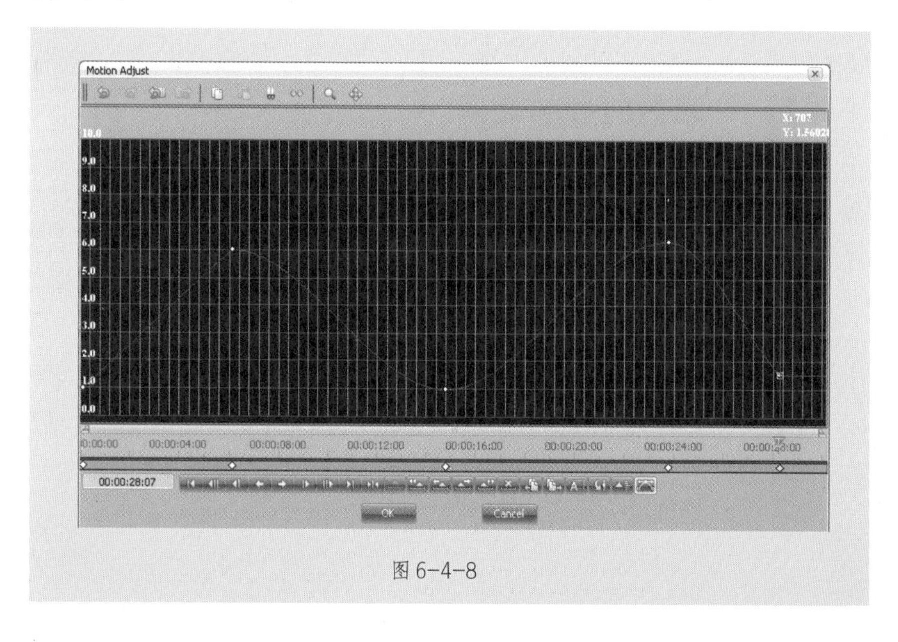

图 6-4-8

3. 倒放处理

在轨道上选择需做倒放处理的素材，使用右键菜单“素材倒放”命令（见图 6–4–5）。使用操作后，素材出点位置上会有一个向左的倒放箭头标志（见图 6–4–9），素材在播放时会从原素材的尾帧画面开始播放。

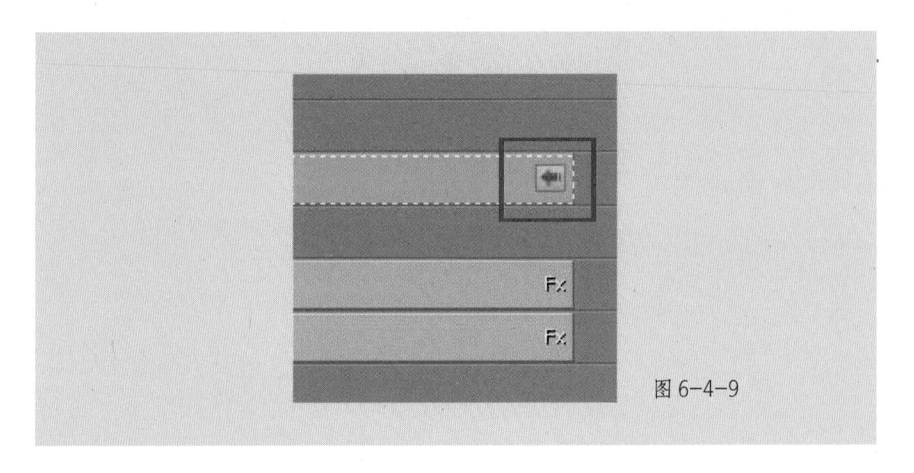

图 6–4–9

6.4.7 素材的静帧处理

1. 设置素材静帧

在轨道上选择需处理为静帧的素材，使用右键菜单“设置素材为静帧”命令（见图 6–4–5）。使用操作后，该素材名后会出现“设置素材为静帧”文字（见图 6–4–10），播放素材从入点画面开始静帧，静帧时间为素材的总长度。

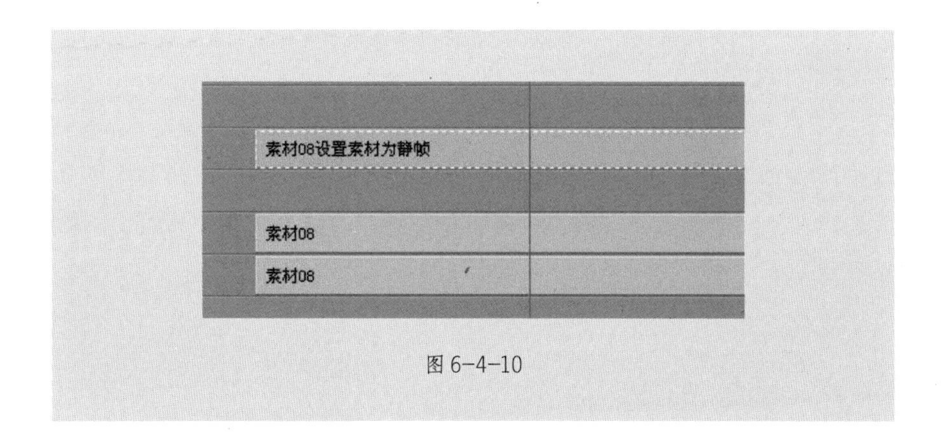

图 6-4-10

2. 设置素材当前时码为静帧

在轨道上选择需要处理为静帧的素材，拖拽时间线到需设置静帧位置，使用右键菜单“设置素材当前时码为静帧”命令（见图 6-4-5）。素材会被剪切为两部分，在时间线位置之前部分为正常播放的画面，时间线之后部分静帧画面，后段素材名后会出现“设置素材为静帧”文字（见图 6-4-11）。

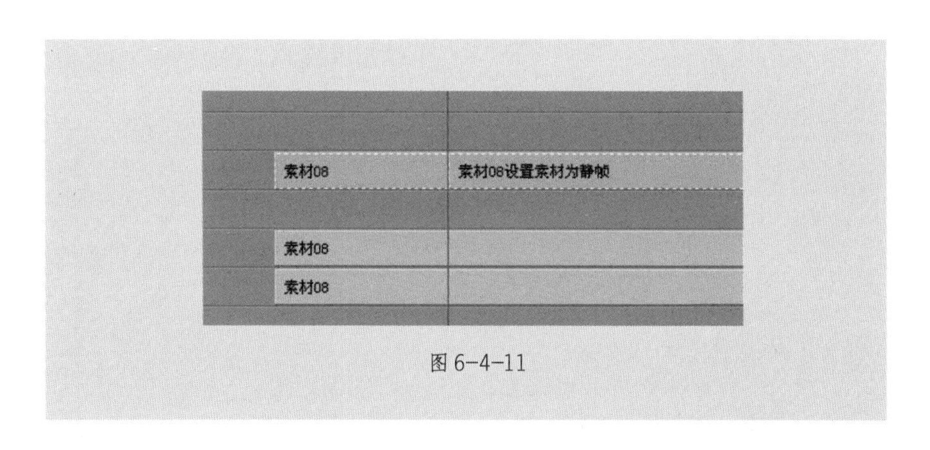

图 6-4-11

6.4.8 虚拟素材

虚拟素材是诸多编辑手法中的一种高级应用，可以理解为是故事板上的一个区域的集合，但它并不真正存在，在磁盘上也没有对应的实体数据文件。在节目制作中，可以通过虚拟素材功能将若干轨道上的若干素材整合为单个素材，以简化剪辑界面。

（1）选择需要生成虚拟素材的故事板区域或多个素材，设置好入、出点（快捷键“S”）。

（2）在故事板空白处点击鼠标右键，使用右键菜单“创建虚拟素材”命令。

（3）入出点区域内所有未锁定轨道内的视频、字幕、过渡效果、视频滤镜等媒体素材都被生成一个虚拟素材添加到轨道上（见图6-4-12）。

虚拟素材的操作对音频轨道无效。

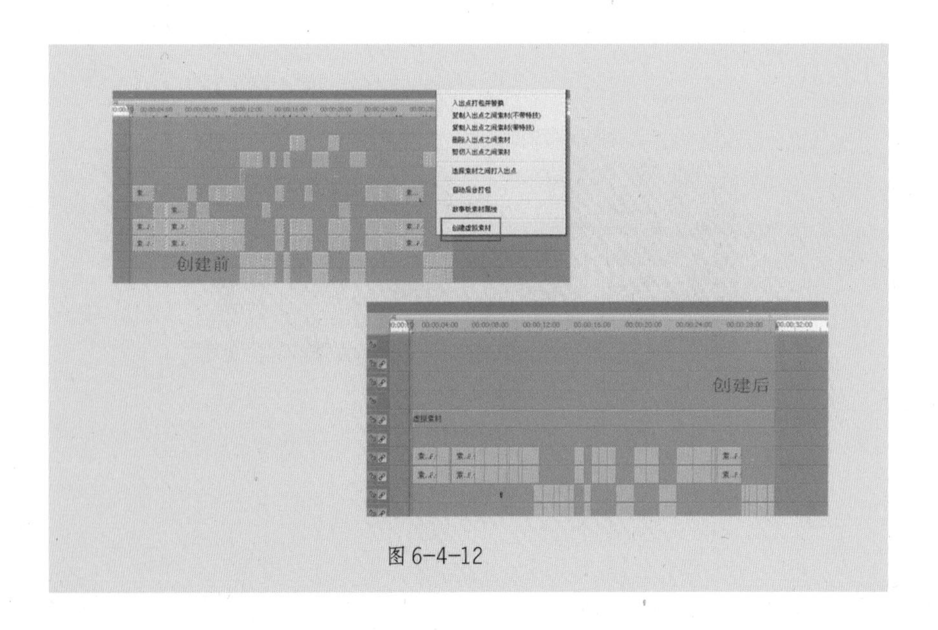

图6-4-12

对虚拟素材的内容进行修改编辑，直接双击故事板上的虚拟素材，可展开原有故事板结构和素材，进行修改会实时关联（见图 6–4–13）。如需对虚拟素材上的内容进行替换操作，请参照“释放素材”操作。

对轨道上虚拟素材的编辑操作，与其他视频素材操作完全相同，包括时间线操作、特技编辑操作等。使用虚拟素材编辑的片段可以继续生成新的虚拟素材（见图 6–4–14）。

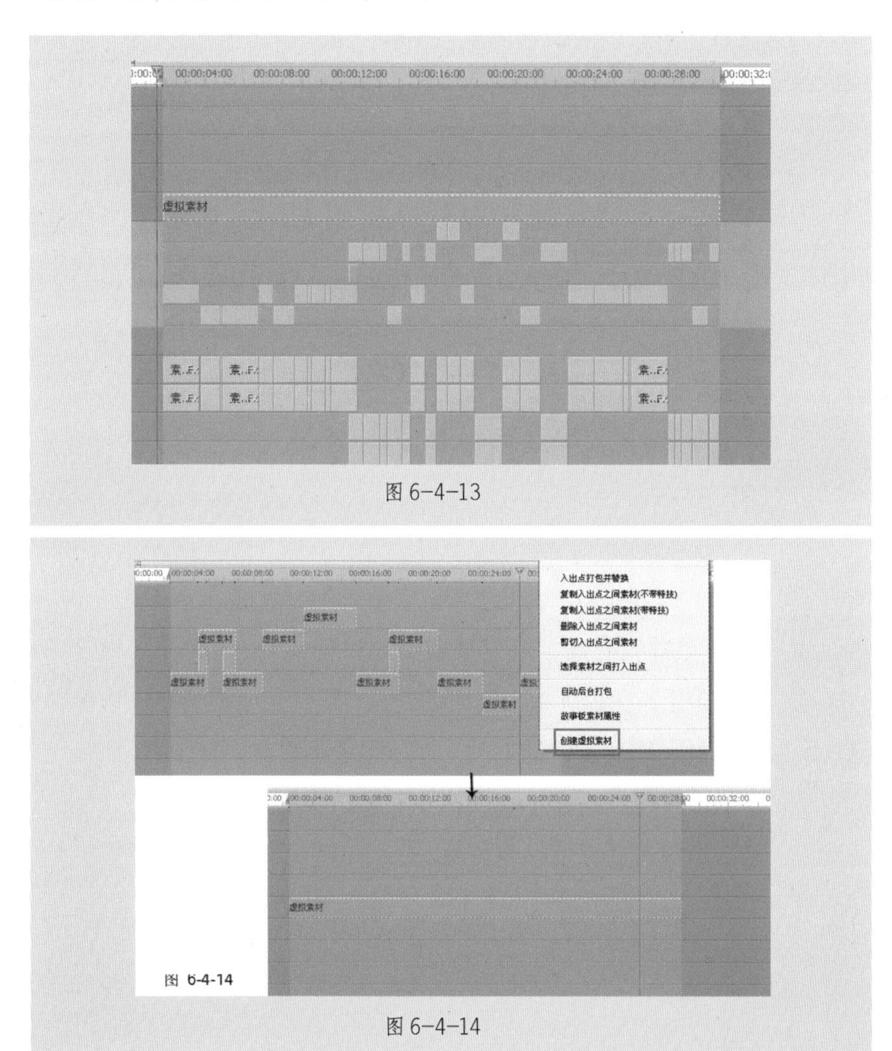

图 6–4–13

图 6–4–14

6.4.9 故事板嵌套

系统不但提供故事板内素材的复制、剪切功能，还提供对整个故事板的嵌套功能（被嵌套的故事板必须处于关闭状态）。

方法1：直接从资源管理器中拖拽故事板文件到当前编辑的时码轨，时码轨上将生成一段虚拟视频素材。

方法2：先将故事板文件拖拽到素材调整窗中，打入出点后再添加到编辑轨道，生成一段虚拟视频素材。

前两种方法只能添加原故事板视频，无音频部分。

方法3：按住Ctrl键的同时，完成方法1或方法2的操作，当前编辑的故事板中将完全嵌入原故事板的结构，包括视频和音频。

6.5 故事板实时性与合成

当故事板实时的时候，可以很顺畅地进行编辑，也可以将节目随时下载到录像带上；在故事板不实时的时候，即使是能顺畅地进行编辑，也是无法将节目下载到录像带上的。如故事板不实时，在下载之前，必须要经过生成（打包）操作，以便将非实时的段落变为实时的，处理的方法通常是采用快速合成或打包替换。

6.5.1　实时性的概念

在一般剪辑操作中，只对 1 轨视频 +2 轨音频做操作，故事板是可以流畅播放的，也就是说，系统可以回放每秒 25 / 30 帧的视频；监视器上的画面也是流畅的，画面的运动和镜头的运动都不会有抖动。这种状态称为实时。

在完成基本剪辑后，需要在某些镜头之间制作叠化或其他转场效果，或利用多层视频制做新颖的视觉效果，如叠加字幕、多轨混音等。所有做过这些操作的段落，都有可能造成故事板在播放时不能流畅的回放视频和音频，也就是说，系统回放的视频低于每秒 25 / 30 帧的速率；监视器上的画面是抖动的。这种状态称为丢帧，或者不实时。

6.5.2　判断故事板实时性的方法

在介绍实时性概念的时候，提到一种判断故事板是否实时的方法，就是观察监视器上的画面是否流畅。但有时丢帧现象只凭眼睛是无法辨别的，需要有更精确的方式判断。在大洋 ME 系统中有三种方法帮助我们来判断：

方法 1：插件状态窗口。

使用主菜单命令“窗口→插件状态窗口”，打开插件状态功能窗（见图 6–5–1）。

图 6-5-1

在播放故事板时，如果 Drop 值和 Lost 值始终为 0，说明故事板实时。如果 Lost 的值 >0，说明故事板存在非实时，系统运算不足，需要生成；如果 Drop 值 >0，说明 I/O 板卡输出会出现丢帧。通常，二者会同时出现丢帧提示。

方法 2：故事板非实时性扫描。

在故事板窗口上方和下方各有一道彩色标记。上方的标记为视频的实时性（见图 6–5–2），下方的标记为音频的实时性。

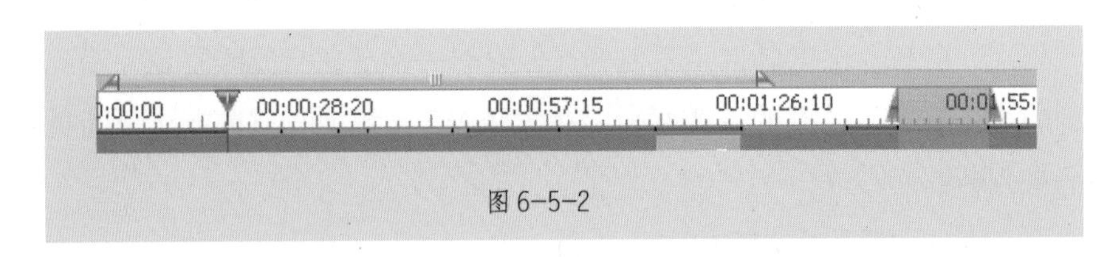

图 6–5–2

彩色标记的各种颜色代表含义如下：

- 绿色：该段落可以实时播放。
- 橙色：该段落已不实时，强烈建议合成。
- 青色：该段落因为存在字幕，可能不实时，建议合成。
- 紫色：该段落因添加特技，可能不实时，建议合成。
- 蓝色：该段落已经进行过合成，可以实时播放。

• 红色：该段落纵向无视频。只有在编辑窗设置中勾选了“显示纵向无视频标志”时才有效，可帮助判断故事板中是否存在黑场区域。

在故事板进行“故事板实时性扫描”后，系统会对故事板进行实时性的扫描，扫描后的故事板彩色标记将刷新，彩色标记中青色为实时区域，紫色为非实时区域，建议合成。

6.5.3　故事板合成

1. 设置不实时的打包区域

设置打包区域也就是设置故事板工作区域，可以根据故事板颜色标识，手动寻找并设置入出点；也可以将时间线移到需要打包的彩色区域的中间位置，按快捷键 R，系统会自动为此段落设置入出点（见图 6–5–3）。

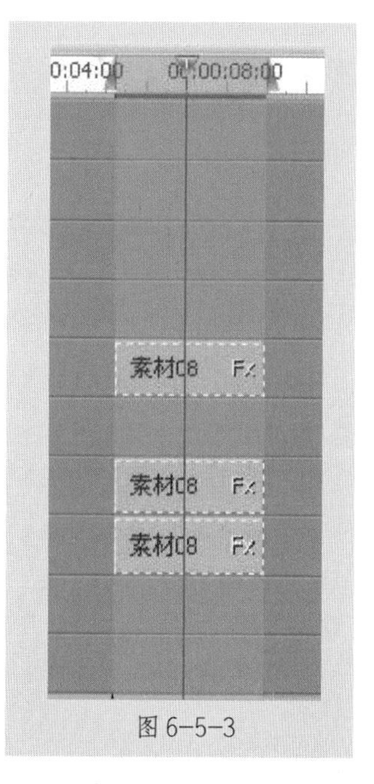

图 6–5–3

2. 快速合成

设置了打包区域后，在故事板空白处点击鼠标右键，使用右键菜单“视频快速打包”命令（见图 6–5–4），系统对打包区域进行叠加合成处理，随着合成进度完成，打包区域彩色标记变为深蓝色实时区域。对打包后的区域进行浏览不会破坏该部分的实时性，如果在此区域内进行编辑操作，如添加、删除素材或调整素材特技等，合成效果会消失。

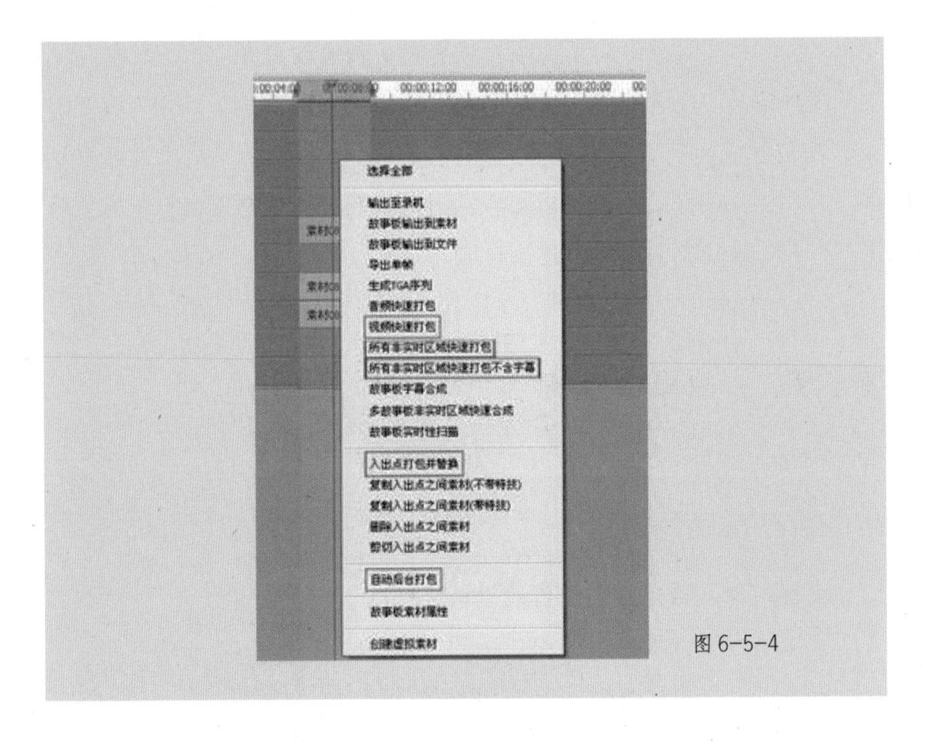

图 6-5-4

3. 入出点打包并替换

使用右键菜单“入出点打包并替换”命令（见图 6-5-4），系统会自动将入出点之间的区域合成为一段新素材置于最上层轨道，并替换掉原来入出点之间的所有素材。

4. 所有非实时区域快速合成

当故事板上有多段非实时区域时，只需使用右键菜单“所有非实时区域快速合成”命令（见图 6-5-4），一次性将故事板上的所有非实时区域全部变为实时区域。

建议在合成操作之前，先对整个故事板进行实时性扫描，以便系统做出更准确的判断。

5. 所有非实时区域快速合成不含字幕

字幕的合成会占用较多的系统资源，为了加快合成速度，在合成时不含字幕，只是快速合成非实时区域的视音频部分，可以使用右键快捷菜单“所有非实时区域快速合成不含字幕”命令（见图 6–5–4）。

6. 后台打包线程的启动与停止

后台打包又叫智能渲染，它是通过对 CPU 工作饱和度的监测自动判断是否需要对不实时区域实施打包处理的高级功能，可以使系统的处理能力最大化地发挥出来。当我们使用故事板空白处的右键菜单“自动后台打包”命令后（见图 6–5–4），系统即开始了智能的判断和处理工作。如果是进行查看素材属性之类的工作时，后台打包就会自动开始；而在播放故事板或进行特技调整时，打包工作就会自动停止，等到 CPU 相对空闲时再继续进行打包的处理。当需要集中处理较复杂的编辑时，可通过右键菜单停止后台打包功能。

第 7 章
视频特技

在这一章中，主要介绍大洋 ME 非线性编辑系统中视频特技的使用与操作。

在后期剪辑中，通过给视、音频素材添加特技可以制作一些在前期拍摄过程中不能达到的效果。大洋 ME 系统的特技中提供了 14 大类、上百种特技效果，同时系统还根据一些常用的效果预置了大量的特技模板，以便使用。根据操作和节目编辑的需要，还提供将特技调整窗中制作好的复杂特技进行自定义存储的功能，以便备份使用。

本章要点

◎ 视频滤镜特技

◎ 视频转场特技

◎ 特技编辑窗的操作

◎ 故事板上添加特技与参数调整

7.1　基础知识

特技的添加和使用，是后期编辑中一项常用的操作。在大洋 ME 系统中，视频特技分为视频滤镜特技与视频转场特技两种。视频滤镜特技是指对整段视频画面本身做的处理，它只针对于单个素材；而视频转场特技主要是针对相邻的两个素材做过渡效果时使用。大洋 ME 系统与其他非编系统在特技的添加和使用上有所不同。在此我们就特技的添加和使用做详细介绍。

7.1.1　添加特技

选择故事板上要添加特技的素材，使用鼠标点击故事板工具栏的 Fx（特技调整）按钮或按快捷键“Enter”，在弹出的特技编辑窗中选择特技进行添加、制作和调整（见图 7-1-1）。

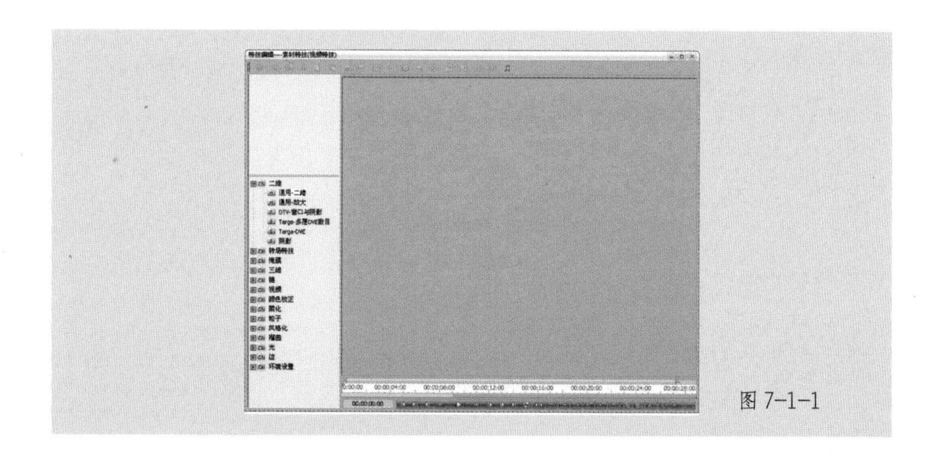

图 7-1-1

7.1.2 总特技轨的应用

在故事板上，视频总特技轨用于对同一个时间段之内所有轨道上的素材添加统一特技（见图 7–1–2）。

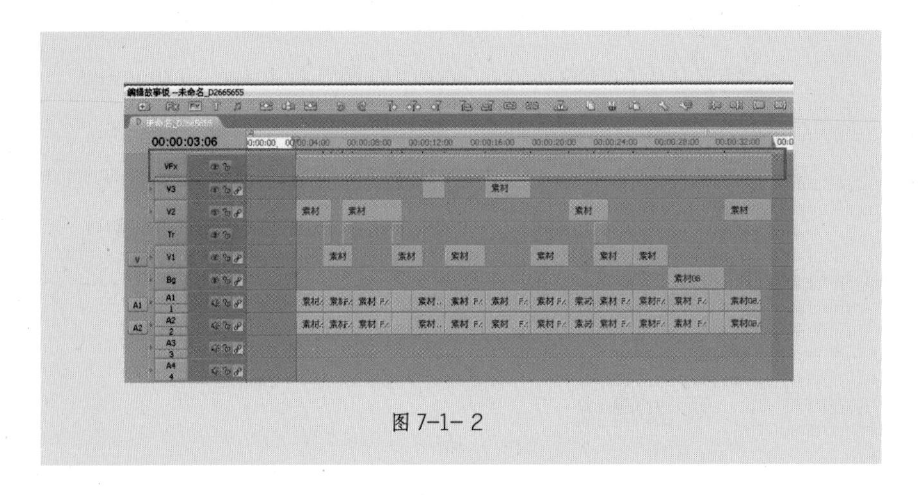

图 7–1– 2

（1）选择故事板上需要添加统一特技的素材区域，设置入点、出点（快捷键“S”）。

（2）在视频总特技轨上点击鼠标右键，使用右键菜单“入出点之间添加特技素材”命令，在视频总特技轨上会生成一段特技素材。

（3）选择生成的特技素材，使用鼠标点击故事板工具栏的 Fx（特技调整）按钮或按快捷键“Enter”，在弹出的特技编辑窗中选择特技进行添加、制作和调整。

特技素材可以直接当做普通的视频素材来使用，调整方法同视频素材的调整方法一样。

7.1.3　FX 轨道的应用

在故事板上，FX 特技轨用于对同一轨道上目标时间段内的多段素材添加统一特技（见图 7-1-3）。

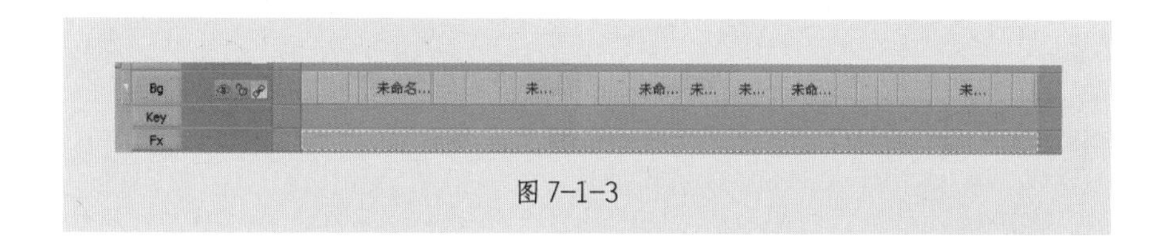

图 7-1-3

（1）在故事板轨道头选择目标轨道，展开轨道头或在空白区域点击鼠标右键选择使用“显示 FX 轨”命令，打开 FX 轨。

（2）在故事板目标轨道上选择需要添加统一特技的素材段落，设置入点、出点（快捷键“S”）。

（3）在 FX 轨上点击鼠标右键，使用右键菜单“入出点之间添加特技素材”命令，在 FX 轨入、出点之间生成一段特技素材。

（4）选择生成的特技素材，使用鼠标点击故事板工具栏的（特技调整）按钮或按快捷键“Enter”，在弹出的特技编辑窗中选择特技进行添加、制作和调整。

7.1.4　KEY 轨的应用

KEY 在非线性编辑系统中通常是键操作（抠像）的意思。而在大洋 ME 系统中设置的 KEY 轨则是用于在故事板上给目标轨道的素材添加一个键特技（见图 7-1-4），该键特技相当于给轨道素材添加一个遮罩（即 Mask）。

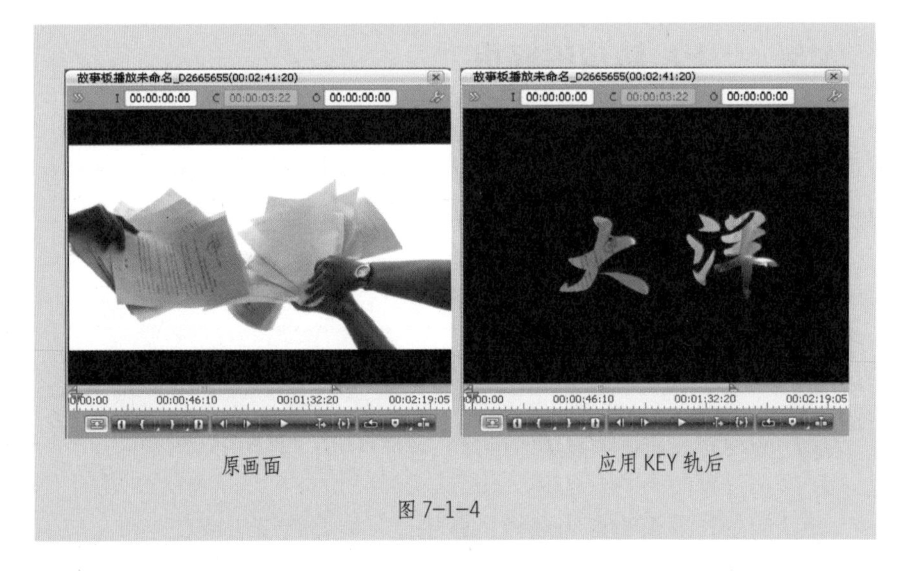

原画面　　　　应用 KEY 轨后

图 7-1-4

（1）在故事板轨道头选择目标轨道，展开轨道头或在空白区域使用鼠标右键菜单“显示 KEY 轨”命令，打开 KEY 轨。

（2）在目标素材的 KEY 轨位置，拖拽添加字幕文件或含 Alpha 通道的图文素材（见图 7-1-5）。

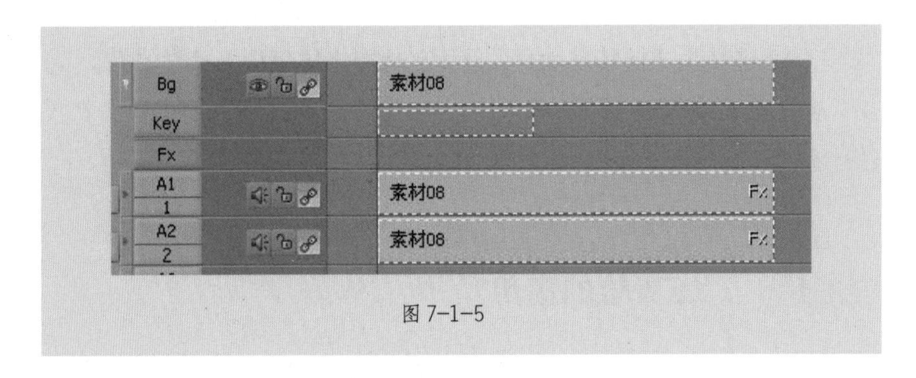

图 7-1-5

（3）浏览播放，查看效果。

KEY 轨上只有在添加带 Alpha 通道或亮度通道的素材情况下才有效。

我们可以把 Key 轨理解成普通的视频轨，添加图文素材或视频素材，可以对素材入、出点进行修改操作。不同的是 Key 轨上的素材不能正常状态播出，而是通过素材自带的 Alpha 通道或亮度通道对视频轨上的素材做键处理。

7.2　转场特技

转场特技是对前后相邻的两个素材通过不同的方式进行镜头切换组接。转场特技是后期制作中应用最为广泛的特技种类。

大洋 ME 系统针对转场特技的添加提供了两种方法：

方法 1：在视频轨道 V1 和 V2 之间有一个 Tr（转场特技）轨道，在 V1 和 V2 轨上分别添加素材，如两轨之间出现素材首尾画面重叠时，就会自动在 Tr 轨上生成一段特技素材（见图 7-2-1，对该素材做添加转场特技操作即可进行转场特技的制作。这种添加转场特技的方式称之为轨间转场）。

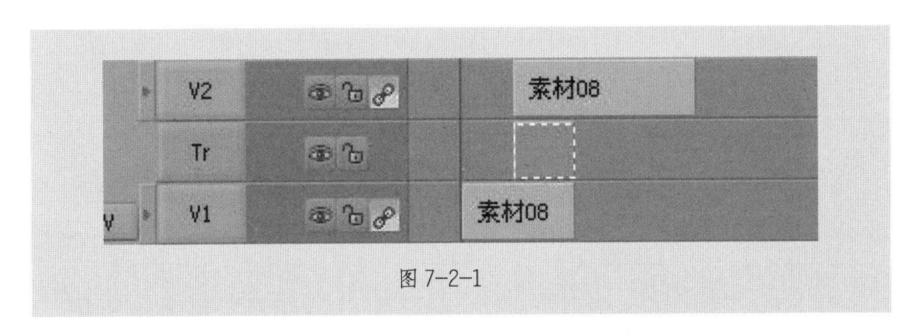

图 7-2-1

方法 2：针对 V3 及 V3 以上的视频轨道，在同一轨道上添加两个素材，当两素材首尾相连时，可以通过拖拽特技模板直接将特技添加到素材相连处（见图 7–2–2）。

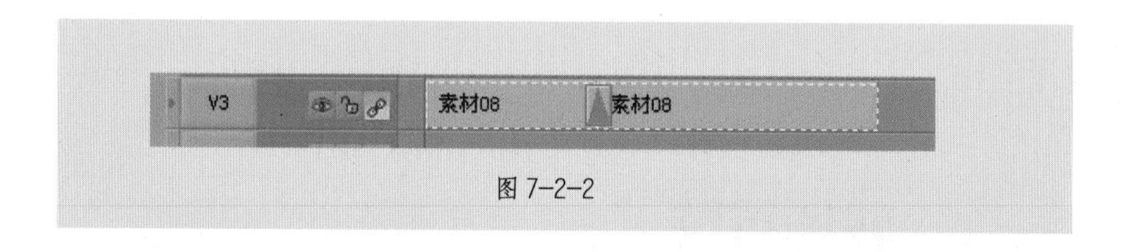

图 7–2–2

在使用特技的过程中，我们发现有些特技只能做视频特技不能做转场特技。例如颜色调整、老电影等，而大部分特技即能做视频特技也能做转场特技，例如二维特技。常见的转场特技有淡入淡出、模糊划像、卷页等效果。

7.2.1　轨间转场特技

当 V1 轨和 V2 轨上的素材有重叠的部分时，在 Tr 轨道上会自动产生一段特技素材，可以对其进行转场特技的添加，也可以通过“用户喜好设置”来设定是否为其自动添加指定的转场特技。

在“资源管理器→特技模板→转场特技”中选择特技模板，将其拖拽至 Tr 轨特技素材上，系统会自动以所选择的特技方式由前一个素材过渡到后一个素材（见图 7–2–3）。

选择特技素材，鼠标点击故事板工具栏中的 Fx 按钮（特技调整）或按快捷键“Enter”，在弹出的特技编辑窗口中对特技进行制作、调整（见图 7–2–4）。

图 7-2-3

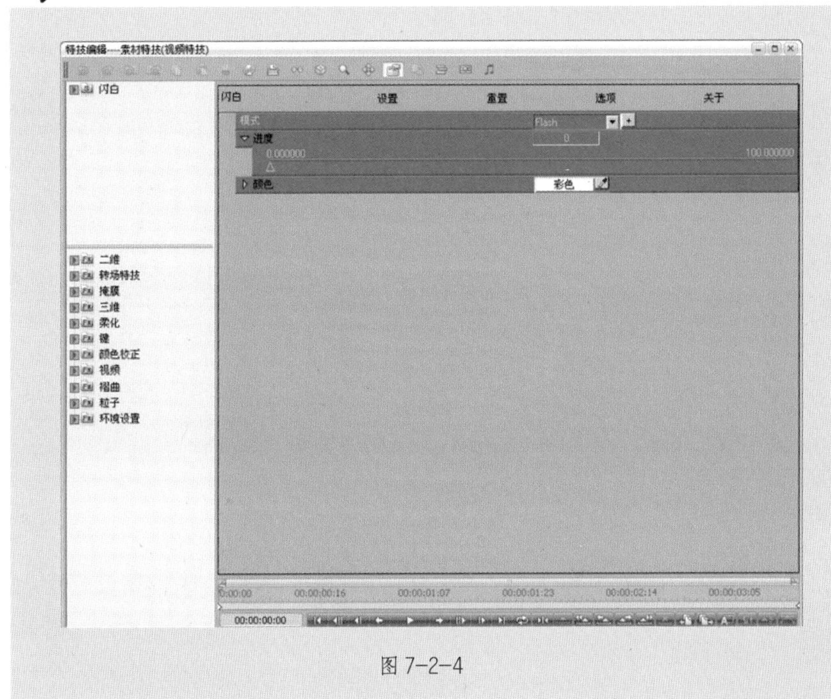

图 7-2-4

轨间转场特技效果的快慢是由两段素材重叠的长度决定的。叠加的时间越长，过渡效果越慢；时间越短，过渡效果越快。改变特技效果的快慢，先选择特技素材，使用鼠标右键菜单“设置特技长度”命令，在弹出的“设置特技素材长度”设置框中进行参数修改（见图 7–2–5）。

在添加特技后特技素材上有一个小箭头（见图 7–2–6），通过鼠标左键单击，可以改变箭头的方向。该箭头方向表示转场特技分别为入特技或出特技，向上为入特技，向下为出特技。

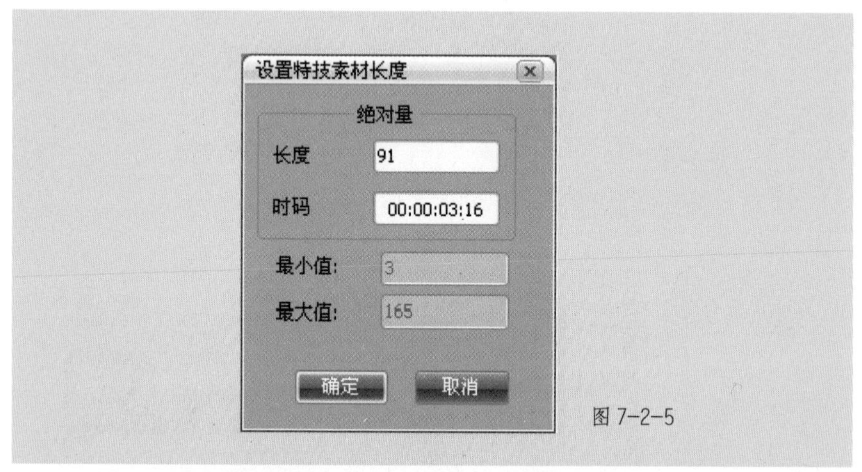

图 7-2-5

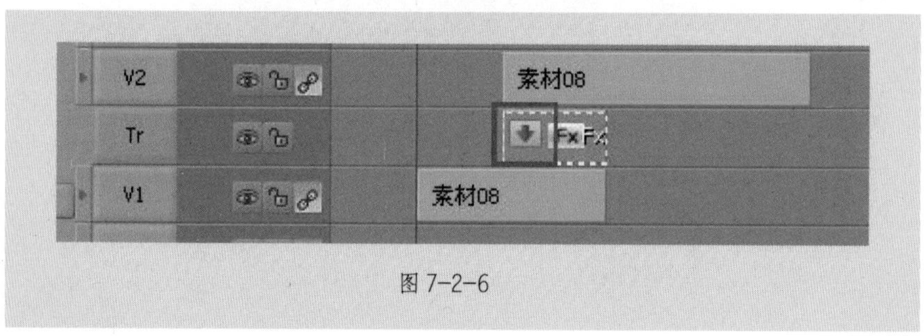

图 7-2-6

• 出特技：前一个镜头出，露出后一个镜头画面。在转场过程中，前面的镜头逐渐过渡从画面中消失。

• 入特技：后一个镜头入，覆盖在前一镜头上。在转场过程中，后面的镜头逐渐覆盖整个画面。

7.2.2　轨内转场特技

轨内转场是对同一个轨道内相邻的两段素材添加的转场，在大洋

ME 系统上使用轨内转场，系统仅限于 V3 或 V3 以上的视频轨道方可添加。在添加特技操作时，对相邻的两段素材作了使用要求：相邻两段素材必须在连接处留有充足的余量，否则会影响特技的正常添加和修改。

余量：素材本身在原有的长度上被切分、删剪掉的部分（限于在同一序列上的操作）。

在“资源管理器→特技模板→转场特技”中选择特技模板，将其拖拽至两段素材连接处，当鼠标指针处显示为加号图标时松开鼠标，弹出轨内转场特技调整窗口（见图 7-2-7），在该窗口中设定特技的长度、位置。

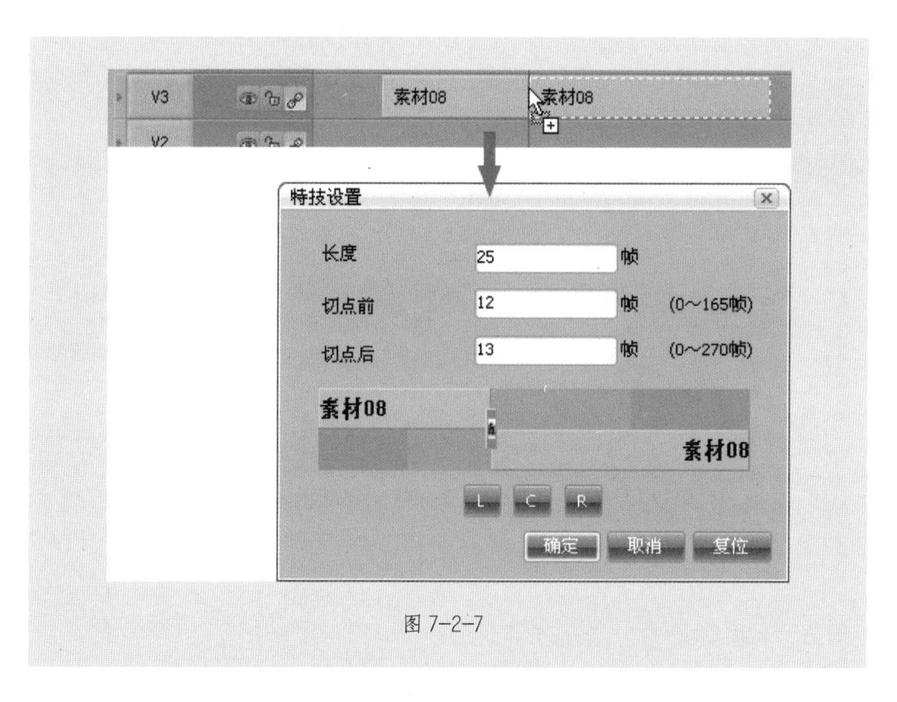

图 7-2-7

调整参数之后，点击 确定 按钮确认，轨内转场特技即被添加。在素材连接处会出现特技素材（见图 7-2-8）。

图 7-2-8

对已添加转场特技进行修改，按住Z键使用鼠标左键点击特技素材，选中特技素材后，点击故事板编辑窗上方的工具栏中的 Fx （轨内转场）按钮或按快捷键“Enter”，弹出特技编辑窗口（见图 7-2-9），在特技编辑窗中对该特技进行下一步的修改和调整。

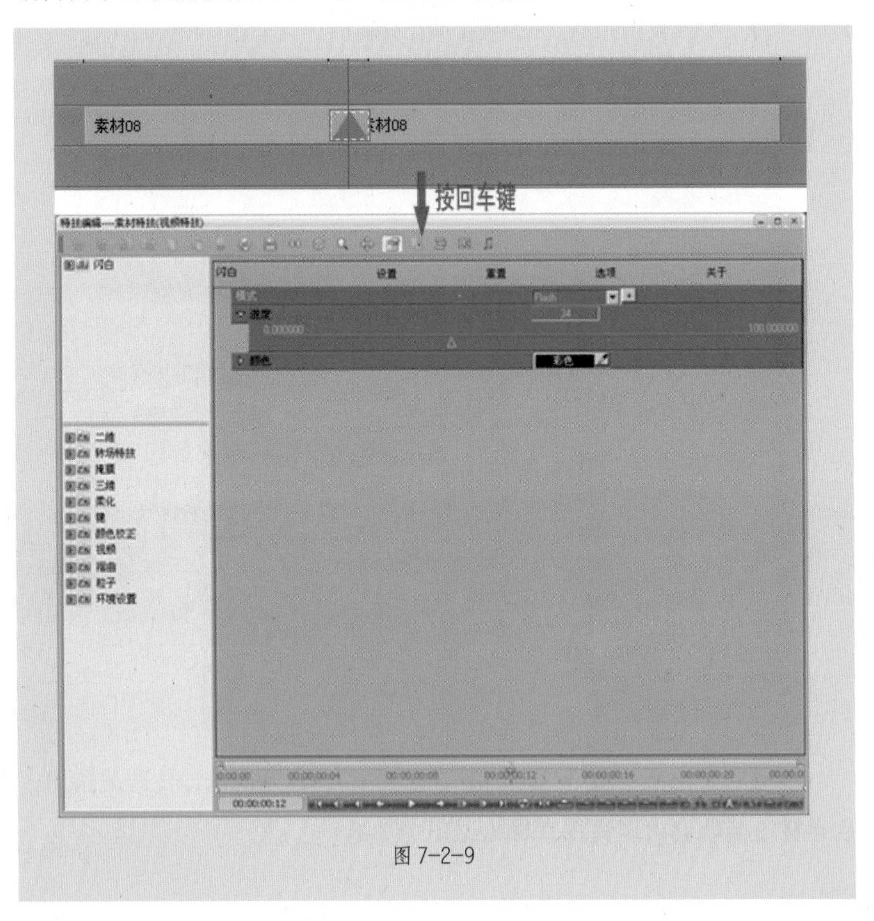

图 7-2-9

7.3　视频滤镜特技使用

视频滤镜特技是指对整段视频画面本身做的处理，它只针对于单个素材，常见的有：二 / 三维调整、颜色校正、键 / 画面风格化处理、遮罩等。大洋 ME 系统支持对素材同时添加多个视频特技。

7.3.1　使用特技模板

在编辑中，直接在特技模板库中选择所需视频滤镜特技拖拽到素材上（见图 7–3–1），即可完成对素材添加特技。

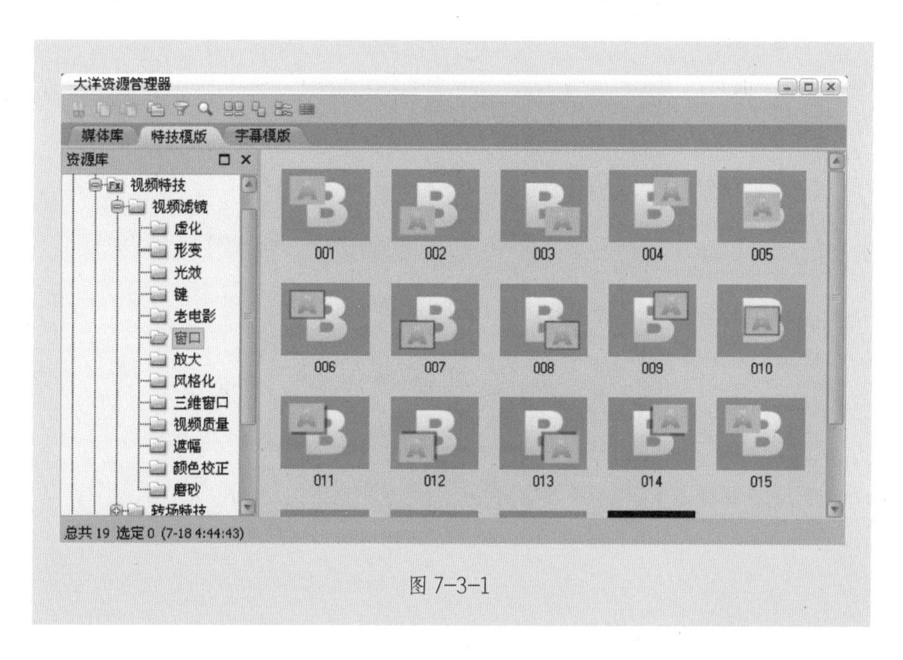

图 7–3–1

对特技进行复制、粘贴等操作。选择已添加特技的素材，使用鼠标右键菜单“拷贝特技”命令；选择需要添加此特技的素材，使用鼠标右键菜单“粘贴特技”到该素材上（见图 7–3–2）。

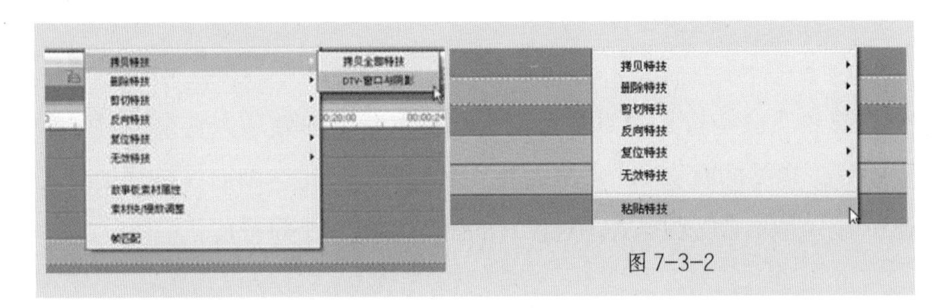

图 7–3–2

修改特技参数，使用鼠标点击故事板工具栏中的 Fx（特技调整）按钮或按快捷键“Enter”，在弹出的特技编辑窗中对特技进行修改和调整（见图 7–3–3）；修改完成后，关闭特技编辑窗即可保存修改。

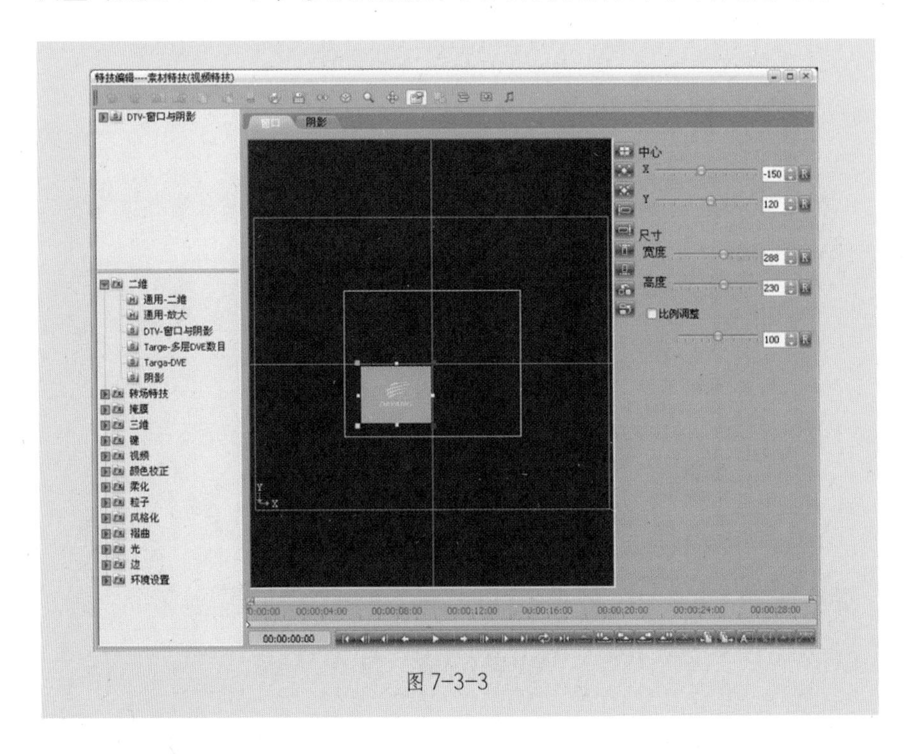

图 7–3–3

7.3.2　自定义特技操作

在剪辑工作中，如特技模板中没有我们所需要的特技效果，那就需要进行自定义特技操作。选择需添加特技的素材，使用鼠标点击故事板工具栏中的 Fx（特技调整）按钮或按快捷键“Enter”，弹出特技编辑窗口（见图 7–3–4），在特技编辑窗中添加所需特技类型，进行相关参数设置后，关闭特技编辑窗口完成特技的制作。

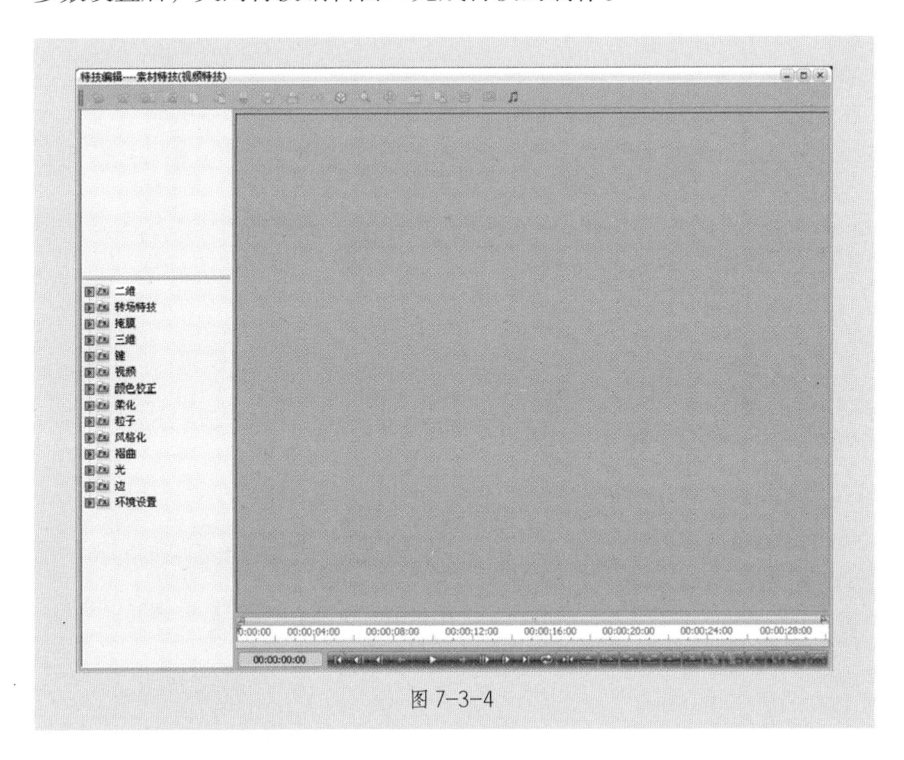

图 7–3–4

（1）左下区域为特技列表栏，提供了系统所提供的全部特技类型。该栏列表为二级目录，点击类型文件夹前的三角形会展开该类型中的特技效果。在所需使用的特技效果上双击鼠标左键，该特技即被添加上方的已使用特技区（见图 7–3–5）。

可以为同一素材添加多个特技，如果同样的特技应用两次，系统将会提示是否继续追加操作，根据需要选择即可。

（2）左上区域为已加特技列表，在特技列表栏中选择的特技会添加到该栏。对已添加特技的删除，可使用鼠标右键菜单中的“删除特技”命令（见图 7–3–6）。

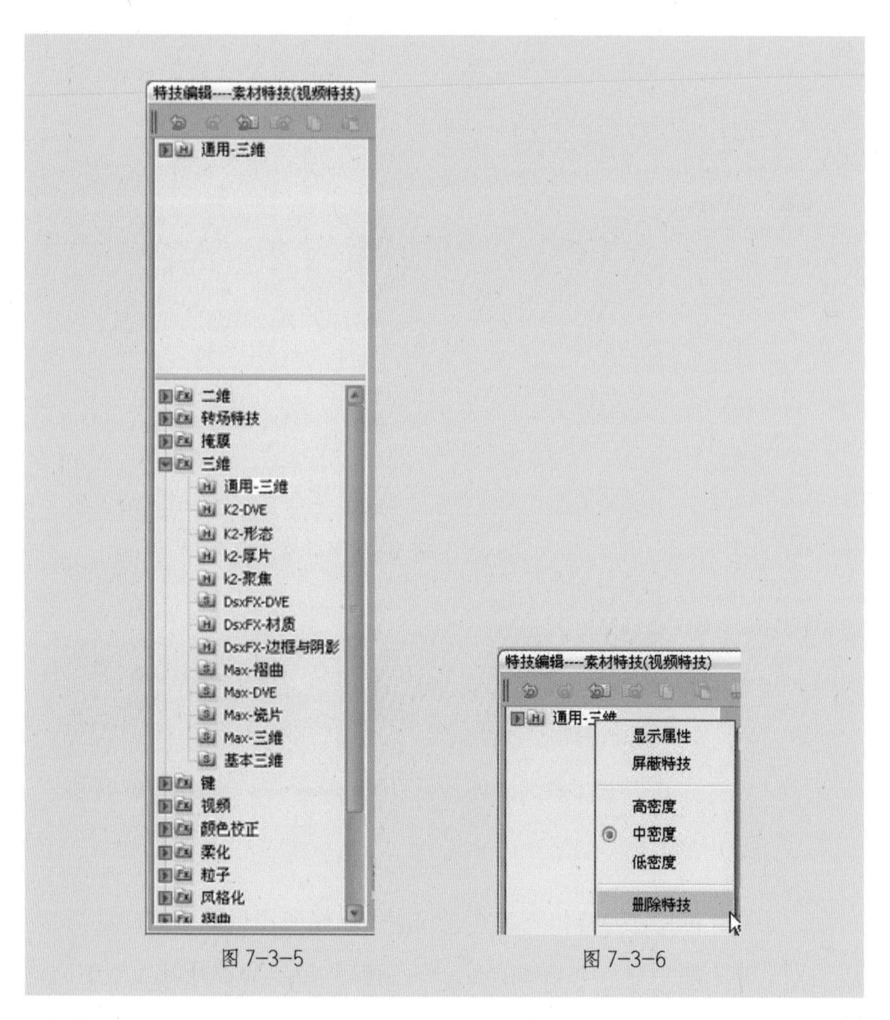

图 7–3–5　　图 7–3–6

（3）右侧区域为特技调整窗，在已加特技列表中选择某特技后，该栏会对应显示出该特技的状态调整窗口（见图 7–3–7），对该特技进行基于关键帧的设置和修改。

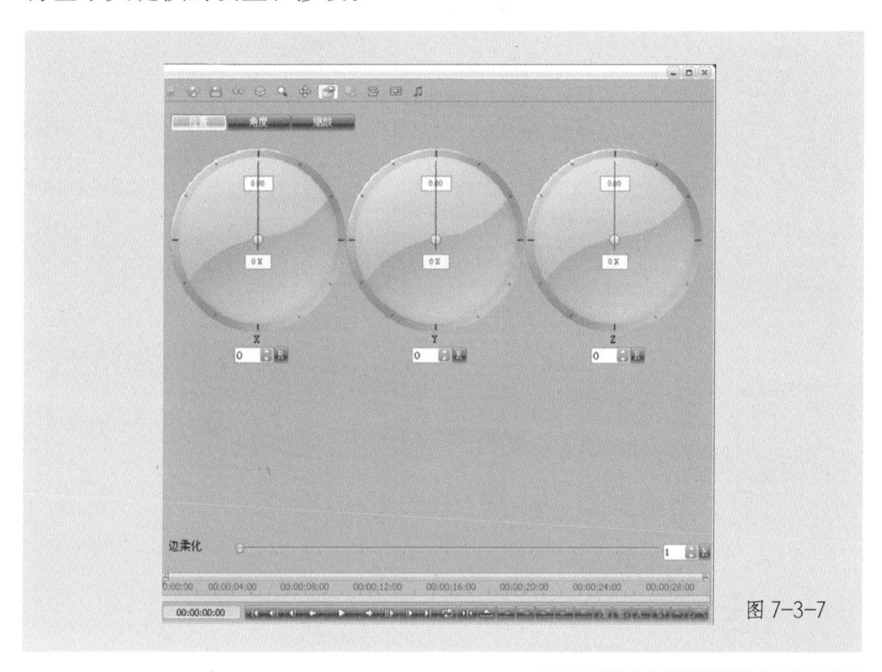

图 7–3–7

（4）逐个调整特技时，先关闭其他的特技，调整完成后，再恢复这些特技的显示。关闭特技的方法是在已加特技列表中点击特技名称前的小图标，特技图标变灰即为关闭状态（见图 7–3–8）；再次点击后，特技重新被激活。

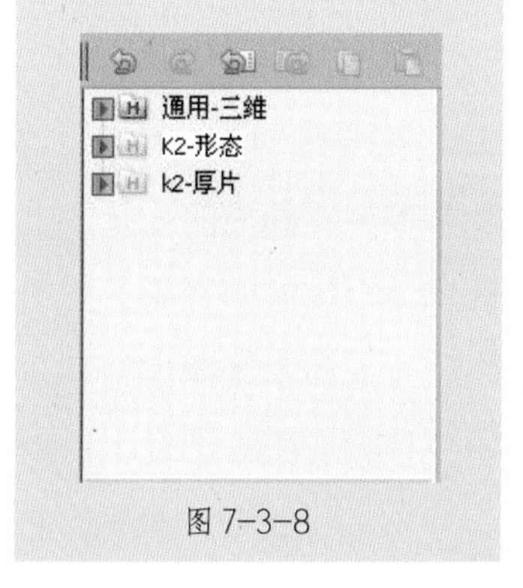

图 7–3–8

（5）将调整完毕的特技保存成模板，可点击特技编辑窗口工具栏中的　（保存）按钮，设置好保存路径和名称即可完成特技模板的保存（见图 7–3–9）。

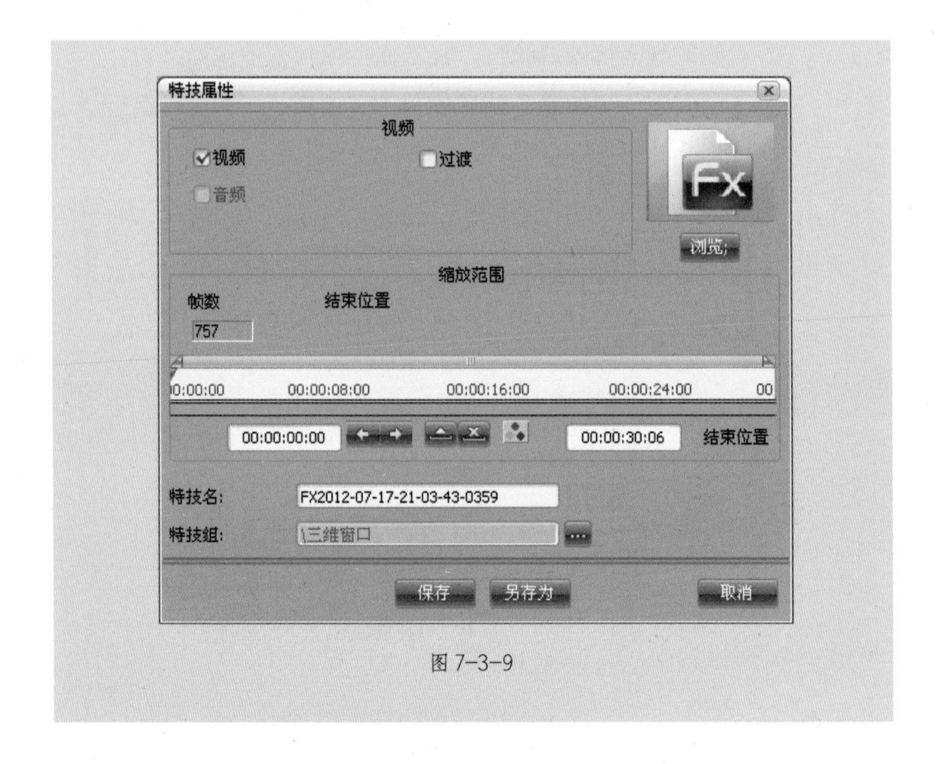

图 7-3-9

7.3.3 关键帧操作

在特技调整窗中，关键帧可记录该时间点的特技状态（如位置、大小等）。画面的变化或者运动至少需要两个关键帧来进行描述，运动从第一个关键帧开始，到第二个关键帧结束，而这之间的变化完全由参数的改变和系统插值计算出来；如果仅设置一个起始关键帧，那么整个的特技状态将不会发生任何改变（见图 7–3–10）。

（1）添加关键帧：先拖动时间线，找到需要添加关键帧的位置，点击（增加关键帧）按钮添加关键帧；或直接将鼠标放在时码处，出现手型符号后点击鼠标添加关键帧；也可直接改变特技参数（如位置或大小），系统会自动在该处增加关键帧。

图 7-3-10

（2）选择关键帧：使用鼠标直接点击选择，被选中的关键帧显示为黄色（见图 7-3-11）。同时选中多个关键帧，按住“Shift”键再使用鼠标进行多选。

图 7-3-11

（3）删除关键帧：先选中关键帧，按“Delete”键即可删除。

（4）移动关键帧：按住“Ctrl”键，使用鼠标拖动选中的关键帧，移动关键帧；或使用工具栏（左移一帧）、（左移 5 帧）、（右移 1 帧）、（右移 5 帧）等按钮进行移动。

（5）复制、粘贴关键帧：选中关键帧，使用快捷键“Ctrl+C”，拖动时间线到指定位置，使用快捷键“Ctrl+V”即可；系统会自动产生一个新的具有相同状态值的关键帧。

（6）复位关键帧：选中关键帧，然后点击（复位）按钮即可。复位后，该关键帧所有数据恢复到初始状态。

7.3.4　保存特技模板

对于精心制作好的特技效果，我们可以保存成特技模板，以便在后续制作中继续使用。

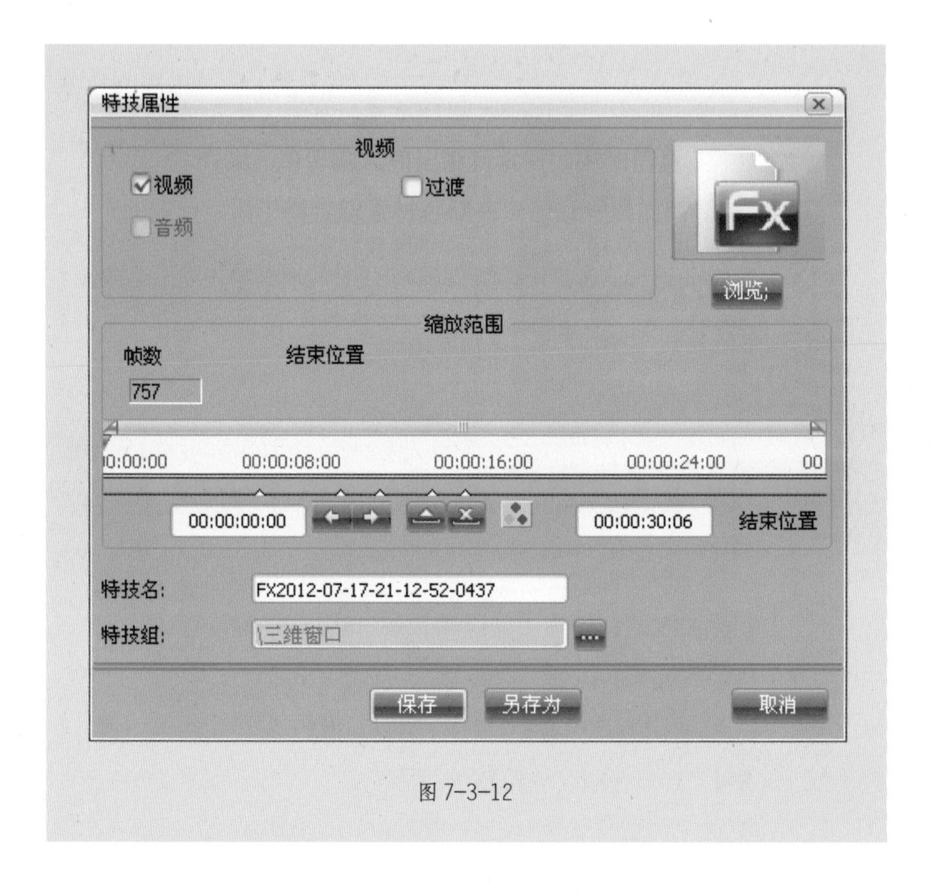

图 7-3-12

（1）在资源管理器特技模板中，按类型创建新的特技组。

（2）打开特技调整窗，点击窗口上方的（保存）按钮；在弹出的窗口中（见图 7-3-12）输入自定义的特技名称，选择设定保存的特技组路径；点击 保存 按钮。

（3）关闭特技调整窗后即可保存特技模板。

在特技模板的相应路径下，可以找到新创建的特技模板。保存的特技模板在使用过程中与系统预制的特技模板没有任何区别。

7.4　DsxFX 特技

7.4.1　DsxFX- 颜色校正

DsxFX- 颜色校正集合了众多色彩校正工具于一身，用于对素材的整体亮度、色度、色彩饱和度和对比度进行实时调节（见图 7-4-1）。该特技提供了对素材的阴影、中间色调、高光部分的颜色校正功能；通过设置参考色，还可实现色彩匹配和灰度的平衡。

DsxFX- 颜色校正特技由色彩平衡、Luma（亮度调节）、ProcAmps（画面调节）和掩膜四部分组成。最终的输出效果是这四部分调节效果的叠加。

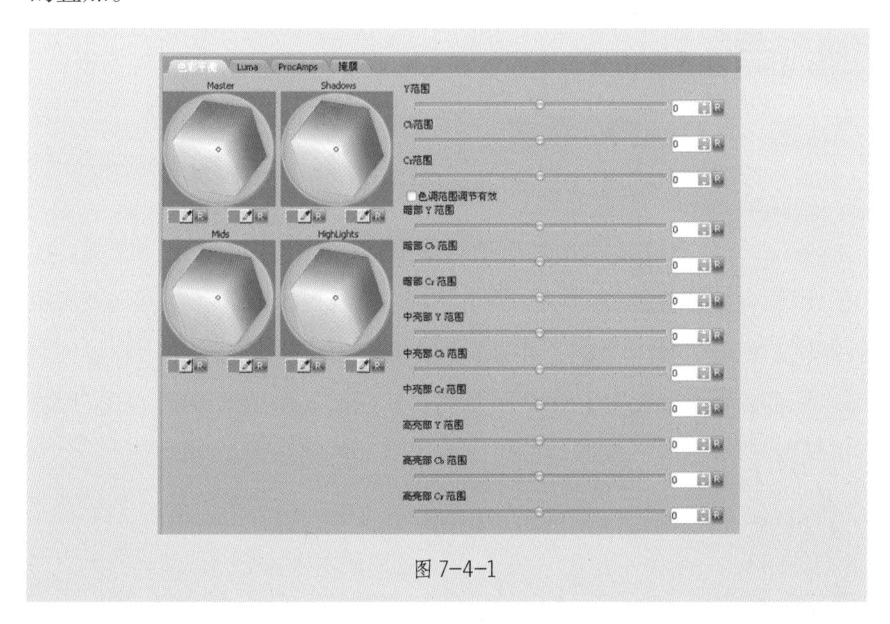

图 7-4-1

色彩平衡用于对素材整体或分别对素材的阴暗、中间色调、高光部分进行颜色校正功能。左边四个色轮分别对应右侧的整体调节（Master）、暗调调节（Shadows）、中间调调节（Mids）和高光部分调节（HighLights）四部分控制参数。通过鼠标直接拖动色轮的圆点进行取色，也可以通过拖动右侧滑块调节参数值，两者的效果是一致的。

• 整体调节（整体亮度 / 蓝色差 / 红色差）：用于调整画面主亮度和主色调。

• 启动细部调节：勾选该选项后，可对画面中高、中、低三色调分别进行颜色校正。

• 暗调调节（暗调亮度 / 蓝色差 / 红色差）：对画面相对较暗的阴影区域进行颜色校正。

• 中间调调节（中间调亮度 / 蓝色差 / 红色差）：对画面的中灰度彩色区进行颜色校正。

• 高光部分调节（中间调亮度 / 蓝色差 / 红色差）：对高亮区域进行颜色校正。

7.4.2 DsxFX- 色键

DsxFX- 色键特技用于将视频画面中指定的颜色区域变为透明，使下层视频相应位置的画面在上层中显示。系统提供的自动色键功能可以智能判断色键区域（见图 7-4-2）；边缘羽化功能在消除毛边锯齿的同时，还可以删除溢出色，保留阴影色，使抠像效果显得更加真实；反键可以反选色键区域；掩膜功能可以方便限定色键作用于画面的区域范围（见图 7-4-3）。

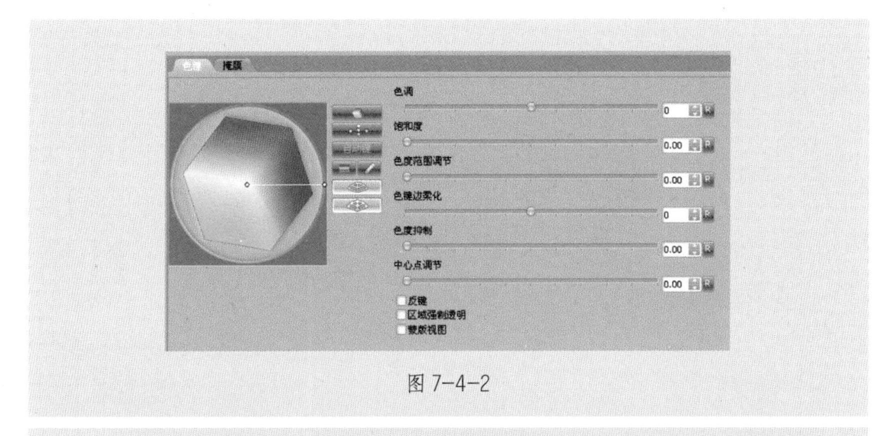

图 7-4-2

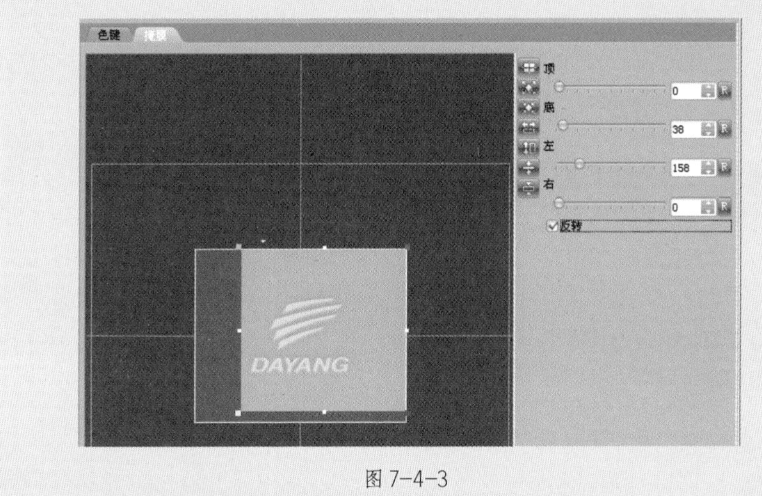

图 7-4-3

7.4.3　DsxFX- 键阴影

用于“吸”去画面中指定的颜色成分，只保留其灰度信息。DsxFX- 键阴影的参数设定与色键的参数定义完全相同（见图 7-4-4），只是针对灰度级的调节增加了亮度调节和暗度调节两个参数，用于调节色键区域的明暗度。其他参数与色键相同。

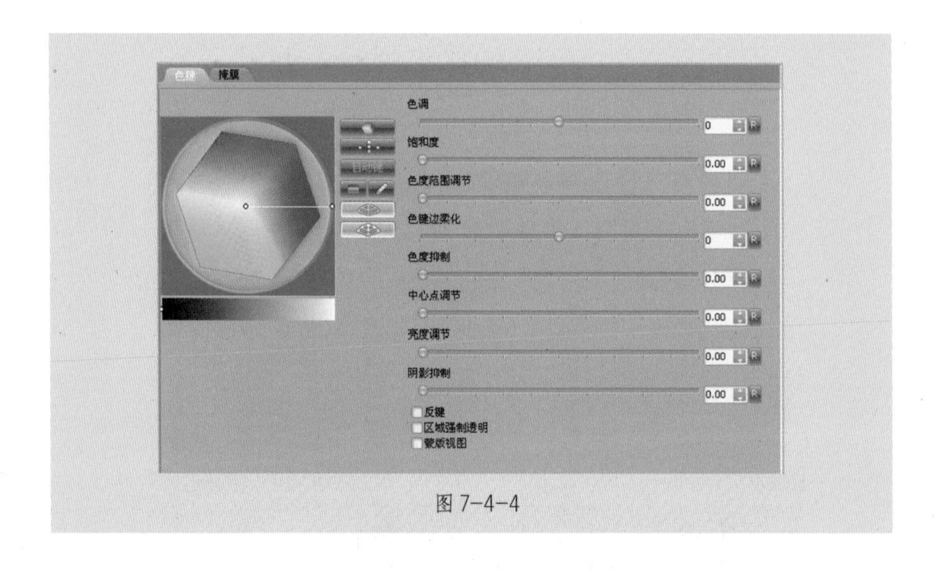

图 7-4-4

7.4.4　DsxFX- 亮键

对于明暗反差较大的图像，可以选择使用 DsxFX- 亮键使背景透明（见图 7-4-5）。DsxFX- 亮键在使用过程中主要是通过设置某个亮度区域为“阙值”，低于或高于这个亮度范围的画面被设为透明。操作中结合掩膜功能可以实现局部区域抠像效果。

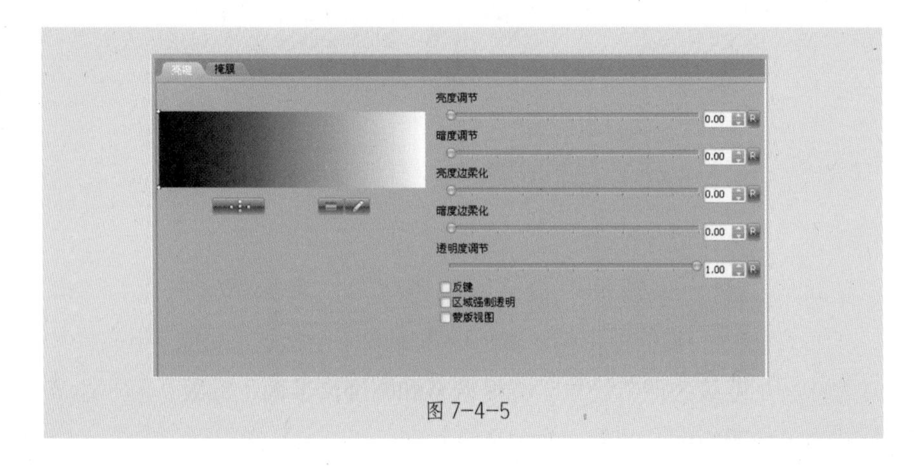

图 7-4-5

7.4.5　DsxFX- 淡入淡出

DsxFX- 淡入淡出特技是通过改变素材的 Alpha 值来实现透明度渐变的效果（见图 7–4–6）。DsxFX- 淡入淡出特技既可以作视频滤镜特技，也可以作转场特技。作为视频滤镜特技时，可以实现画面渐出或渐入的效果；作为转场特技时，可实现 A 画面渐出的同时 B 画面渐入的过渡效果。

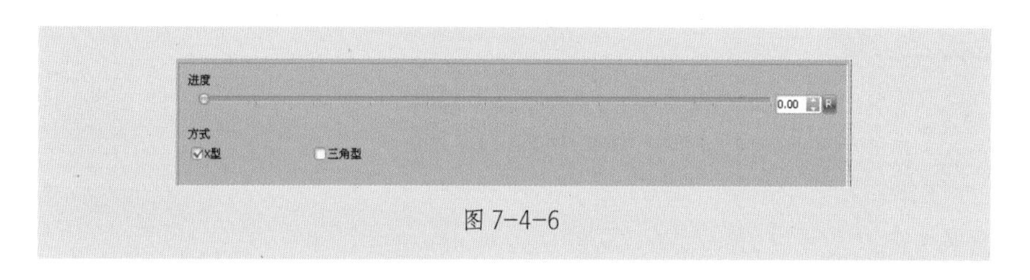

图 7–4–6

7.4.6　DsxFX- 卷页

DsxFX- 卷页特技用于制作平滑的翻页和三维卷页效果（见图 7–4–7）。这些真正的三维卷页在背面有高质量的活动视频和逼真的高光显示。对于任何物件，DsxFX- 卷页特技都能够控制在 3D 空间中进行位置移动、三维旋转、尺寸调整以及立体缩放的同时进行三维翻卷。

7.4.7　DsxFX- 位移

DsxFX- 位移特技通过对素材水平位置和垂直位置的调节（见图 7–4–8），用于实现素材随时间向任意方向运动的效果。该特技既可作为视频滤镜特技，也可作为转场特技。

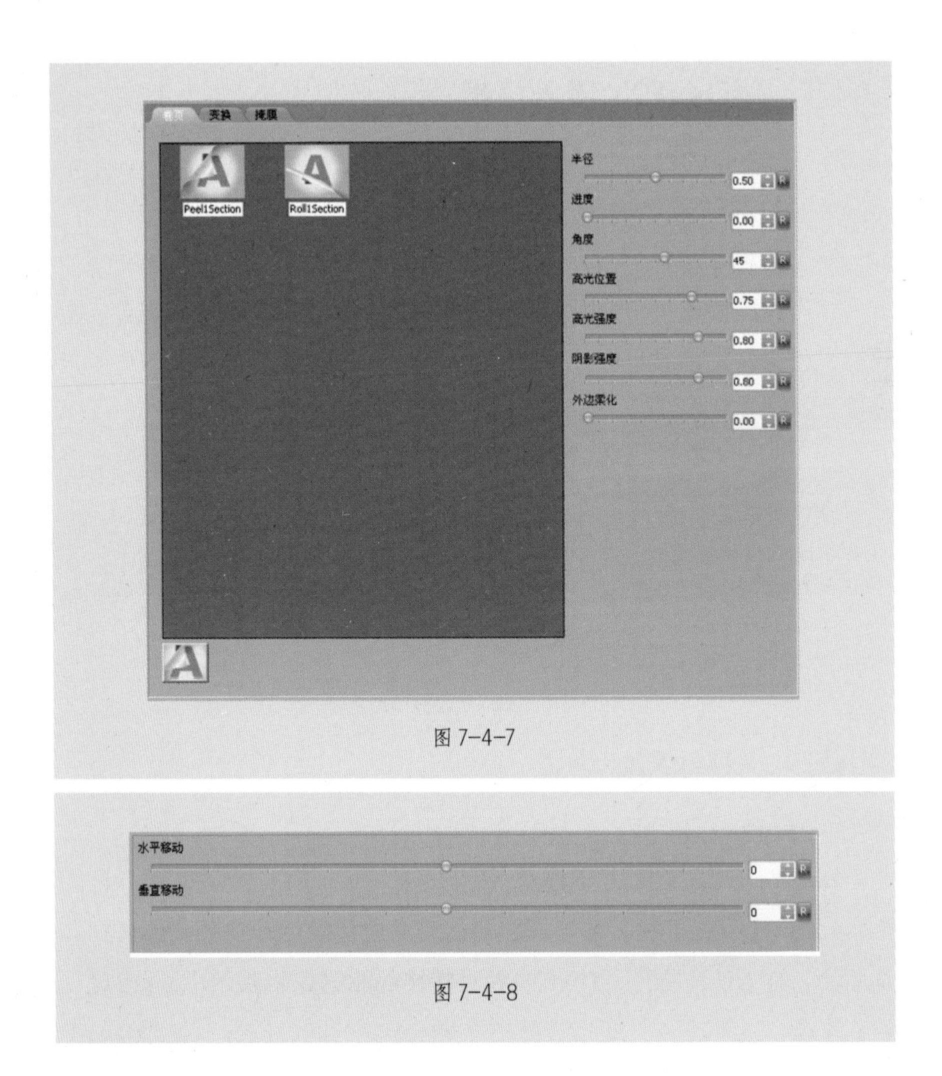

图 7-4-7

图 7-4-8

7.4.8 DsxFX- 划像

DsxFX- 划像特技是通过特定模板利用灰度图从一层图像过渡到另一层图像。系统提供了 Abstract、Gradients、Shapes、SMPTE 四类划像特技（见图 7-4-9），通过切换页签可以从大量已有特技中自行选择。

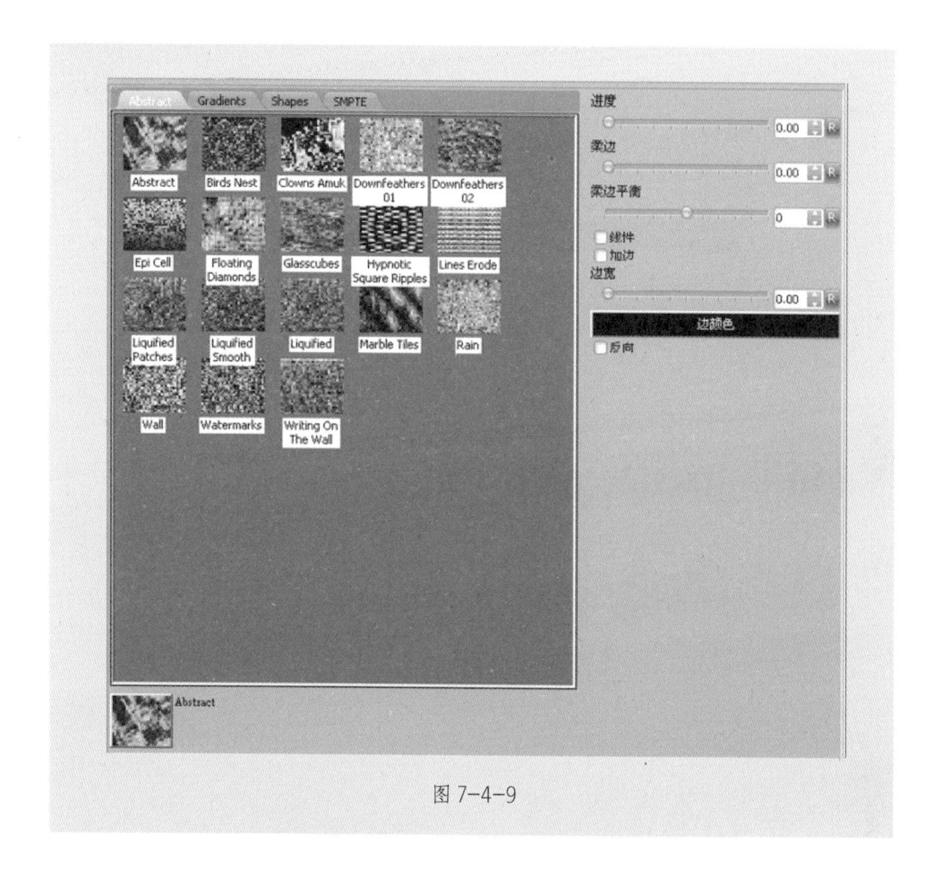

图 7-4-9

7.4.9　DsxFX-Dve

DsxFX-Dve（基本三维）特技用于实现在一个虚拟三维空间中编辑视频素材，将其沿水平或垂直轴进行旋转、缩放，或将图像向靠近、远离屏幕的方向移动。DsxFX-Dve 特技允许实时地为视频素材添加不同颜色的内、外色边，并作柔化处理（见图 7-4-10）。与其他三维特技不同的是，DsxFX-Dve 特技可以通过控制图像周边上的 8 个受力点来变换边缘曲线的形状，制作出精美的边框效果。

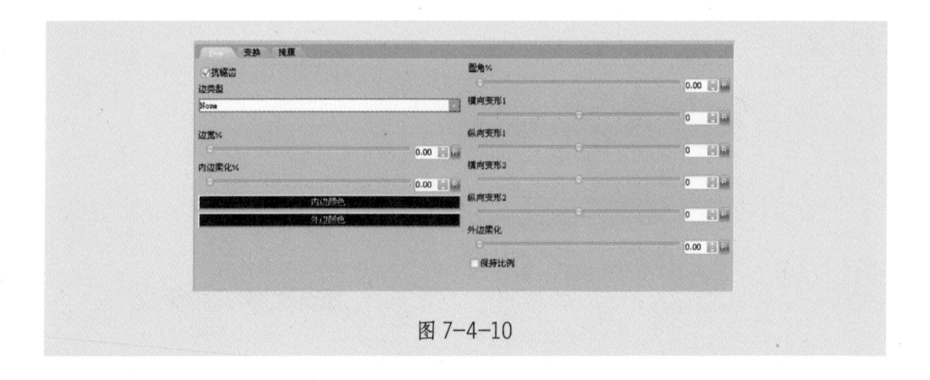

图 7-4-10

7.4.10　DsxFX- 材质

DsxFX- 材质特技用于给素材添加诸如砖块、金属、岩石、木材等纹理（见图 7-4-11），同时可添加不同颜色的多重光影效果。

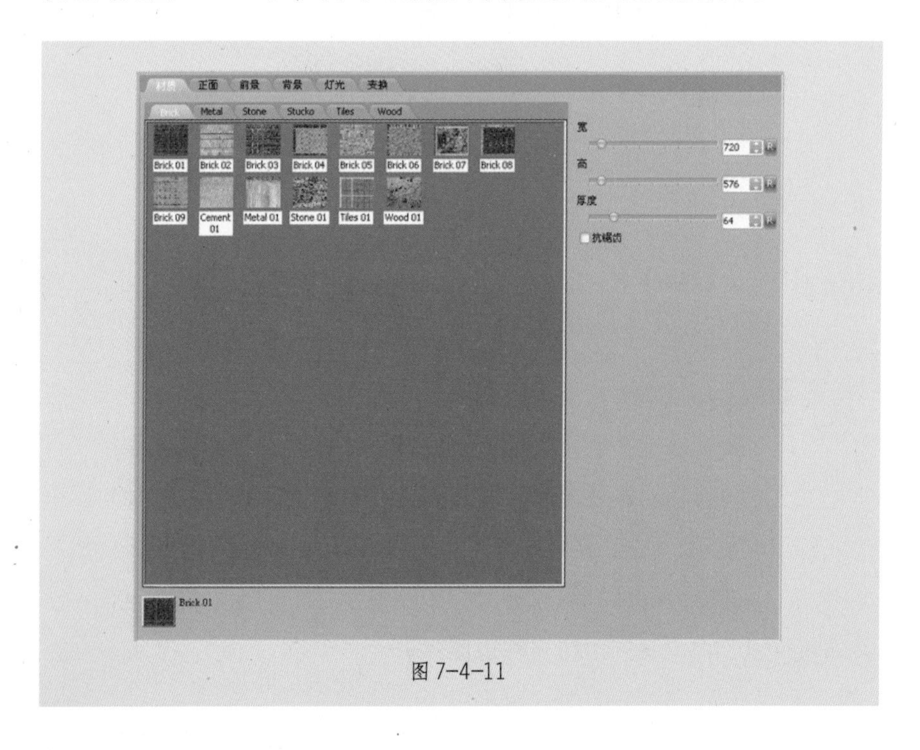

图 7-4-11

7.4.11　DsxFX-边框与阴影

DsxFX-边框与阴影特技用于为任何含键信息（如 Dve 和字幕）的素材加上阴影，可以方便地调整阴影的位置、大小，并旋转阴影以符合投射阴影的平面的角度（见图 7–4–12），给阴影加上模糊效果后还可以模仿散光灯的特殊效果，支持对阴影四个边角的颜色和透明度的调节，可以实现更丰富的投影效果。

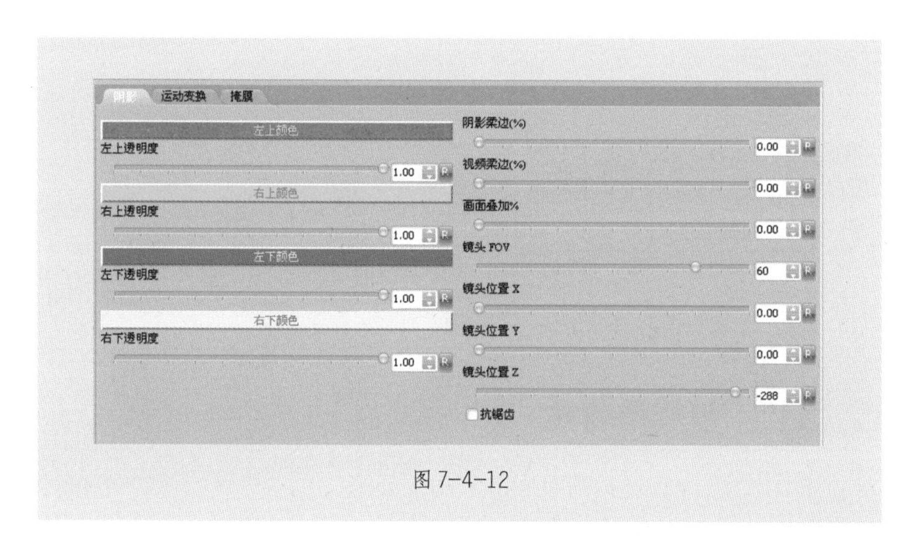

图 7–4–12

7.4.12　DsxFX- 柔化

DsxFX- 柔化特技允许实时模仿照相机散焦效果或为画面添加一层淡淡的柔光（见图 7–4–13）。图文素材可以用一种特定的颜色进行模糊处理，制作出光环效果；视频素材可以加强红、绿、蓝效果，令画面更加温暖。

图 7-4-13

7.5 大洋特技

7.5.1 视频类特技

在大洋视频类特技中，提供了反视频限幅、走样、散焦、抽帧等几种特技效果。

1. 视频限幅

以下几种情况常常导致视频信号超标：

- 在调色过程中，由于亮度和饱和度的提高导致超标。
- 摄像机参数设置不正确，或拍摄时没有进行适当的控制。

针对这些原因导致的全彩色电视信号超标现象，大洋 ME 系统提供了“视频限幅”特技（见图 7-5-1）。使用时可通过视频示波器监看效果。

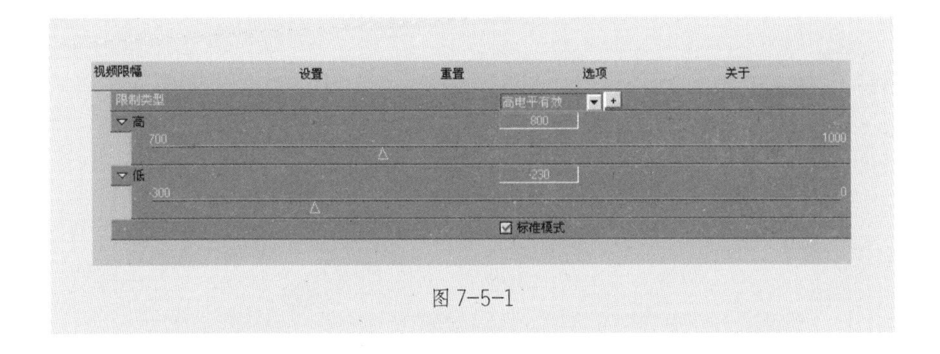

图 7-5-1

2. 抽帧

该特技采用每秒抽取几帧的方法模拟出画面跳帧的效果（见图 7-5-2）。

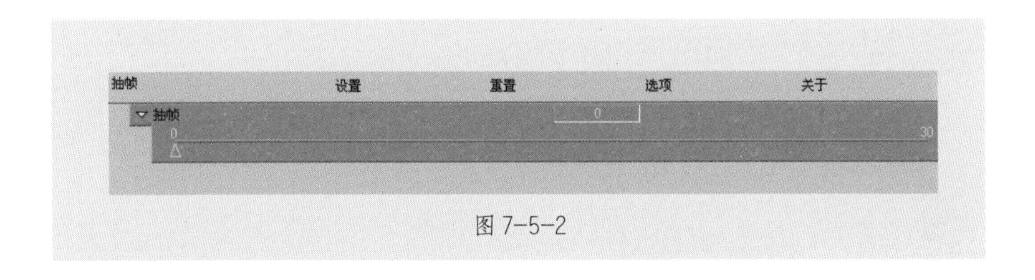

图 7-5-2

3. 锐化

大洋 ME 系统中的锐化特技提供了三种不同的处理方式（见图 7-5-3），包括 FreqS（频域锐化）、USM（反掩膜锐化）和 Common（通用锐化）。系统默认状态下采用的是 FreqS，主要是在频率域内对图像进行增强、锐化、边缘提取、模糊等特技处理；USM 算法可通过调节三个基本控制参数，达到对画面的锐化要求；Common 是一种通用处理方式，通过一个控制参数的调节即可达到快速锐化效果。

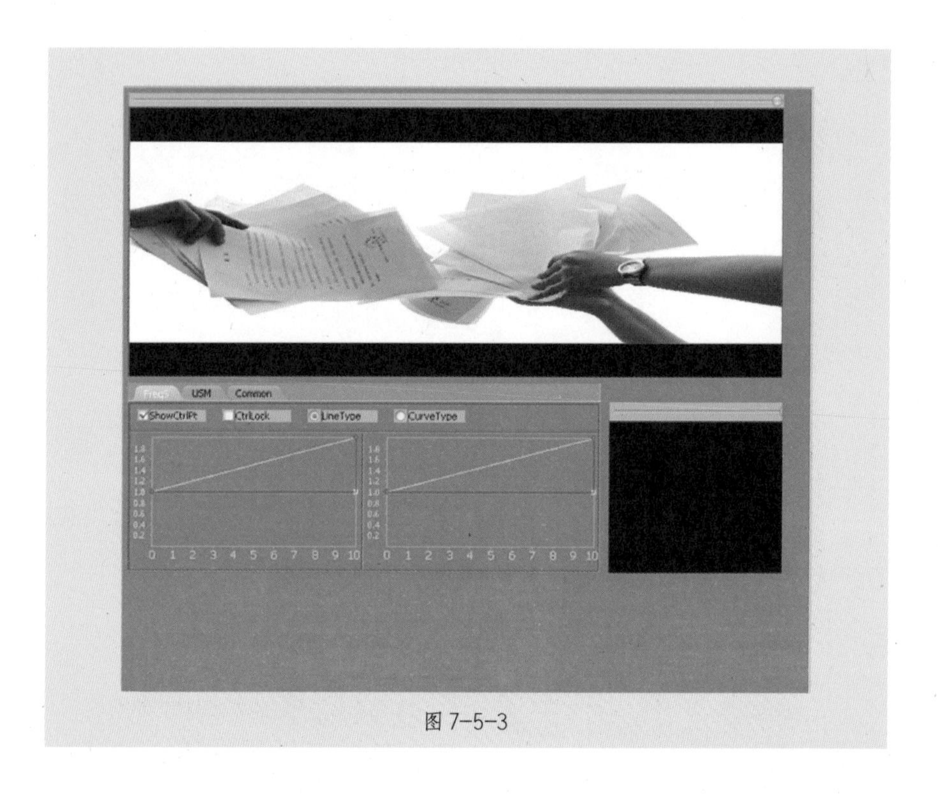

图 7–5–3

7.5.2　柔化类特技

在大洋 ME 系统滤镜中，提供了去隔行扫描、通道模糊、快速模糊、运动模糊、变焦模糊等柔化特技效果。其中去隔行扫描配合其他特技使用，效果更加显著。

1. 去隔行扫描

该特技用于视频输出时消除混杂信号的干扰，通过移去图像中的奇数或偶数隔行线，使在视频上捕捉的运动图像变得平滑、清晰。去隔行扫描没有调整参数，可以选择通过复制或插值来替换移去的线条（见图 7–5–4）。

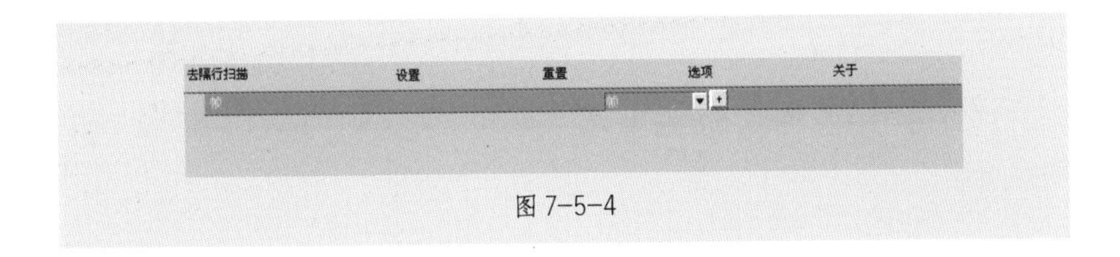

图 7-5-4

2. 通道模糊

该特技用于选择不同颜色通道或针对 Alpha 通道对画面进行模糊处理（见图 7-5-5）。

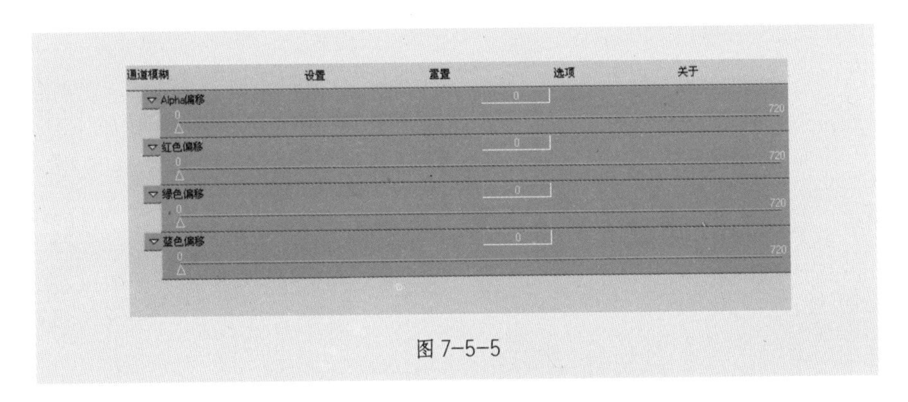

图 7-5-5

3. 快速模糊

该特技用于设定图像的模糊程度（见图 7-5-6），在对大面积区域进行模糊时更快，效果更显著。

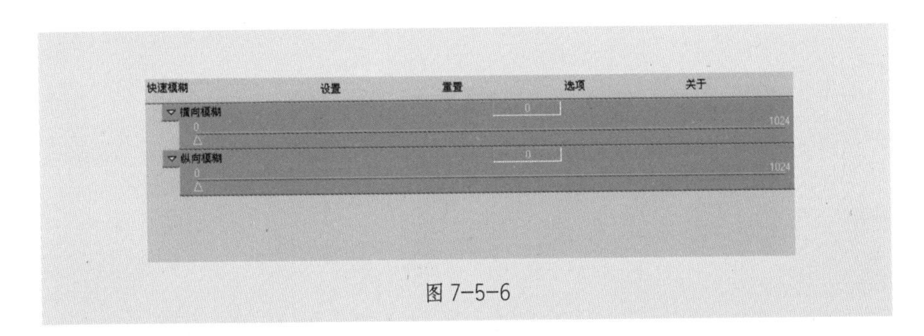

图 7-5-6

4. 运动模糊

该特技用于在图像上产生任意方向的模糊效果（见图 7–5–7），在图像上制作出一种运动幻觉。

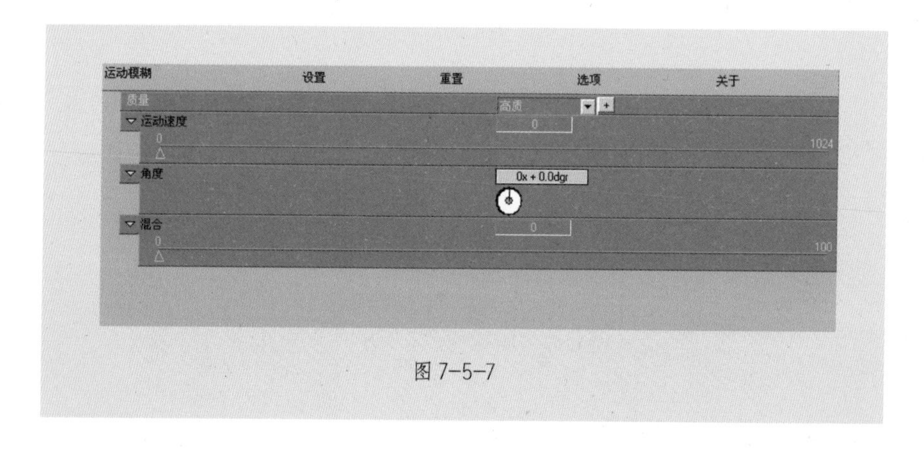

图 7–5–7

5. 变焦柔化

该特技用于在图像的指定点上产生一种环绕的模糊效果（见图 7–5–8），类似于摄像机镜头变焦或旋转的特殊效果。

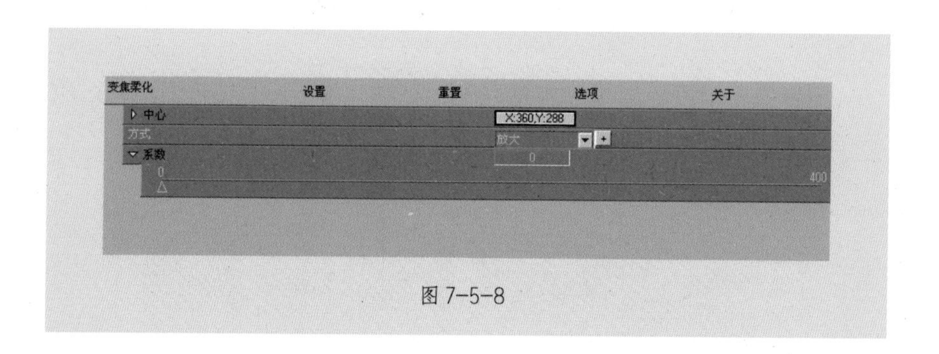

图 7–5–8

7.5.3　局部颜色校正

局部颜色校正是在颜色校正的基础上，增加了对特殊区域的设定功能（见图 7-5-9），从而实现一些具有特殊创意的颜色校正效果。通过图像的颜色、色彩饱和度或亮度来设定某一特定区域，针对设定区域内的指定色彩进行颜色调整（通过反向功能也可以反转指定区域）。此外，利用对关键帧的操作，还可以制作出随时间变化不断变化色彩的变幻效果。

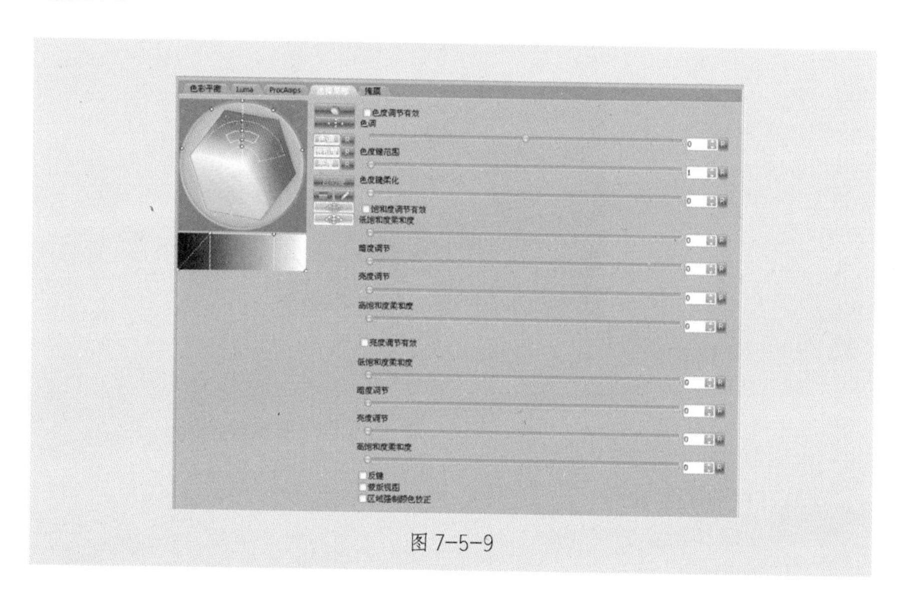

图 7-5-9

7.5.4　键类特技

键特技用于对图像的指定部分进行键出或产生透明。通过使用大洋滤镜特技中的键滤镜特技，实现板卡特技所不能达到的抠像效果。包含基本色键和高级色键两种。基本色键用于键出图像中所有与指定颜色相近的像素；高级色键用于键出图像中与指定颜色相近的区域，并可通过阈值宽容度的调整，扩大透明区域的范围（见图 7–5–10），这种色键方式可以用于处理复杂背景的抠像。

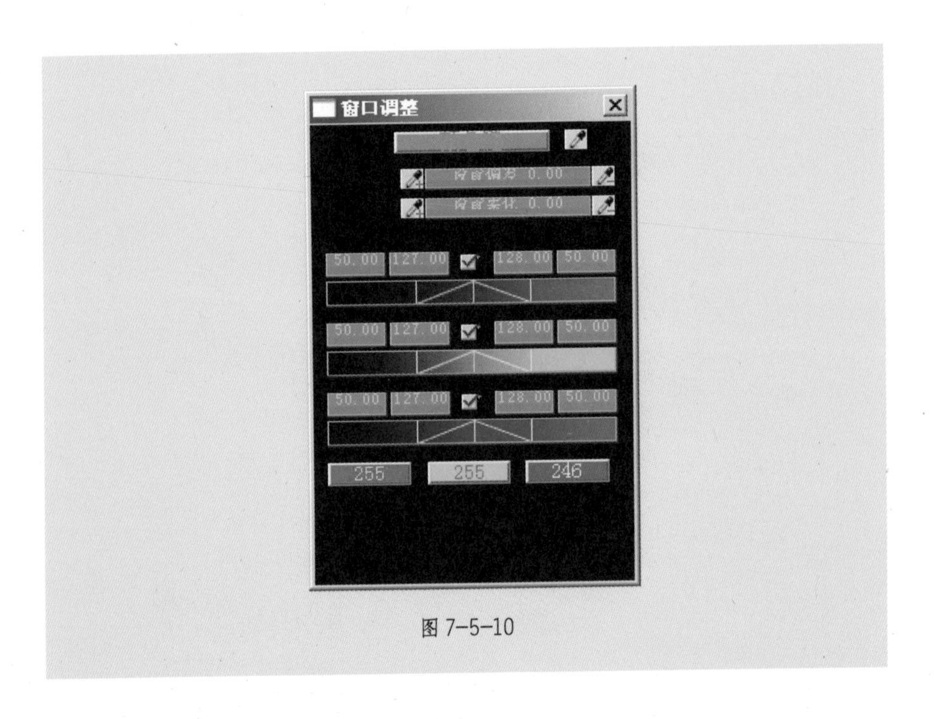

图 7–5–10

7.5.5　粒子类特技

粒子特技用于模拟出自然界中的风、雨、雷、电效果，还可以通过路径变换制作出多彩的舞台艺术效果。

1. 基本落体

该特技通过多种参数调节粒子的降落过程来模拟自然界的下雨、下雪等效果（见图 7–5–11）。

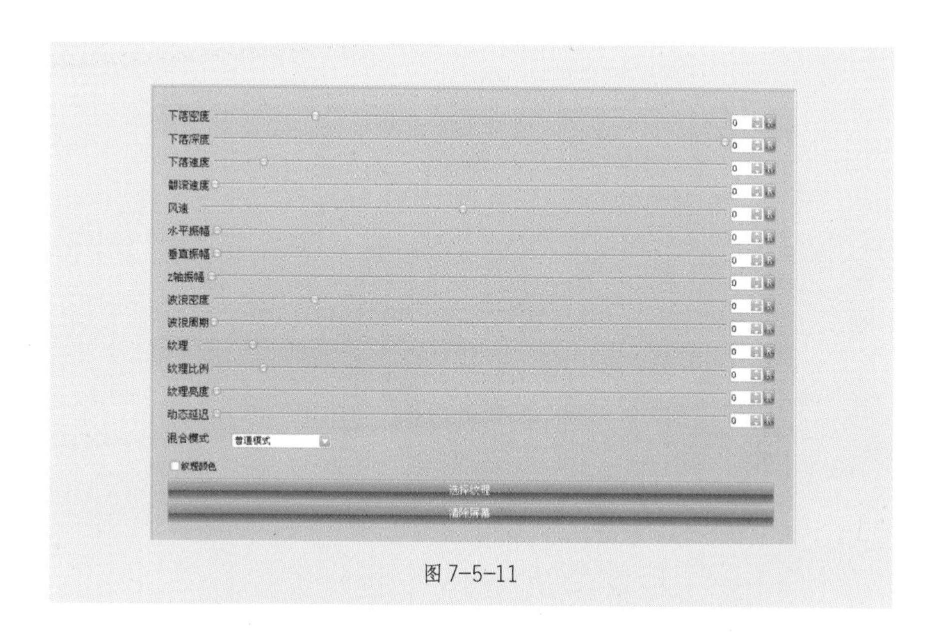

图 7–5–11

单击选择“纹理”，弹出“纹理”对话窗，选择降落粒子的形状（见图 7–5–12）。

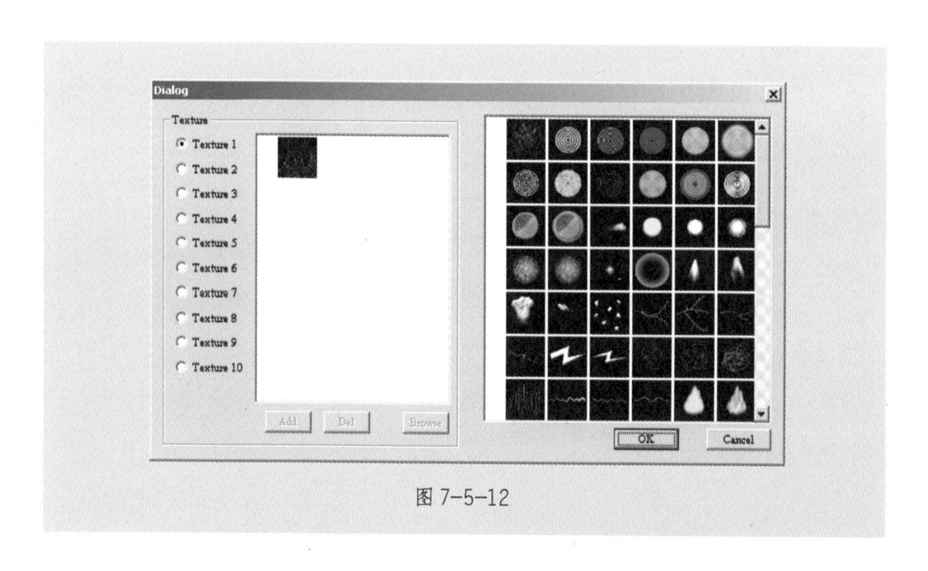

图 7–5–12

2. 粒子

该特技可以制作生成在原始画面叠加粒子运动的效果。

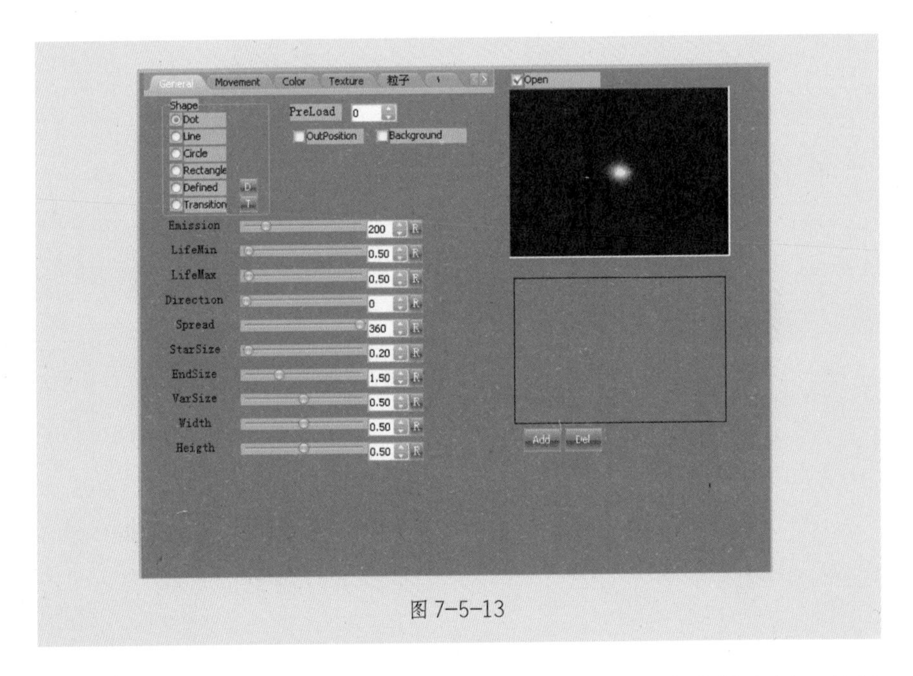

图 7-5-13

（1）选择故事板上需要添加粒子效果的素材，点击故事板工具栏中的Fx按钮或按快捷键“Enter”，弹出特技编辑窗（见图 7-5-13）。

（2）双击粒子特技添加。

（3）修改纹理等粒子参数，设置完毕后，点击已加特技列表中“粒子”特技前的向下箭头展开目录结构，双击 Pos，右侧出现路径编辑界面（见图 7-5-14）。

（4）将时间线拖拽到首帧位置，在编辑区上点击鼠标左键增加位移关键点。

（5）将时间线拖拽到下一时间点，同样操作增加其他关键点。

（6）点击 按钮选择所有关键点，然后点击右侧的 按钮选择自由曲线模式。

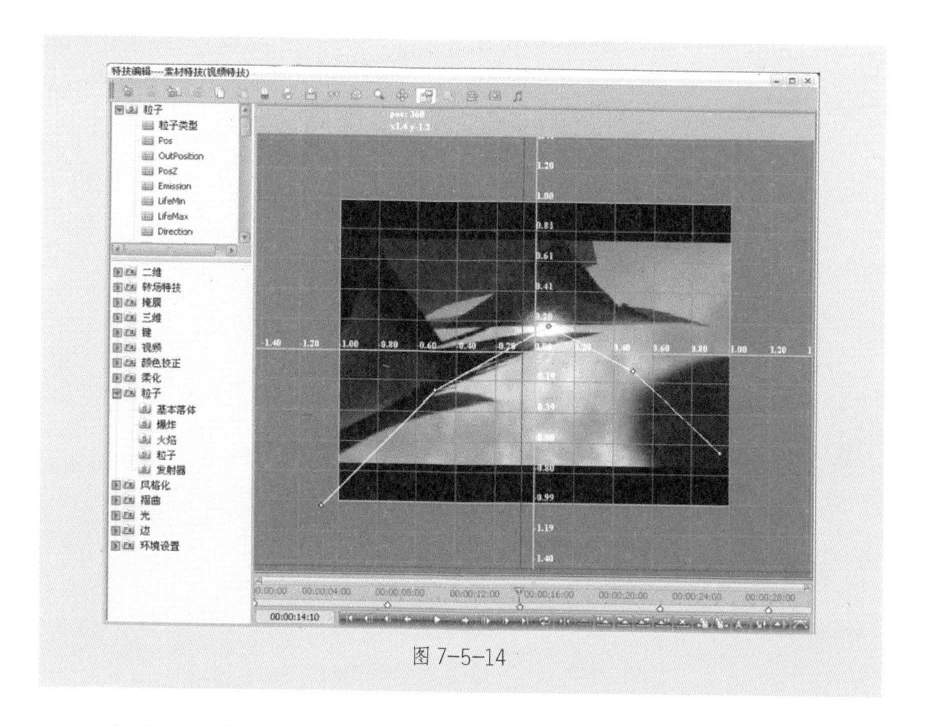

图 7–5–14

（7）在编辑区，拉动关键点上的操作句柄，可调节运动路径的变化曲度。

（8）Pos 参数调节完毕，关闭特技窗，画面上即可出现粒子划过效果。

此外，该类别中还有爆炸和火焰两个特技。爆炸用于制作将原始画面分裂为碎片且逐渐消失的爆炸效果；火焰则用来模拟火焰的效果。

7.5.6　颜色校正

1. 颜色调整

该特技用于将输入的颜色级别范围重新映射到一个新的输出颜色级别范围（见图 7–5–15），主要应用于图像的基本影像质量调整。

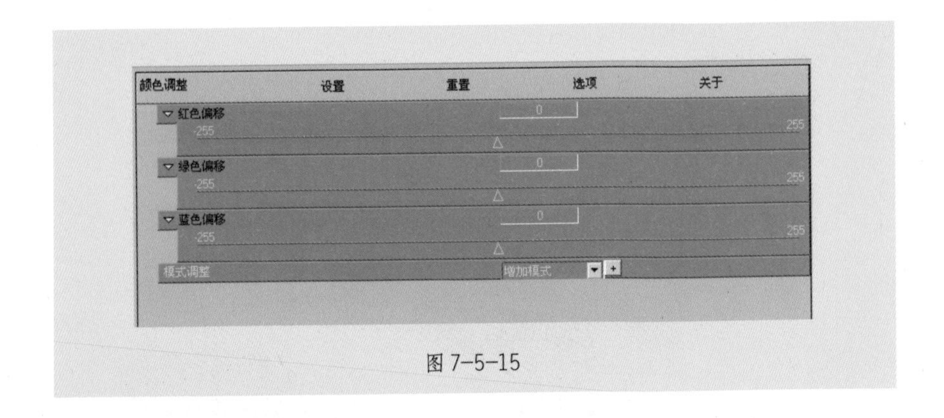

图 7–5–15

2. 对比度

该特技用于精细调整图像的对比度（见图 7–5–16）。

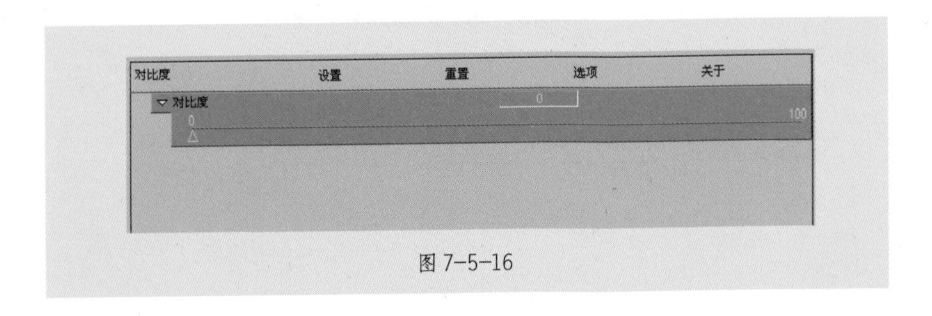

图 7–5–16

7.5.7 掩膜类特技

1. 动态马赛克

动态马赛克特技用于制作区域马赛克（见图 7–5–17），支持手绘操作。

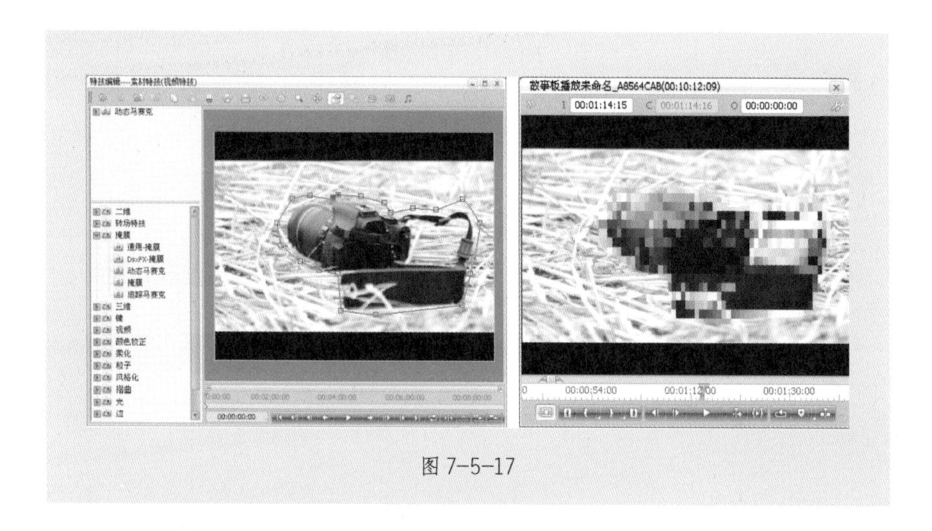

图 7-5-17

（1）选中轨道上的视频素材，按回车键，添加“掩膜”中的动态马赛克特技。

（2）添加首帧关键帧。

（3）根据需要选择手绘勾勒曲线方式或几何图形方式来绘制马赛克区域，使用鼠标左键点击并手绘马赛克轮廓，点击右键结束（系统要求该区域为闭合曲线）。

（4）微调关键点位置和曲度，细化轮廓。

（5）选取“马赛克”方式，调节横向块尺寸和纵向块尺寸。

（6）通过回显窗可观看区域马赛克效果。

2. 掩膜

掩膜特技用于实现手绘轮廓曲线，曲线内部为素材画面，曲线外部为背景画面的分层效果，多用来进行替换背景操作（见图 7-5-18）。

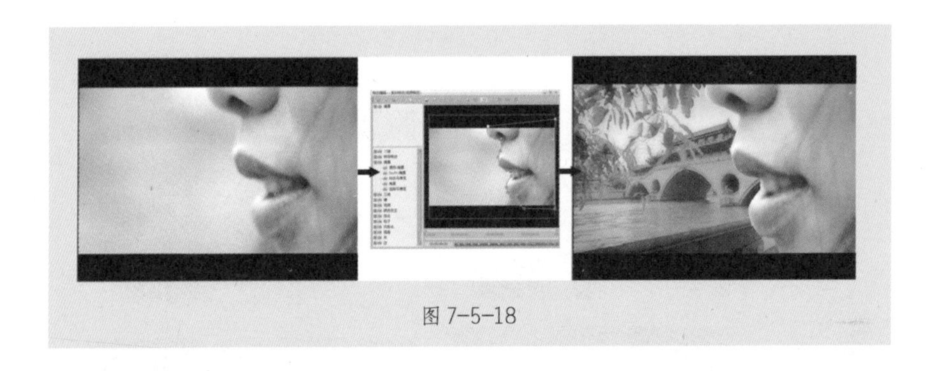

图 7–5–18

3. 追踪马赛克

追踪马赛克是在动态马赛克的基础上增加了跟踪捕获的过程，用于制作跟随主体运动的区域马赛克（见图 7–5–19），同样支持手绘功能。

图 7–5–19

此外，在大洋特技模板库中还包括风格化和褶曲两大类 29 个特技，主要用于模拟绘画风格和玻璃透镜的效果。

7.6　视频示波器

广播设施对广播所允许的亮度和色度的最大值是有相关限制的。如果视频超出这些限制，就会导致输出图像出现失真、偏色等问题。所以对故事板上的素材进行颜色校正时，需要确保视频的亮度和色度电平符合标准。大洋 ME 系统提供的视频示波器就是用于客观分析素材或故事板画面的亮度、颜色及对比度等，以确保设定的亮度和色度电平符合标准。

它的工作方式类似于一般色彩校正中使用的标准示波器。在不同的应用场合，能以逐帧、逐场、跳帧、跳场等多种方式对画面进行统计分析，将结果映射到不同的参数目标空间内，以图形化的方式对所调整的视频参数进行实时直观的显示。示波器中能够精确显示的图形类型包括：矢量图、波形图、直方图、分列图（见图 7–6–1）。这些图形可以按不同的组合方式进行显示。

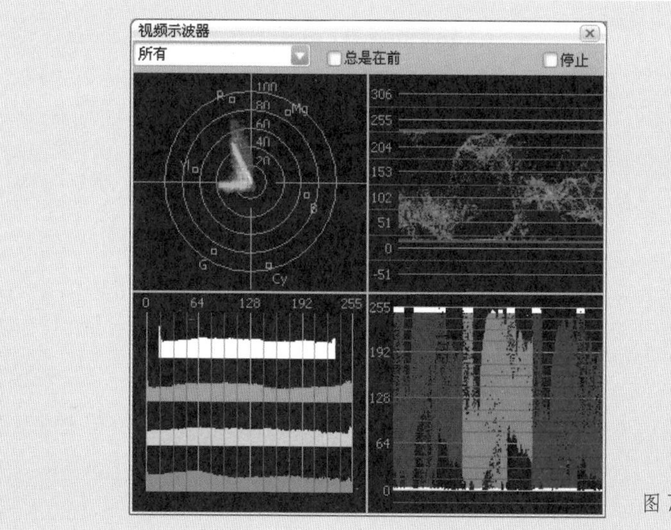

图 7–6–1

使用主菜单“工具→视频示波器”命令（见图 7–6–2），打开视频示波器窗口。通过左上角的下拉菜单选择在视频示波器窗口中显示单个或多个示波器的 8 种组合选项（见图 7–6–3）。从该列表中选取单个示波器，它会占据整个窗口，易于对单项信号的检测观看；选取多个示波器，所有显示的示波器都以缩小的尺寸显示，以便能够同时列在视频示波器标签中，进行多项信号的同时监测观看。

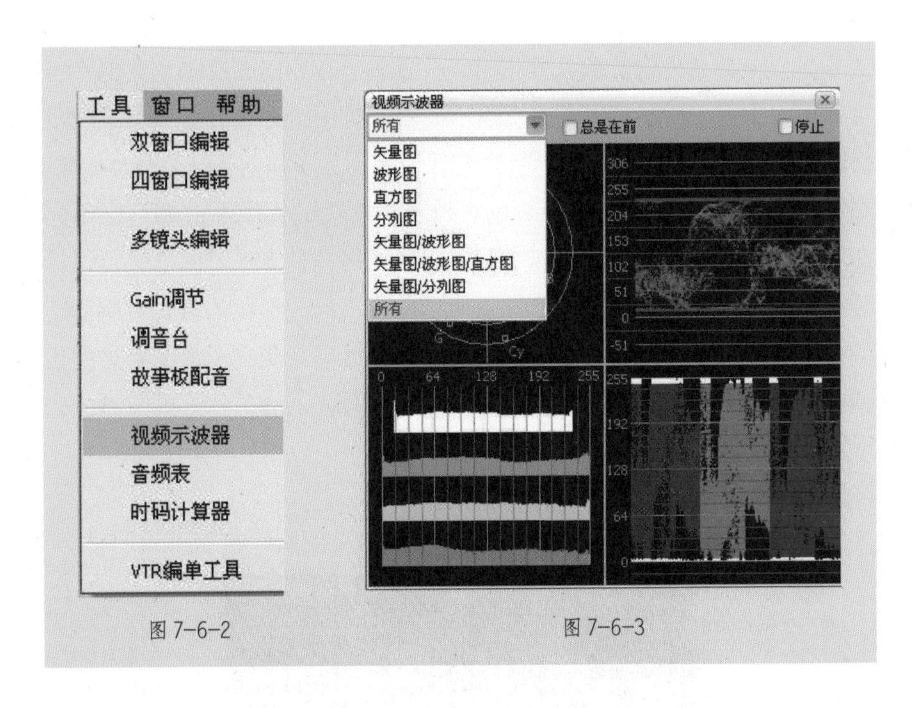

图 7–6–2　　图 7–6–3

7.6.1 矢量图

视频信号由亮度信号和色差信号编码而成，因此对色彩饱和度也有一定要求。监测信号的色度和饱和度要采用矢量图（见图 7–6–4）。

矢量图的圆心位置表明色度为 0，黑色、白色和灰色都在圆心处，离圆心越远饱和度越高。在圆形标尺上显示图像颜色的整体分布。视频图像是由落在此标尺内的所有点表示的，而标尺的角度表示显示的色相，如主色：红（R）、绿（G）、蓝（B）；次色：黄（Yl）、青（Cy）、紫（Mg）。从标尺的中心到外圈的距离表示当前显示的颜色的饱和度。标尺中心表示零饱和度，而外圈表示最大饱和度。同时，移动鼠标时，窗口右上角将显示当前的相位（即色度）和振幅（即饱和度）。

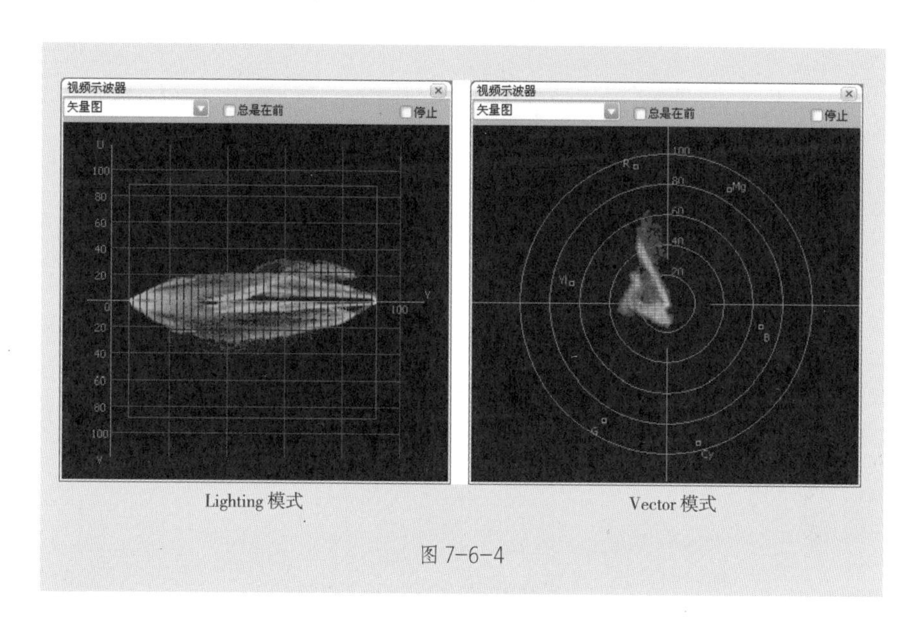

Lighting 模式　　Vector 模式

图 7-6-4

7.6.2　波形图

波形图是电视节目制作过程中最常用的工具，用于显示当前图像的相对亮度和饱和度电平，它可以检测出 2 个最常见的质量问题：亮度超标和全彩色电视信号超标。大洋 ME 系统自带的波形图可以显示 2 种信号：亮度信号和全彩色电视信号，该选项是通过鼠标右键菜单选择的（见图 7-6-5）。

图 7-6-5

波形图从左到右的显示，等于一帧图像从左到右的亮度（或全彩色电视信号）分布。波形图的刻度有 3 种：百分比、量化值和毫伏（见图 7–6–5）。这 3 种刻度是通过在示波器显示有效范围内的鼠标右键菜单中选择的。波形示波器中的上下红线表示合法区间（见图 7–6–6），只要波形幅度保持在红线范围以内，就符合标准。

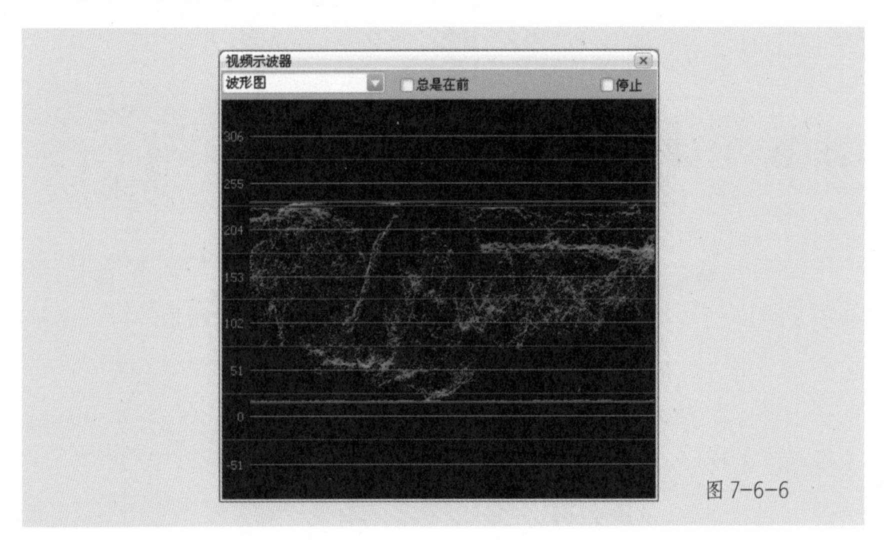

图 7-6-6

7.6.3　直方图

直方图用于显示视频画面所有亮度值的相对强度（见图 7–6–7），它实际上是一个分类条形图，四个颜色分别代表超白、超红、超绿、超蓝的像素，每个条形图中线条的长度表示该亮度的相对值。另外，直方图的形状还可显示图像中对比度的量。低对比度图像的一组值集中分布在条形的中心附近，而高对比度图像的值更广泛地分布在“直方图”的整个宽度上。移动鼠标时，窗口右上角将显示当前亮度值（0~255）。

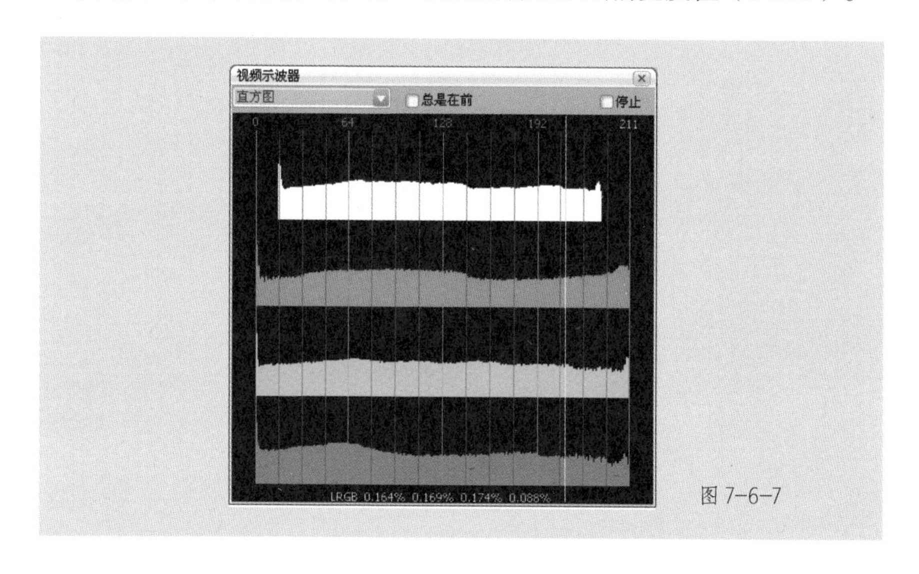

图 7–6–7

7.6.4　分列图

分列图将组成图像的红、绿、蓝三种颜色分开，显示为三个并排的独立波形（见图 7–6–8）。用于查看图像更偏重于哪种颜色。移动鼠标时，窗口左上角将显示当前的相对亮度值（0~255）。

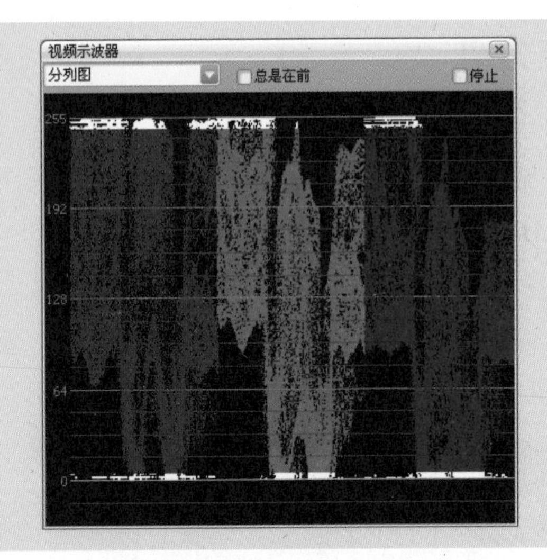

图 7-6-8

第 8 章
字幕制作

在这一章中，主要介绍大洋 ME 非线性编辑系统中不同字幕类型文件的创建与使用。

字幕是非线性后期制作中的重要环节，自电影诞生之初，字幕在无声电影中就起着极为重要的作用。字幕的添加可以为影视节目增加信息量、诠释画面或镜头的表达意义，增强视觉传达效果，提高电影作品的感染力，使电影作品更容易被观众接受，是整个影片独特氛围、艺术性、情感性的重要组成部分，有着不可忽视的意义。

本章要点

◎ 模板字幕的使用

◎ 标题字的制作

◎ 滚屏字幕素材的制作

◎ 对白字幕素材的制作

◎ 故事板上对字幕素材的添加与调整

8.1　基础知识

在大洋 ME 系统中，字幕素材的创建是通过内嵌在系统中的 CG 字幕软件来实现的。在 CG 字幕软件中，可以完成各种字幕制作，包括标题字幕、几何图形、滚屏字幕、对白字幕等。

8.1.1　大洋字幕基本概念

在大洋 ME 系统的 CG 字幕软件中最基本的元素是图元，包括标题字、艺术字、多边形、圆、曲线、图片和动画等；标版是一种特殊的图元，它是由多个基本图元组合而成的一种综合图元；一个或多个图元按照一定的时间和空间顺序组合起来，就构成一个项目文件，也就是大洋专有的字幕文件格式 *.prj 文件（见图 8-1-1）。

图 8-1-1

此外，大洋 ME 系统的 CG 字幕软件中还包括两种特殊的图元：滚屏和对白。这两种图元通常不会和其他图元一起构成项目文件，而是由单独的一个图元构成一个文件，由单一滚屏图元构成的文件称为滚屏文件（*.rol 文件）（见图 8-1-2）；由单一对白图元构成的文件我们称之为对白文件（*.dlg 文件）（见图 8-1-3）。

图 8-1-2　　　　图 8-1-3

项目文件、滚屏文件和对白文件是 CG 字幕软件中的三种标准文件格式，这三种文件通过 CG 字幕软件制作完成后都可以自动导入到大洋资源管理器中，当做素材被调用（见图 8-1-4）。

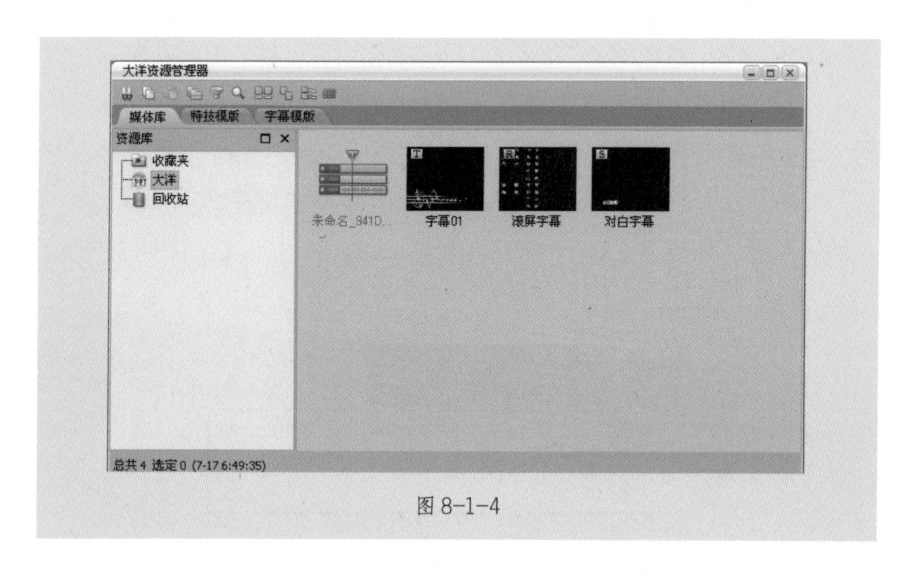

图 8-1-4

图片和动画文件也是在后期制作中常用的两种文件。图片和动画在使用中，既可以作为 CG 字幕软件中的基本图元在项目文件中被调用，也可以在大洋资源管理器中以直接导入图片和动画文件的方式作为媒体文件使用。

8.1.2　使用字幕模板

在大洋资源管理器的字幕模板库中，预置了大量的字幕模板（见图 8–1–5）。使用这些模板，只需要修改其中的文字内容，即可制作出专业的、带有入出动态效果的字幕素材。

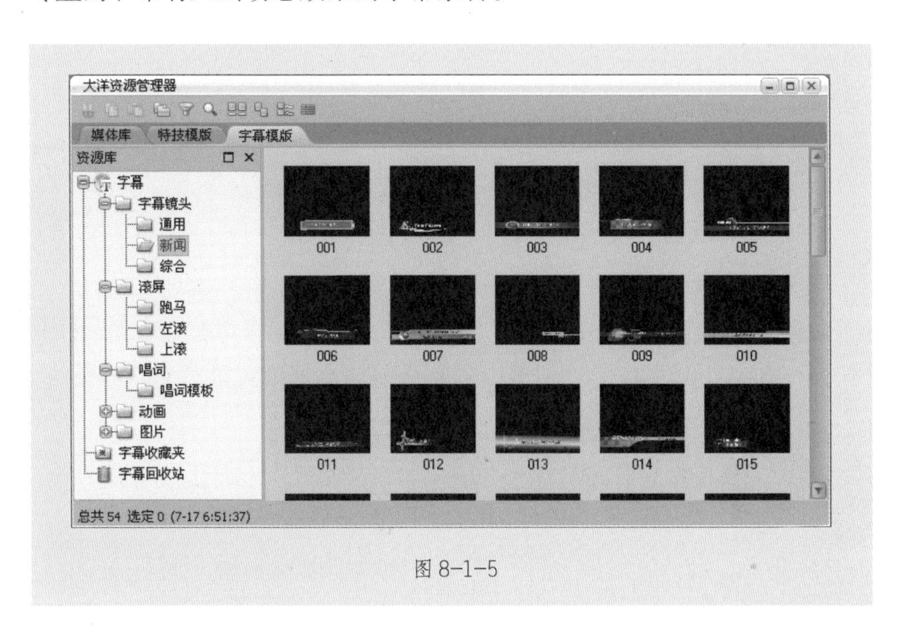

图 8–1–5

（1）在字幕模板库中选择目标字幕模板，拖拽添加到故事板视频轨。

（2）通过弹出的对话框更改名称、设置保存路径，点击 确定 按钮确认后，即可生成一个字幕素材，并被系统自动添加到媒体库中。

（3）选择轨道上的字幕素材，按快捷键“T”或故事板工具栏中 T（字幕编辑）按钮，进入字幕编辑系统。

（4）在字幕编辑系统简化编辑模式窗口中，可以直接修改文字内容（见图 8–1–6），然后点击 替换 按钮，保存后退出。

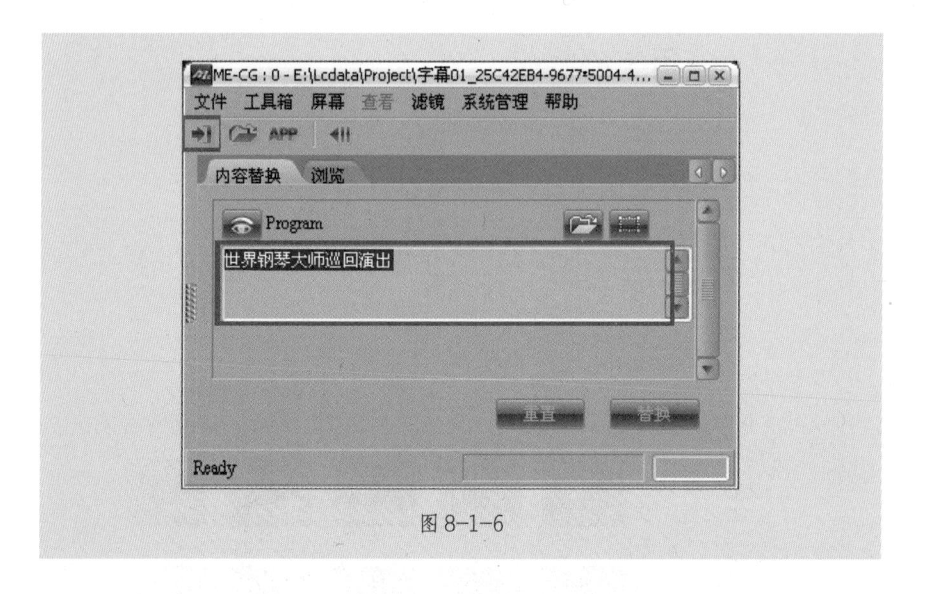

图 8-1-6

（5）如果修改的文字较多，可能影响到排版，可以按左上角的 （切换）按钮（见图 8-1-6），进入到完全窗口编辑模式进行文字的修改，同时可以调整文字的位置、大小及其他属性。

（6）修改完成后即可存盘，退出。

（7）播放故事板，观看效果。

8.2 标题字幕制作

除了通过添加字幕模板制作字幕外，还可以进入字幕制作系统，自定义制作专业的标题字幕。

8.2.1　字幕编辑窗

使用主菜单“字幕→项目素材”命令或“资源管理器→媒体库→右键菜单→新建→项目素材”操作，弹出新建窗口，更改名称和保存路径，点击 确定 按钮确认后，进入字幕编辑窗口（见图 8-2-1）。

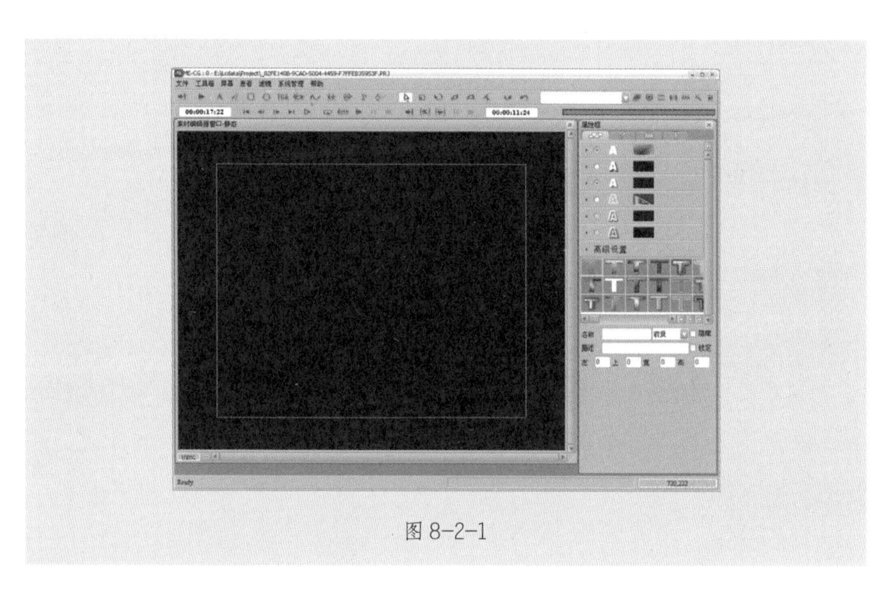

图 8-2-1

（1）最上排是主菜单和快捷工具栏。在主菜单中可以找到几乎全部系统支持的操作。字幕工具栏的第二个按钮 ▶ 非常关键，是静态和动态的切换按钮。静态时，工具栏中为各图元的制作按钮；动态时，工具栏中为动态编辑工具条。

（2）工具栏的下方，是时间工具条，主要在制作动态效果时，对素材播出预演时使用。

（3）界面右上角有一组“窗口工具条”，用于设置选择是否显示特技窗、时码轨、调色板等隐藏窗口。

（4）中间最大的部分是主编辑窗，可以在这里进行各图元效果的制作。它由预览窗、显示比例和自适应按钮组成。使用鼠标左键点击“显示比例”(主编辑窗左下角的%数字显示)时,可以调整编辑窗的百分比。

(5)右侧的属性框提供了对图元属性的各项设置,包括物件属性设置、属性预制、物件列表和文本编辑等。

8.2.2 文字的输入及属性调整

1. 文字的输入

方法 1:点选工具栏 A(标题字)按钮,在字幕编辑窗中按住鼠标左键滑动,拉出合适大小的矩形框(即文本输入框,矩形框的大小决定了单个文字大小),松开鼠标后在框内直接输入文字(见图 8-2-2);输入文字后,在框外点击鼠标左键确定文本,此时文本外会出现调节节点,通过拖拽节点可以进行文本大小、位置等操作(见图 8-2-3)。重新编辑文本只需双击文字即可进行修改;再次添加其他文字时,重复上述的操作即可。

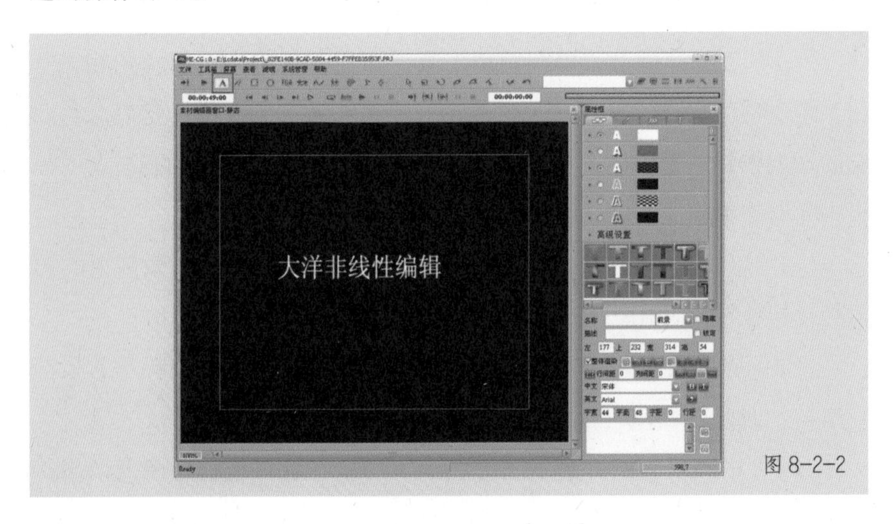

图 8-2-2

方法 2：点击工具栏 （标题字）按钮，在字幕编辑器窗口的右下角（属性栏下方）文本输入框中输入文字，文字输入完成后在编辑窗中按住鼠标左键拉出一个矩形框（该框的大小决定了整个被输入的文本字幕的大小），松开鼠标，被输入文字即可出现在矩形框内（见图 8–2–3）。再次添加其他文字时，重复上述的操作即可。

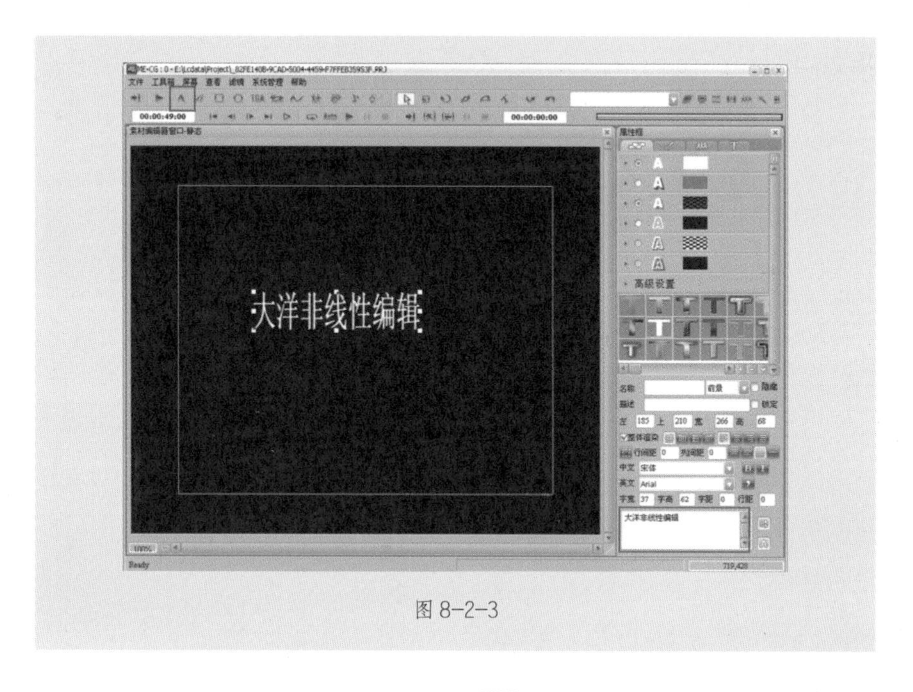

图 8–2–3

方法 3：在右侧属性窗中，点击 进入文本编辑页签。在文本编辑页签中点击工具按钮中的（打开）按钮，弹出文本选择对话窗，选择已编辑好的 TXT 文本文档，点击 确定 按钮后即可将文本字幕调入至文字框内。在文字框中框选所需要的文字（可以为多行），然后点击（标题字）按钮，在编辑窗中按住鼠标左键拉出矩形框（该框的大小决定了整个被输入的文本字幕的大小），松开鼠标，被输入文字即可出现在矩形框内（见图 8–2–4）。

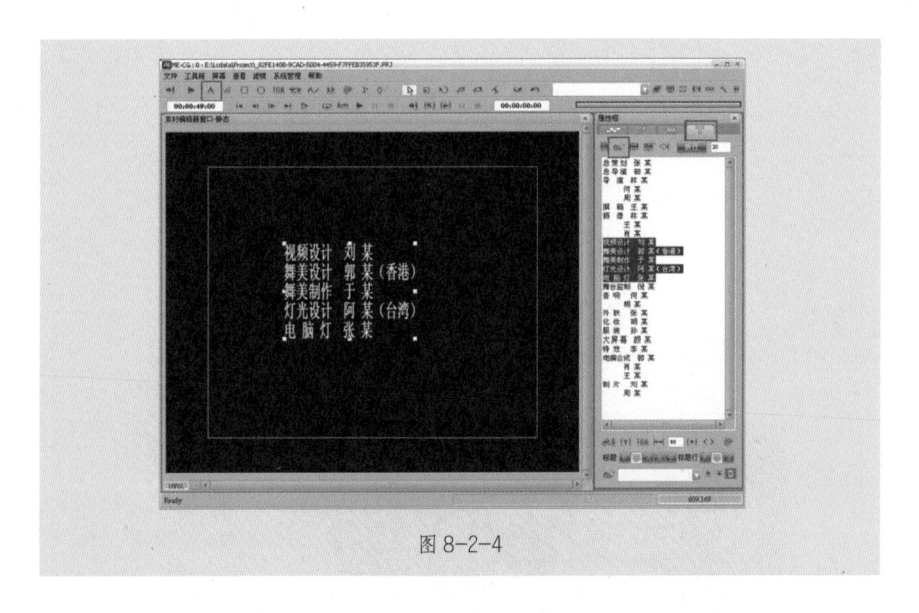

图 8-2-4

2. 文字属性调整

（1）修改颜色：选择字幕编辑窗中的文字，此时文字颜色默认为首选预置颜色。可以通过属性窗口进行相关自定义的修改（见图 8-2-5）。点击属性窗口上方右侧的 （面）按钮调出调色板，通过调色板进行修改。

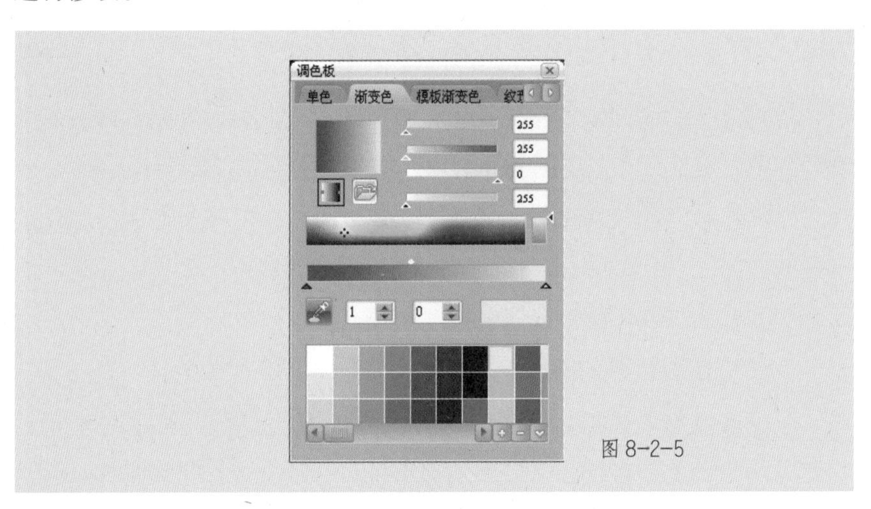

图 8-2-5

在调色板中，不仅提供了单色、渐变色、模板渐变色、纹理、通道、光效、材质等的调色功能，还在渐变色中设置了任意方向的线形渐变、中心渐变、四点平面渐变、四点中心渐变、角度渐变等各种渐变方式。

在属性窗口中，除了可以选择“面”色，还可以给字添加其他的艺术效果，例如：立体边设置、阴影设置、周边设置（周边立体边、周边阴影）。通过高级设置项可以给字添加正光、侧光、遮罩、材质以及特殊效果的设置（见图 8–2–6）。

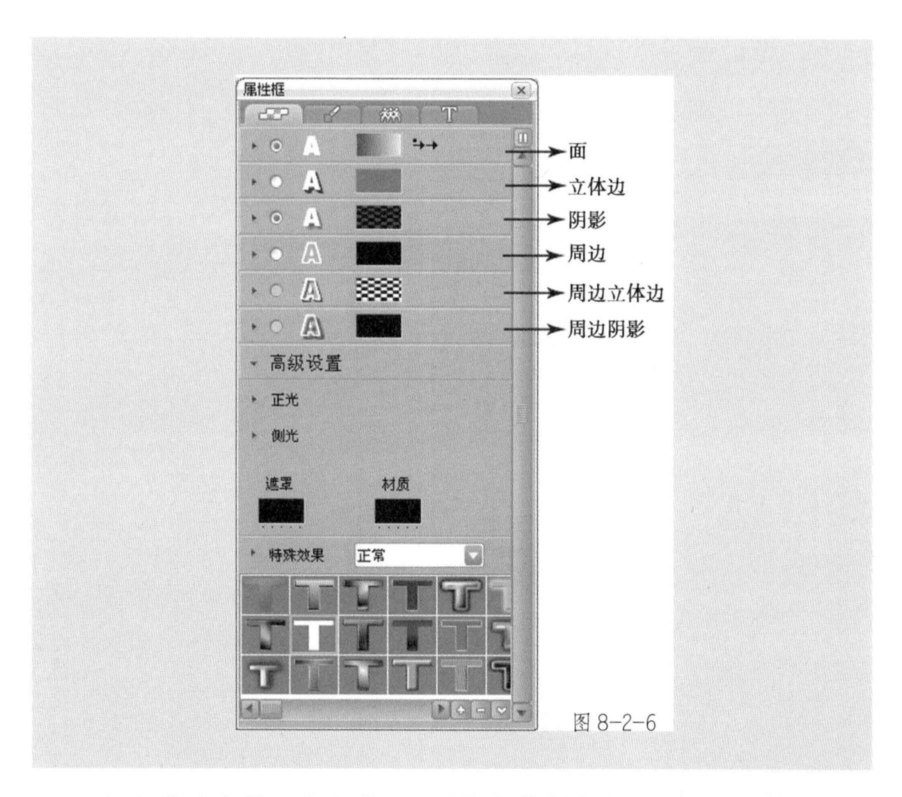

图 8–2–6

（2）修改字体：在大洋 ME 系统字幕制作中，为文字字体提供了中文和英文字体的选择。根据所创建的字幕来进行选择字体，中文对应中文字体，英文则对应英文字体（见图 8–2–7）。

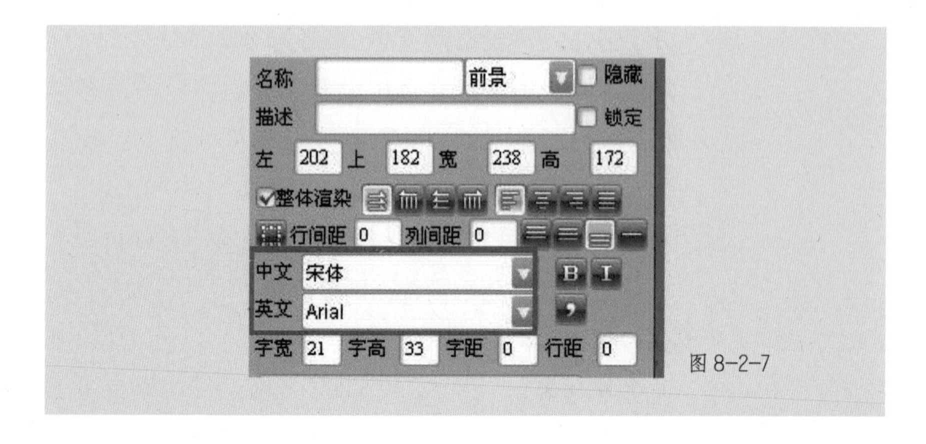

图 8-2-7

（3）修改字号：鼠标右键点击“字宽 / 字高”，在弹出的菜单中选择参数（见图 8-2-8），也可以直接在编辑窗中拉动文字边框，调整字的大小。

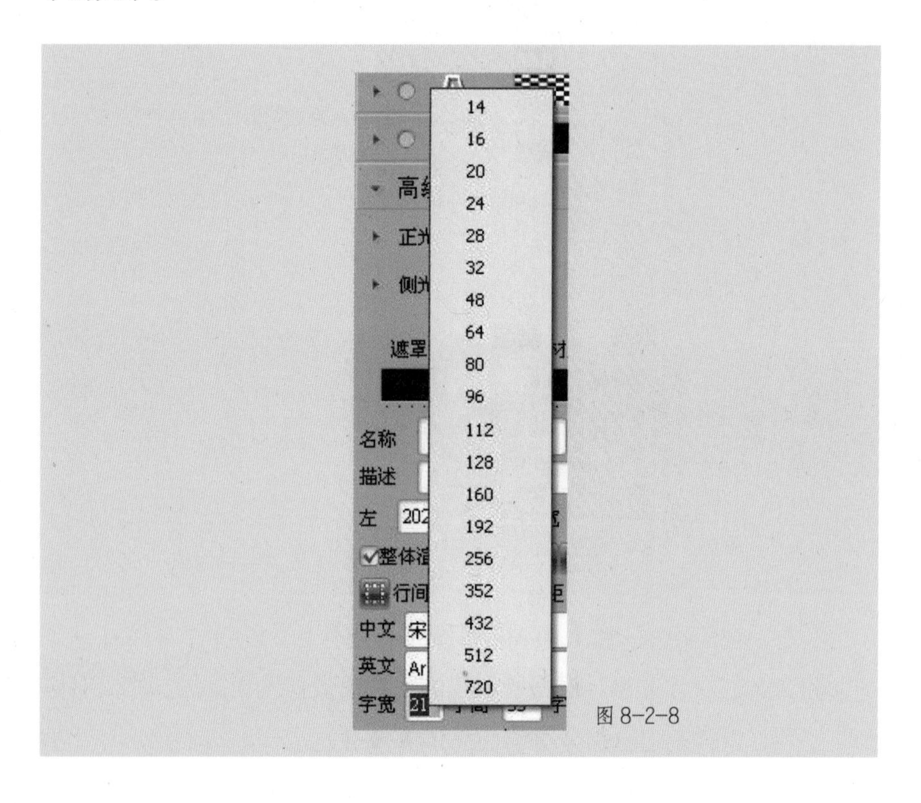

图 8-2-8

8.2.3　图形和动画的创建

在大洋 ME 系统的字幕编辑窗中，为方便对几何图形和动画的添加和使用，系统提供了图标按钮的显示方式。

（1）（多边形）工具按钮：用于绘制矩形、三角形、星形、箭头等几何图形。选择该工具后，使用鼠标左键在编辑窗中滑动，即可出现所需的几何图形。属性调整与字幕相同。

（2）（曲线）工具按钮：用于绘制自定义几何图形。选择该工具后，使用鼠标左键在编辑窗中进行点的设置，单击鼠标右键完成设置，所绘的点的轨迹组成几何图形。所绘图形可以是实心图形，也可以是线框图形（通过属性窗口下方的“闭合 / 开放”按钮来控制）；属性调整与字幕相同。

（3）（椭圆）工具按钮：用于绘制椭圆、半椭圆、45 度弓形、90 度弓形、280 度弓形、45 度扇形、90 度扇形、280 度扇形等几何图形。选择该工具后，使用鼠标左键在编辑窗中滑动，即可出现所需的几何图形。属性调整与字幕相同。

（4）TGA（TGA）工具按钮：用于打开磁盘中已有图像文件。选择该工具后，在属性窗下方“图像文件”处点击…（设置）按钮，弹出打开对话框，选择所需的图像文件点击确定按钮确认后，使用鼠标左键在编辑器窗口中滑动，即可出现所需图像文件。属性调整与字幕相同。

（5）（动画）工具按钮：用于添加动画效果图元。选择该工具后，在属性窗下方“文件”处点击…（设置）按钮，弹出打开对话框，选择所需的动画文件点击确定按钮确认后，使用鼠标左键在编辑器窗口中滑动，即可出现所需动画文件。添加成功后可以设置动画的名称、显示状态、播放模式及入出时间。

动画文件须独占任务项，在单独的任务列表下生成。

（6）调整层级关系：在同一个 CG 文件内所绘制的多个图形或字幕都会有前后层次的关系，为了更好地达到设计效果，必须合理地安排每一个图元在编辑窗中的位置和层级。位置和层级关系的设置，可以通过使用单击鼠标右键选择层级来调整（见图 8-2-9），也可以通过属性窗口中的任务项来进行层级调整。

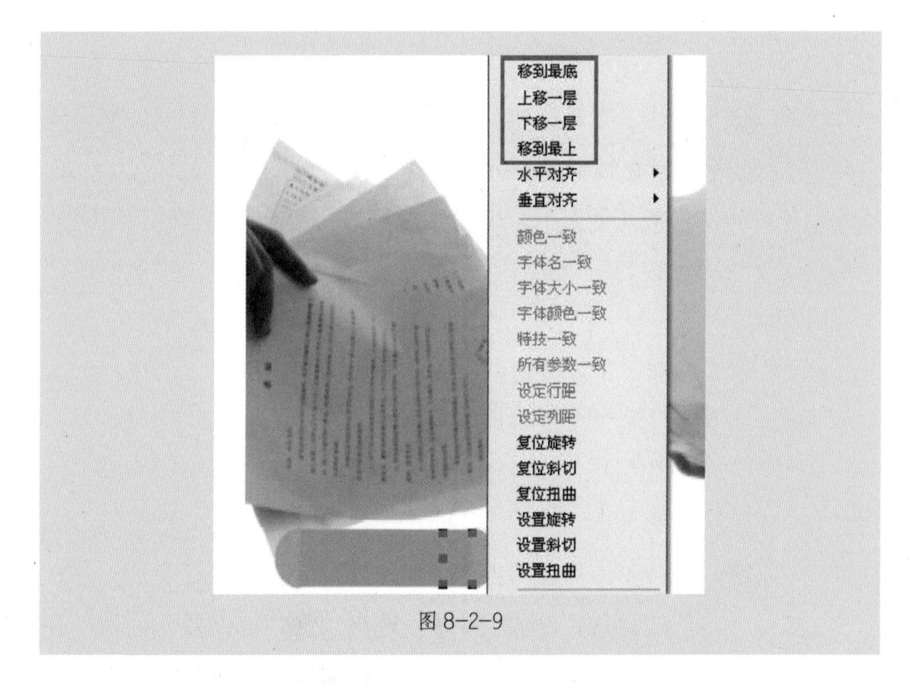

图 8-2-9

制作调整完成之后，点击界面右上角 （关闭）按钮或使用字幕编辑窗文件菜单下“保存”或“另存为”命令，退出字幕编辑系统，保存字幕。

8.2.4 修改字幕

对已创建字幕素材进行修改操作，可以通过以下两种方法来实现：

方法 1：在媒体库中选择要修改的字幕素材，双击鼠标左键即可进入字幕编辑系统，通过（切换）按钮进入编辑界面，进行修改。

方法 2：如果需修改的字幕素材已被添加到故事板轨道上，则在故事板上选择需修改的字幕素材，然后按快捷键“T”或点击故事板工具栏中（字幕编辑）按钮，进入字幕编辑软件进行修改。

上述两种方法，虽然途径不同，但都可以对字幕素材进行修改，所完成的结果是一样的。这两种方法仅仅是对字幕素材的修改结果相同，在使用的时候还是有一定的区别。如果字幕素材在故事板上已经使用了，在媒体库中的对该字幕素材的修改，效果不一定会同步，需要进行替换操作才可以。而在故事板上修改过的字幕文件将会使该字幕的所有引用都被修改，与现有效果同步。

在剪辑中，如果发现在轨道上播放的字幕出现闪烁或跳帧现象时，就需要对轨道上的字幕进行清屏调整。先将这些字幕素材选中，然后按快捷键“Ctrl + T”，在弹出的窗口中设置“首 / 末帧清屏”为有效（见图 8-2-10），闪烁现象即可消除。

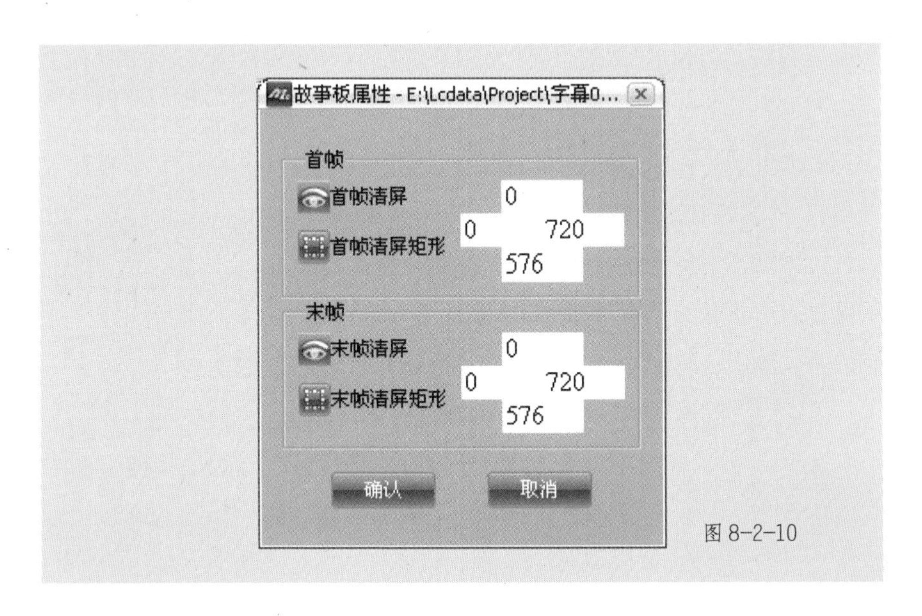

图 8-2-10

清屏操作只对图片或文字素材有效。

8.2.5 添加字幕特技

（1）选择故事板轨道上的字幕素材，按快捷键“T”或点击故事板工具栏中 （字幕编辑）按钮，进入字幕编辑软件。

（2）当前弹出的字幕编辑窗口为简化编辑窗状态，点击窗口左上角的 （切换）按钮，切换到完全编辑窗状态。

（3）点击字幕编辑窗右上角的 （显示时码轨）按钮，弹出时码轨编辑窗。在时码轨中，可以自定义设置各图元物件的播放顺序、播放时间长度、设置每个物件的入出方式，通过关键帧设置位置、大小、透明度等参数（见图 8-2-11）。

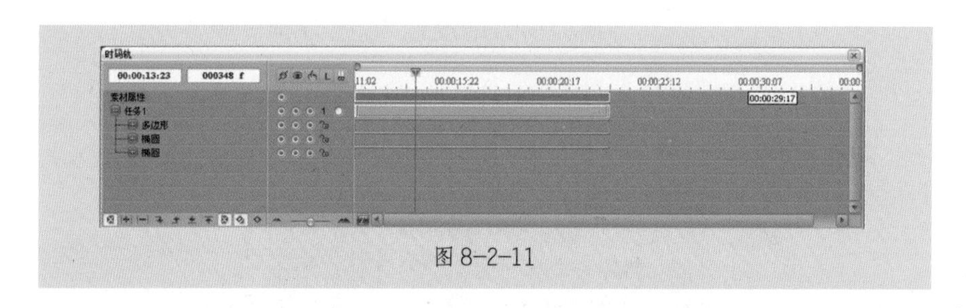

图 8-2-11

（4）点击 （显示特技窗）按钮，弹出特技窗口。特技窗中提供了大量入、出特技和停留特技。选择入 / 出特技，直接拖拽到物件所对应的时码轨上，即可赋予物件入 / 出效果（见图 8-2-12）。

对于特技的添加操作须注意两点：

第一：在特技窗中，入 / 出特技没有单独区分，相同的特技，在对应的物件上第一个拖拽添加到时码轨上的为该物件的入特技，第二个拖拽添加到时码轨上的为出特技。如果我们只添加了一个入 / 出特技，那么我们所得到的效果是该物件以对应特技的效果出现，然后始终保持源状态显示在屏幕上，直到播放时间结束后消失。

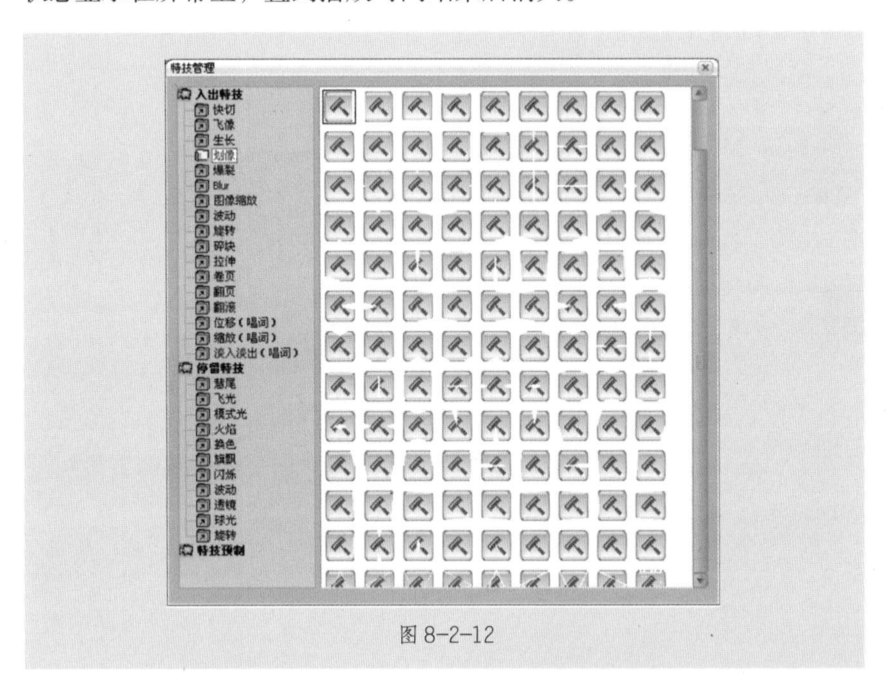

图 8-2-12

第二：添加入 / 出特技时，类型指定特技不能在时码轨中使用，只能在列表编辑中使用，如位移、缩放、淡入淡出等。

（5）双击时码轨上添加的特技，弹出该特技属性设置窗口（见图 8-2-13），可修改该特技的属性参数，以达到设计效果。

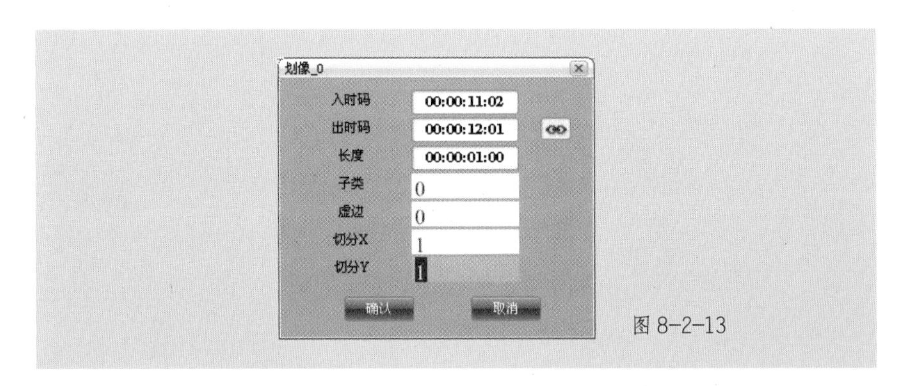

图 8-2-13

（6）设置完成后，关闭保存，退出字幕编辑软件。

（7）在故事板上播放字幕素材，观看最终的输出效果。

8.3 对白字幕制作

对白字幕又称唱词字幕，是专门对影视节目中人物的对话或画面进行文字注解的字幕文件，也可以用来对进行歌词、诗词等类型字幕的添加。大洋 ME 系统中的字幕编辑软件可以为对白字幕的整体或逐句进行颜色、特技、播出位置的设置。

8.3.1 创建对白字幕

使用主菜单“字幕→对白素材”命令或“资源管理器→媒体库→右键菜单→新建→对白素材”操作，弹出新建窗口，更改名称和保存路径，单击 确定 按钮确认后，进入对白编辑器制作窗口。

1. 输入对白文字

方法 1：在对白编辑器窗口中逐句输入对白文字（见图 8-3-1）。

方法 2：点击编辑器界面右侧属性窗工具栏中的（打开）按钮（见图 8-3-2），导入磁盘中已编辑好的对白字幕 TXT 文本文档。在属性窗的文本编辑器中选择需要的文本，按“Ctrl+C”复制文本，通过“Ctrl+V”粘贴到对白编辑器窗口中。

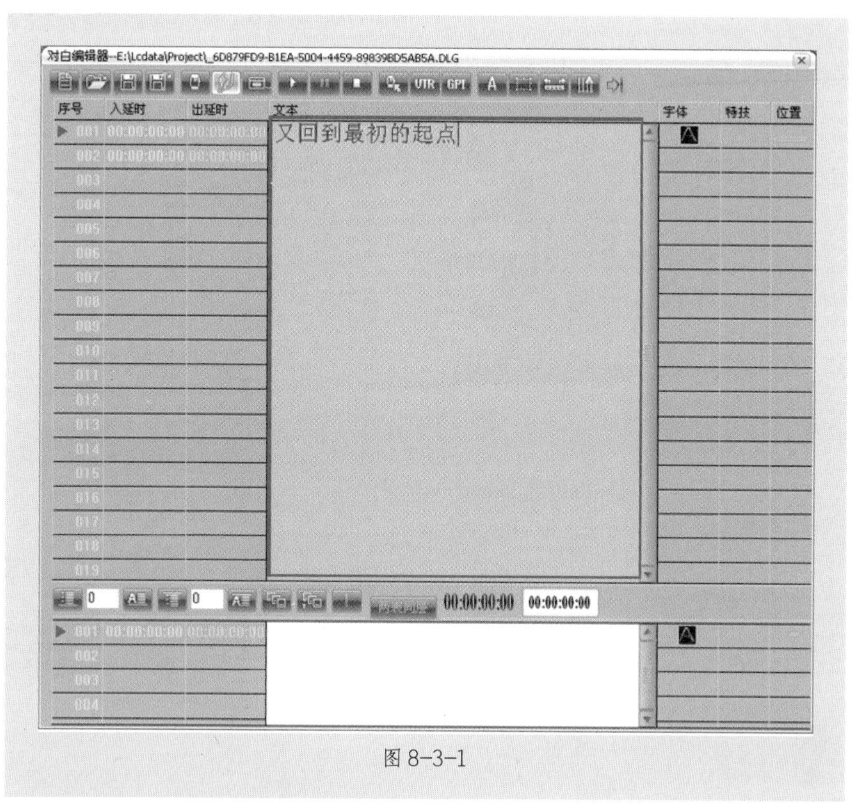

图 8-3-1

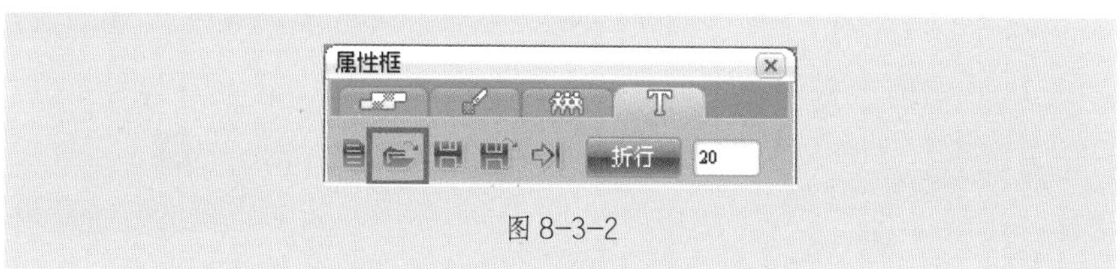

图 8-3-2

方法 3：可以通过 Windows 剪切板的拷贝、粘贴命令来实现文字输入。

方法 4：点击对白编辑器窗工具栏中的（打开）按钮，直接导入编辑好的对白字幕 TXT 文本文档至编辑器窗口，然后调整逐句的位置（见图 8-3-3）。

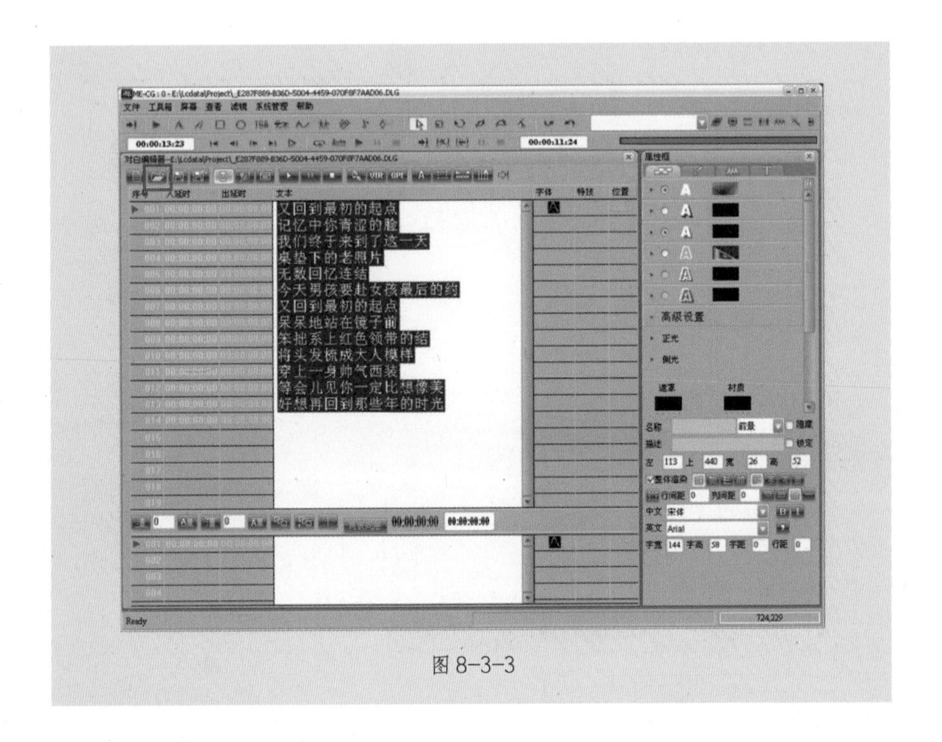

图 8-3-3

2. 对白字幕属性调整

输入了对白文本后，可以对对白文本的字体等属性进行设置。

（1）对整个对白文字进行文字属性修改，可以选中对白编辑器窗口的首行字符，然后进行属性调整。双击文本属性设置区的A（字体）按钮，在弹出的“字符字体属性调节”设置框中，可对本行的字幕属性进行设置（见图 8-3-4），调整方法与标题字调整相同。在设置时要确定该行文字是否都使用与该字符（当前为第一个字符）相同的字体属性，可以通过点击字符字体属性调节窗口左下方的A⁺（向后渲染）按钮，即可保证后面的字符保持和刚才所调整的字符字体属性一致。设置完成后下方所有行的字幕属性都会与之相同。

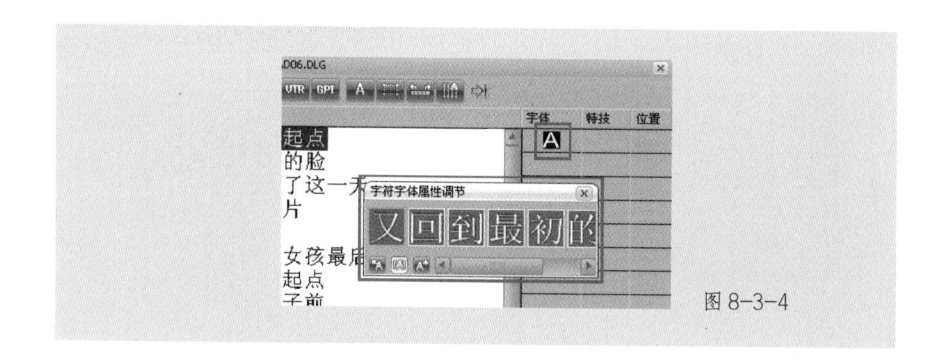

图 8-3-4

（2）对某行之后的文字属性进行修改，在该行的字体栏空白处双击鼠标左键，弹出该行的“字符字体属性调节”设置窗，然后修改文字属性。修改完毕后，该行之后的下方所有行文字属性被统一改变。

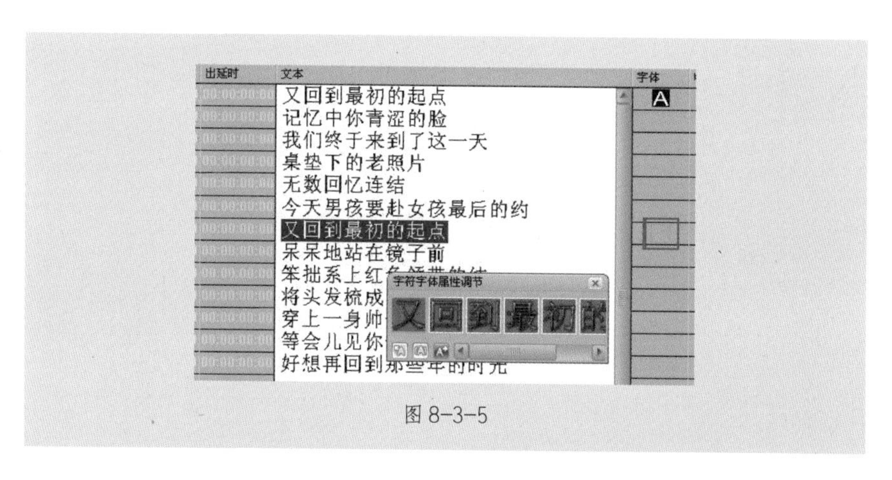

图 8-3-5

（3）针对某一行中某个单独字符进行属性修改，使用鼠标左键双击目标行字体栏空白处，弹出该行的“字符字体属性”设置窗；依次选中单个字符对其字体属性调节，设置不同的字体属性（见图 8-3-6）。在设置时要注意将 A（整体渲染）按钮关闭（即为灰色状态）。执行此操作后，该行以下的所有对应位置的文字均会出现相应效果；如果下行文字不需要该效果，可以在下行的字体栏空白处双击鼠标左键，然后修改文字属性（见图 8-3-5）。修改完成后，该行之后的文字属性被统一改变。

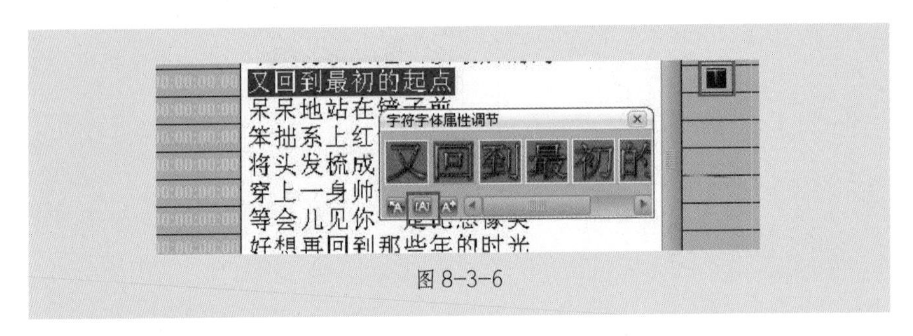

图 8-3-6

（4）实现一屏显示多行文字效果，可以通过“主表分页”来设置。例如在输入框中输入数字 2，然后点击主表分页按钮，时间码每两行改变一次。也可以通过消除时间码来完成，鼠标右键点击实现同屏显示行次行的时间码，让时间码位置为空白（见图 8–3–7），即可实现一屏多行效果。

序号	入延时	出延时
001	00:00:00:00	00:00:00:00
002		
003	00:00:00:00	00:00:00:00
004		
005	00:00:00:00	00:00:00:00
006		
007	00:00:00:00	00:00:00:00
008		
009	00:00:00:00	00:00:00:00
010		
011	00:00:00:00	00:00:00:00
012		

图 8-3-7

（5）添加入出特技。点击（显示特技窗）按钮或双击特技栏下面空白位置，弹出特技调整窗口（见图 8–3–8）。将入出特技和停留特技拖拽到对应的特技栏即可完成特技添加。

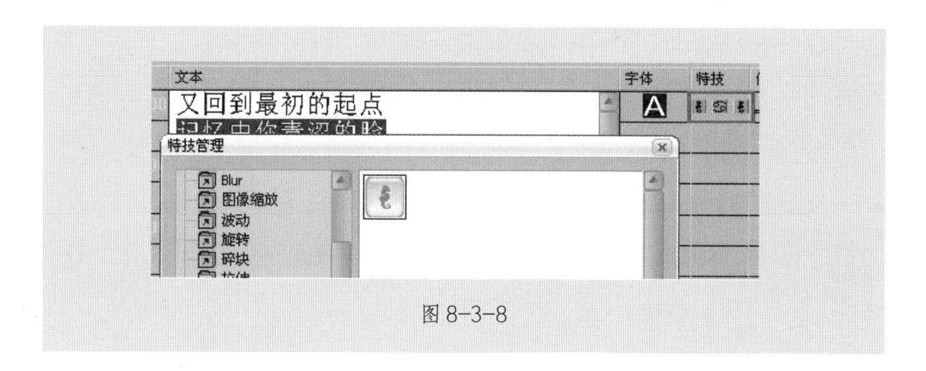

图 8–3–8

特技栏的位置相对固定，左侧为入特技添加区，中间为停留特技添加区，右侧为出特技添加区。鼠标右键点击特技图标，可调整特技时长。

（6）调整播出位置。使用鼠标右键点击位置栏下方空白处，可以弹出位置调整窗（见图 8–3–9）。窗中的矩形框代表对白的显示位置，使用鼠标左键拖动节点可调整矩形框大小、移动矩形框的位置，将其调整至合适位置，设置好文字对齐方式（窗口正下方），点击确定按钮后关闭调整窗。

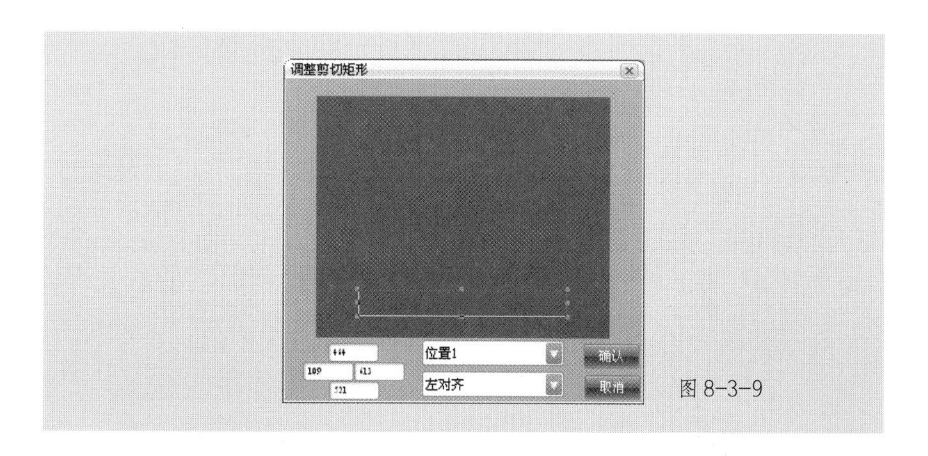

图 8–3–9

8.3.2 拍唱词制作

对白文件制作、调整完成后，还需进行对白的拍点工作，也就是将对白文件中的文字位置与视音频素材进行对位。这一操作称为拍唱词。

（1）将对白素材拖拽到故事板轨道上，置于视频素材的上层，并对齐位置。

（2）选中对白素材，点击 ♫（拍唱词）按钮（快捷键“F12”），弹出对白编辑简化窗口（见图 8-3-10），通过该界面进行拍对白的操作。

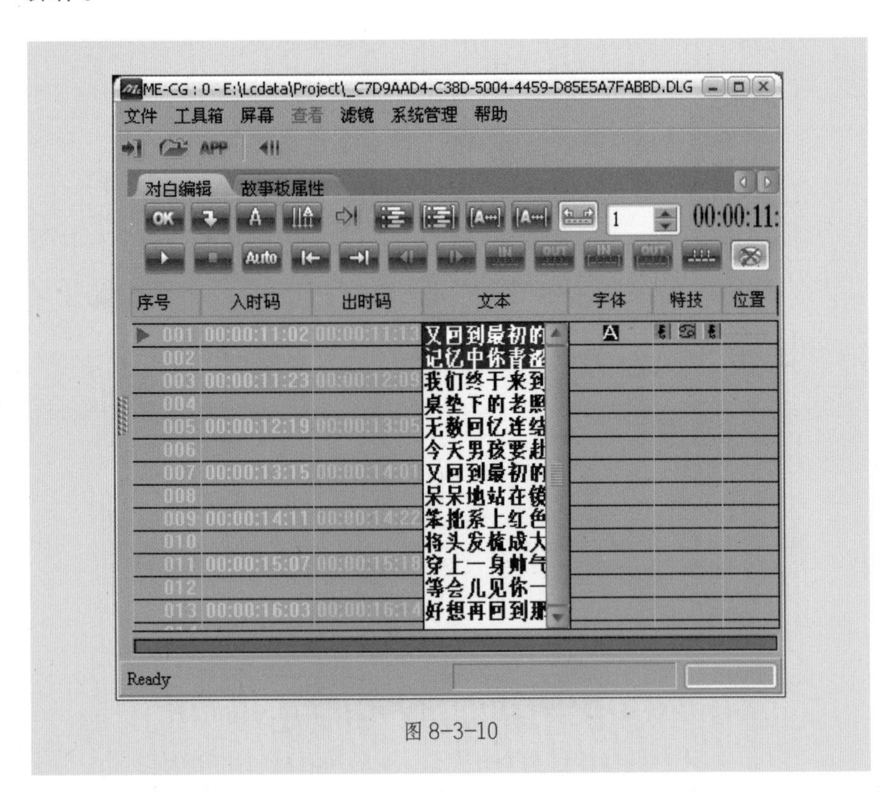

图 8-3-10

（3）确定序号前的 ▶（当前位置）提示在第一句对白位置后，点击左上角 ▶（运行）按钮，弹出信息提示框（倒计时窗口），计时结束后故事板开始播放。

（4）结合故事板上视、音频素材的画面，按“空格”键，进行对白拍点的时码记录。如果对白中添加有入出特技，那么在第一下按“空格”键拍点时，对白文字显示出来，第二次按“空格”键拍点则文字退出，以此类推。

（5）序号前的 ▶（当前位置）提示移到末行时，拍点工作结束。

（6）点击 ✕（关闭）按钮，保存退出。

（7）播放故事板，观看对白效果。

8.3.3　对白字幕修改

对对白文件中每句对白的切入点位置以及文字内容的调整，可以通过在故事板上对其轨道的展开进行操作完成。

（1）选择轨道上的对白素材，使用鼠标右键菜单“图文主表轨道展开”命令，轨道展开后，可以看到每一句对白的文字内容、切入点和结束点（见图 8-3-11）。

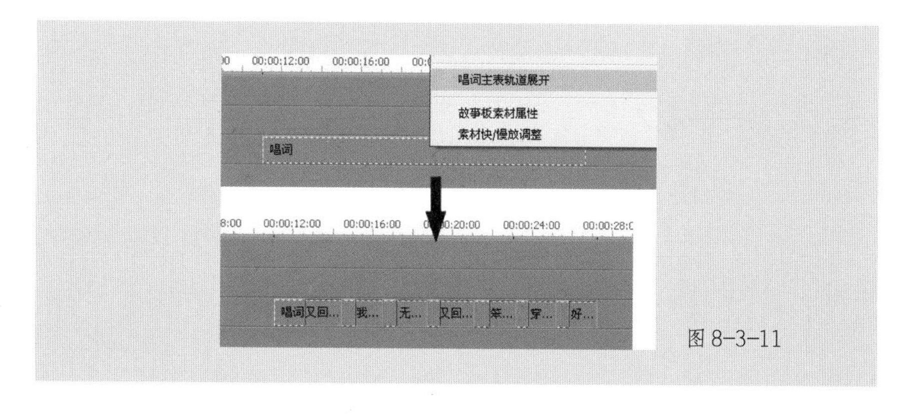

图 8-3-11

（2）选择要修改的对白，点击鼠标左键（线框呈黄色），拉动线框左侧或右侧，结合画面和输出的声音，调整对白的入点或出点位置（见图 8–3–12）。

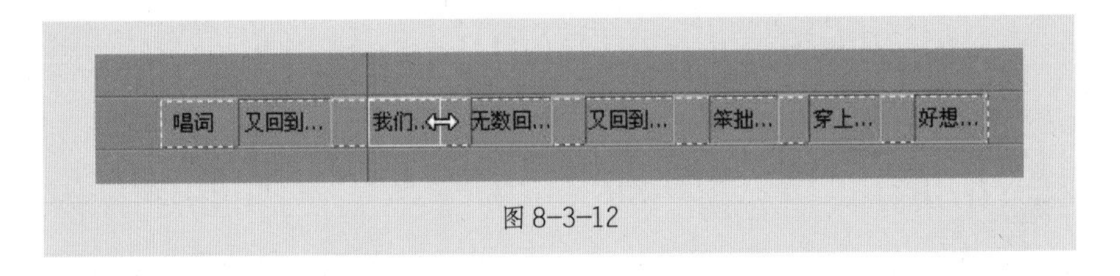

图 8–3–12

（3）需要修改单句的文字内容时，要先选中单句（线框呈黄色），使用鼠标右键菜单“段文字修改”命令，弹出文字修改窗口（见图 8–3–13），修改其中的文字。

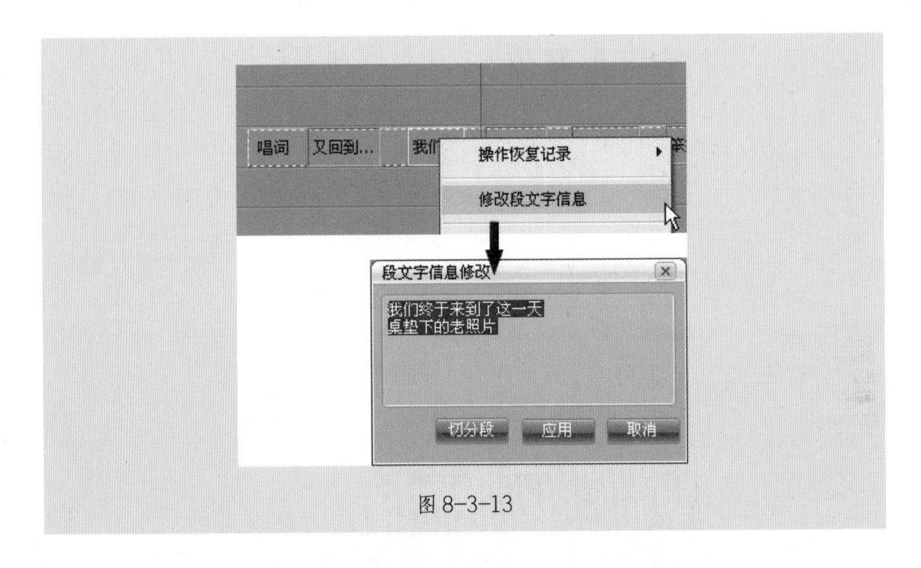

图 8–3–13

（4）完成修改后，点击 应用 按钮，退出文字修改窗。

（5）对白全部修改完成后，使用鼠标右键菜单“图文素材取消轨道展开”命令，即可保存修改（见图 8–3–14）。

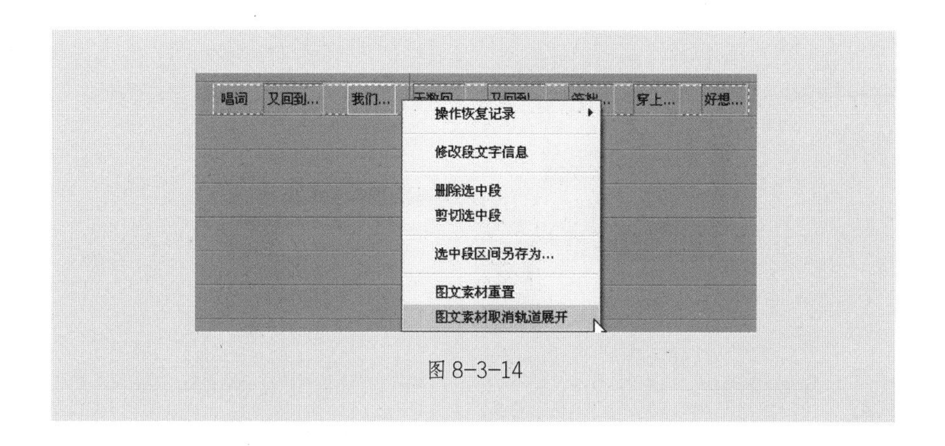

图 8-3-14

8.4　滚屏字幕制作

滚屏字幕可以实现文字、图像的连续滚动播放，常用于片尾信息的滚动播出（如职员表）或新闻、广告信息的插播。

8.4.1　创建滚屏字幕

使用主菜单命令“字幕→滚屏素材”或“资源管理器→媒体库→右键菜单→新建→滚屏素材”操作，弹出新建窗口，更改名称和保存路径，点击 确定 按钮确认后，进入字幕编辑窗；使用字幕编辑窗菜单“工具箱→滚屏编辑”命令，在滚屏编辑器窗口中按住鼠标左键拉动，划出一个矩形框，创建滚屏窗口，进入滚屏编辑状态（见图 8-4-1）。

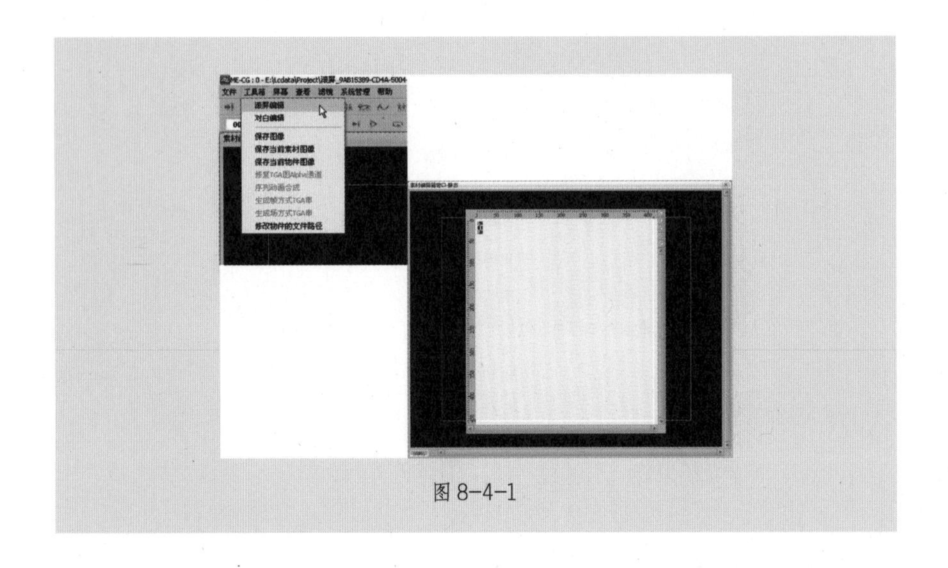

图 8-4-1

1. 输入滚屏文字

方法 1：在滚屏编辑状态中，直接用键盘在滚屏窗口中通过打字符输入文字。

方法 2：在属性框的文本编辑器中，打开设置好的 TXT 文本文档，然后选择需要的文本，通过“Ctrl+C”复制，在滚屏窗口点选打字符按“Ctrl+V”粘贴到滚屏编辑器中。

方法 3：在滚屏编辑器中使用右键菜单“引入”命令，调入 TXT 文本文件（见图 8-4-2）。

2. 滚屏字幕属性调整

（1）双击文本区域，进入滚屏编辑状态，选择需要修改的文字进行属性调整。

选择文字的操作可以通过鼠标左键划过文字或按快捷键“Ctrl+A”选中所有文字。

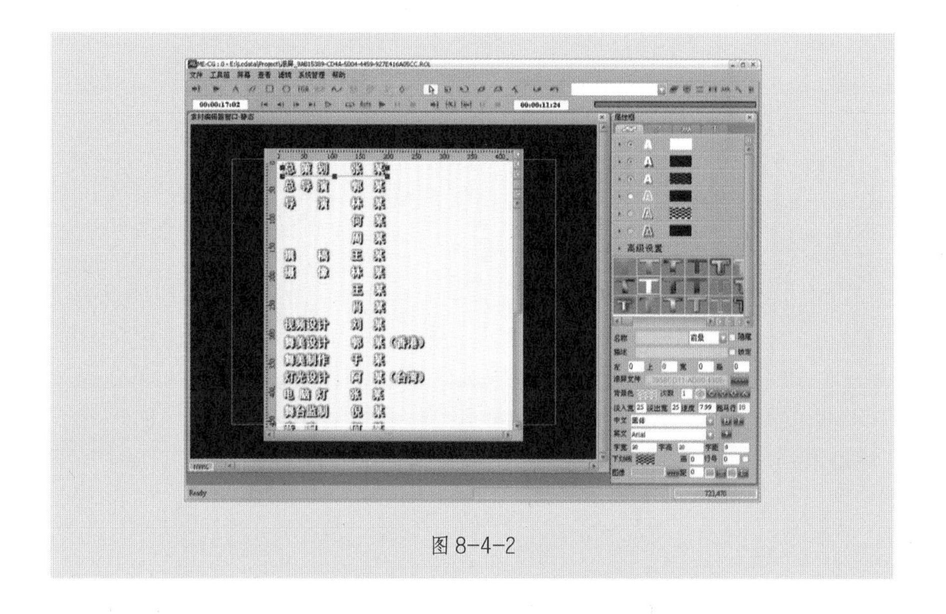

图 8-4-2

（2）滚屏文字的位置调整：

方法 1：Ctrl+ 键盘方向键，可以对选中的文字行进行位置移动。

方法 2：使用鼠标左键点击选中的文字行移动，此时光标显示为十字箭头方可。

方法 3：利用基准线来对齐。在编辑框上的纵、横标尺位置点击鼠标左键，会出现一条基准线。选择需要对齐的行（实现多行选择时可以先选择第一行，然后按住“Shift”键选择最后一行），使用鼠标右键菜单选项，选择相应的对齐方式即可（见图 8-4-3）。

用鼠标右键点击基准线的标志点时，可以删除基准线。

（3）完成颜色设置和位置调整操作后，点击编辑框外部的空白处，退出编辑状态。

（4）点击右上角 ×（关闭）按钮，保存后退出字幕编辑窗。

（5）将制作好的滚屏文件拖拽到故事板上播放，观看效果。

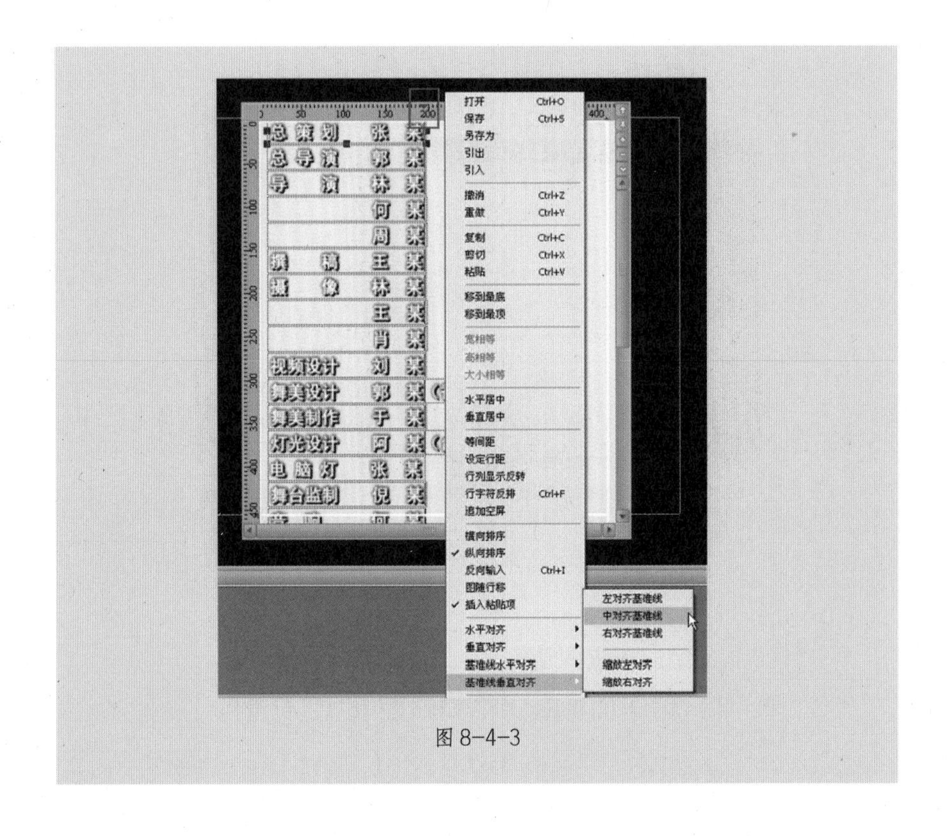

图 8-4-3

8.4.2 滚屏字幕修改

（1）选择轨道上的滚屏素材，点击故事板工具栏中的 T （字幕编辑）按钮或快捷键“T”，弹出滚屏编辑窗口，点击左上角 （切换）按钮进入字幕编辑窗口。

（2）使用鼠标单击中间的滚屏文字，使文字处于选中状态。

（3）点击右边的背景色设置框，在调色板中设置颜色，创建背景颜色。设置完成后，关闭调色板。

（4）设置淡入淡出参数时，在故事板编辑窗可以同步看到上下边框出现了柔化效果（见图 8-4-4）。

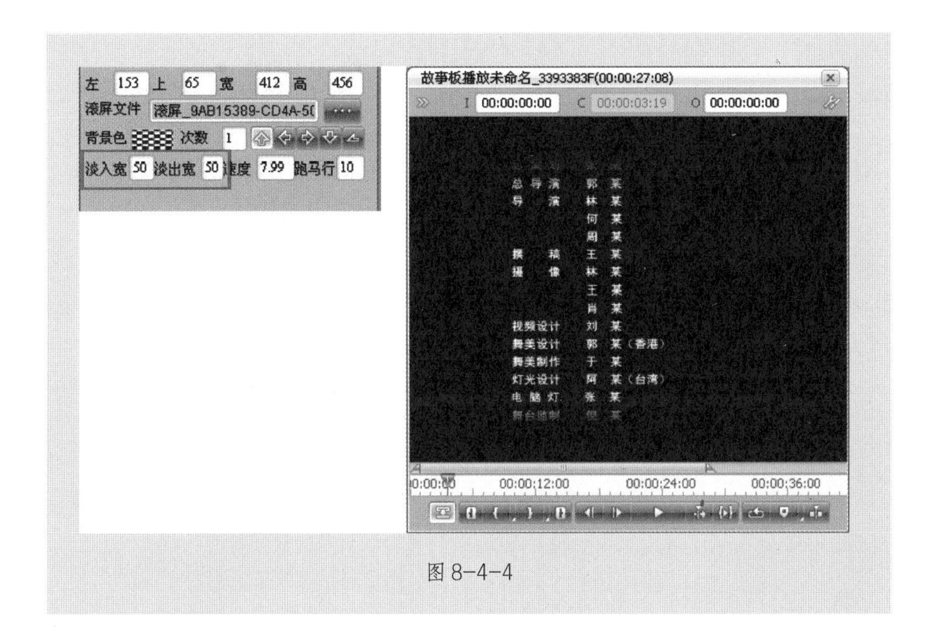

图 8-4-4

（5）在速度栏中输入数据设置滚屏的播放速度（见图 8-4-5）。

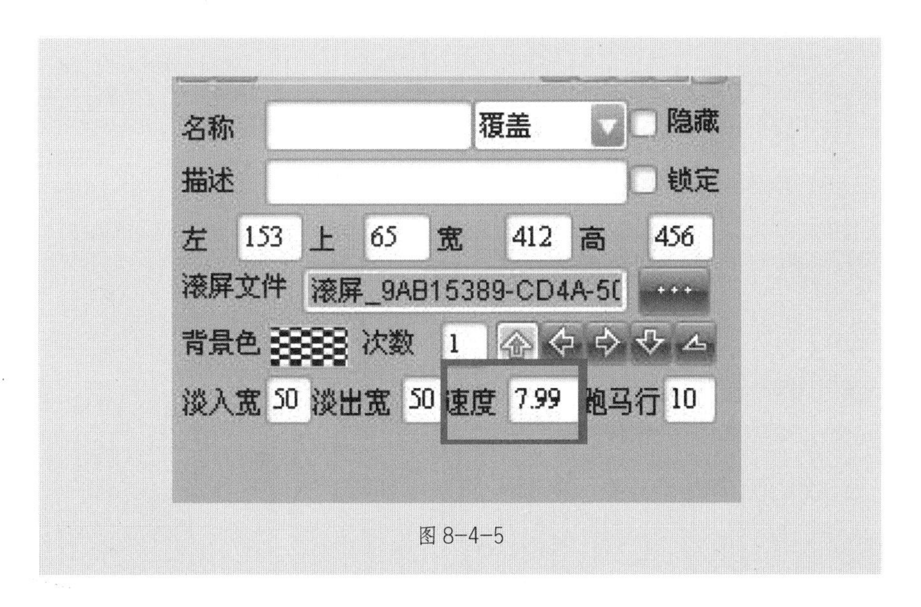

图 8-4-5

（6）打开时码轨，选择滚屏项，按住“Shift”键，使用鼠标左键向左拖动滚屏项尾部，被拖出的黄色区域即为滚屏的终屏停留时间。双击黄色区域，在弹出的设置窗口中还可以精确设定终屏停留时间（见图8-4-6）。

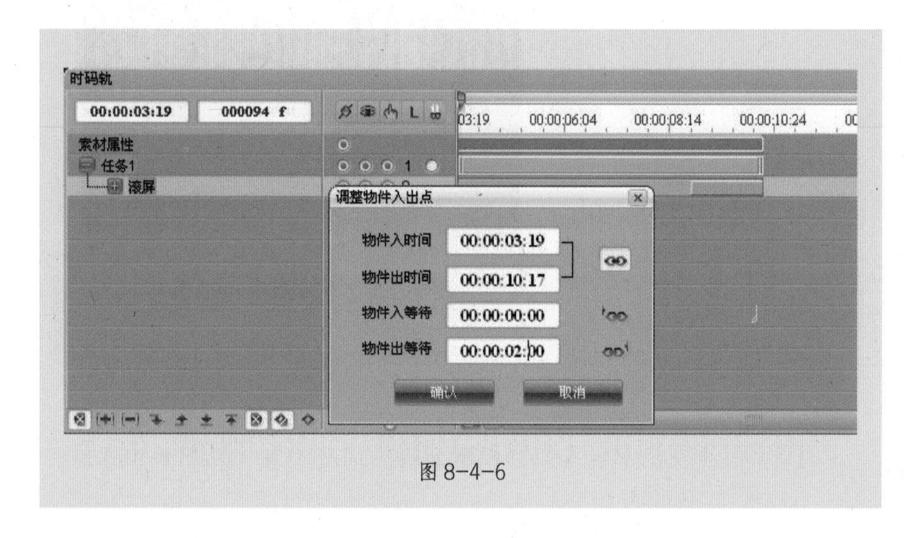

图 8-4-6

（7）保存，退出。

（8）添加到故事板上播放滚屏预览效果。

8.4.3 跑马字幕制作

跑马字幕，又称为左飞字幕或爬行字幕，在大洋 ME 系统中可以理解为滚屏字幕的一种特殊表现形式。

使用主菜单“字幕→滚屏素材”命令或“资源管理器→媒体库→右键菜单→新建→滚屏素材”操作，弹出新建窗口，更改名称和保存路径，点击 确定 按钮确认后，进入字幕编辑窗。

（1）首先设置属性栏相关按钮。在属性窗口下方点击 （跑马）

开关，同时通过 选择跑马方向，在速度栏设置跑马速度。

（2）按照制作滚屏的方法步骤划出跑马框（划框时注意大小适中即可），调整播出区域，使其位于编辑窗的底部。

（3）输入文字（与滚屏文字的输入方法一样）。

（4）调整文字色彩属性和大小（与滚屏调整一样）。

（5）保存，退出。

（6）添加到故事板上观看播放效果。

跑马字幕的属性调整与修改参见滚屏字幕制作。

图 8-4-7

第 9 章 音频编辑

在这一章中，主要介绍大洋 ME 非线性编辑系统中音频的编辑、制作及配音功能。

音频，是一个影片不可或缺的重要组成部分。在任何一个非线性编辑系统中都包含了音频功能，但大多数非线性编辑系统都把处理的重心放在了视频处理的部分，音频则成为其中食之无味的鸡肋。

在大洋 ME 非线性编辑系统中，不但提供了丰富的视频特效处理方式和眩目的字幕效果，同时也加入了专业的音频处理模块。除了可以对音频进行片段的剪辑、音频增益调整和混音等处理外，还可以完成只有在专业音频处理软件中才能实现的音频降噪、音频变调/变速、规格化等处理。

本章要点

◎ 故事板上音频处理

◎ 音效制作

◎ 调音台控制使用

◎ 故事板配音

9.1　音频表

音频表是大洋 ME 系统提供的一个监看音频的工具，可以从主菜单工具菜单下打开音频表（见图 9-1-1）。音频表可以分为工具栏和显示区两部分。

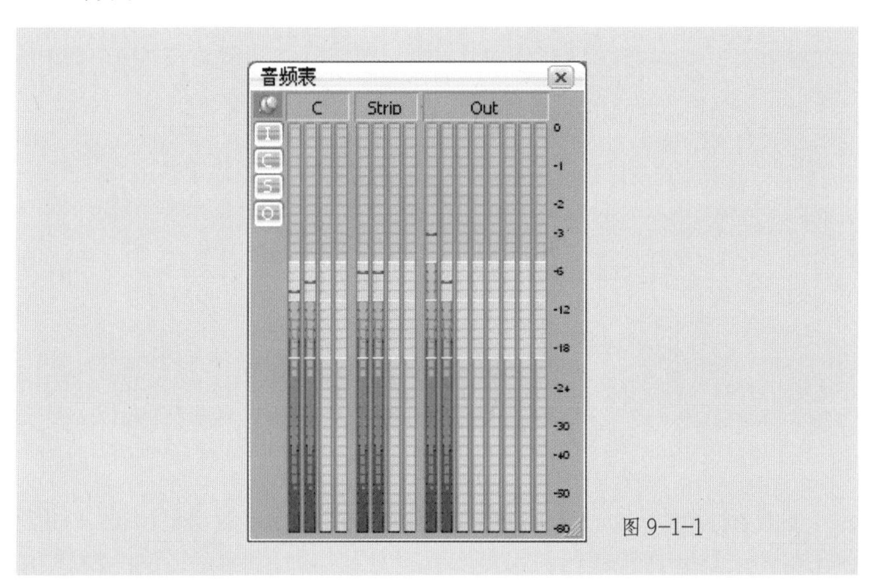

图 9-1-1

9.1.1　工具栏

：锁定按钮。当前为锁定状态， 为未锁定状态。

：选中该按钮时，在音频表中显示 Input（输入）的音量。

：选中该按钮时，在音频表中显示 Channel（通道）的音量。

：选中该按钮时，在音频表中显示 Strip（通路）的音量。

：选中该按钮时，在音频表中显示 Output（输出）的音量。

9.1.2 显示区

根据工具栏中设置的不同，显示区会显示相应的几部分的音频表。上方是所显示的名称，下方是音频表，最右侧是音频刻度（见图 9-1-2）。

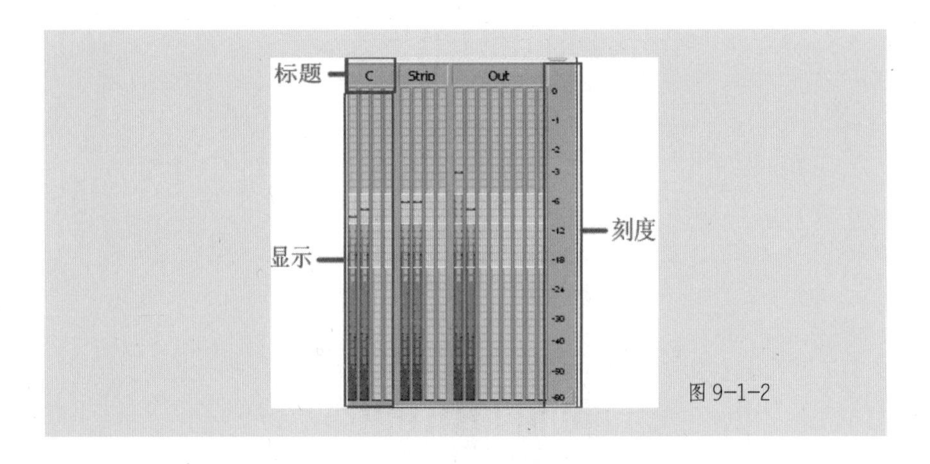

图 9-1-2

音频表的刻度盘分为三种颜色来显示：蓝色、黄色和红色。当表示声音大小的绿色音柱到达不同颜色的区域时，分别表示音量偏小、音量适中和音量过大。

根据“用户喜好设置”的不同，音频表的刻度会以不同的方式进行显示。默认的显示是按照数字音频表 dB FS 的显示方式来显示的；在“用户喜好设置”中选择了显示 VU 值，则会按照模拟音频表 VU 值的显示方式来显示（见图 9-1-3）。

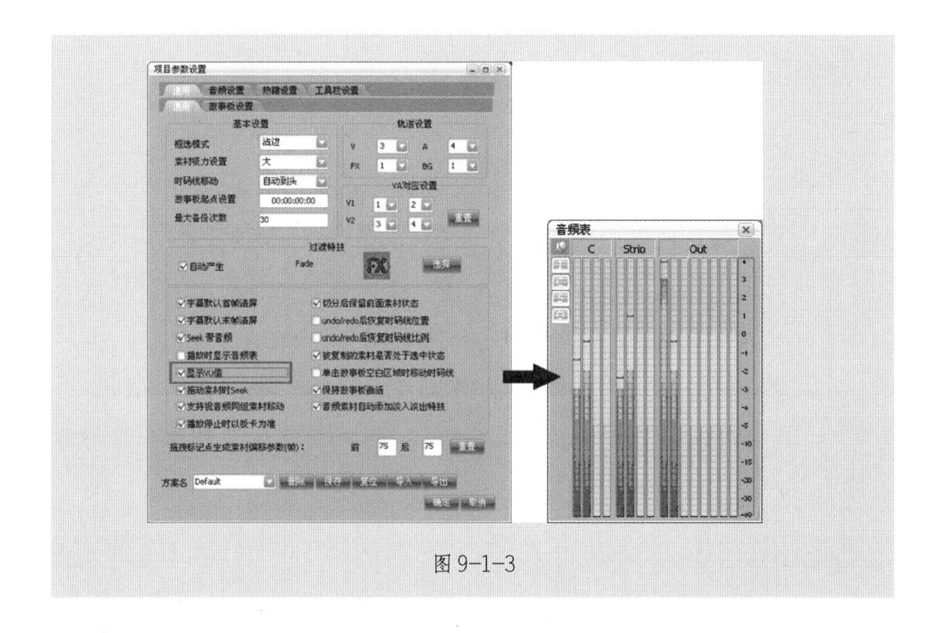

图 9-1-3

dB FS 表示的是数字音频信号的相对峰值电平。FS（Full Scale）意为满度；0 dB FS 为数字音频信号最高峰值的绝对值；dB FS 只表示信号幅度，与音频接口没有关系。

9.2　音频处理

大洋 ME 系统中，对音频处理的方式有很多种，根据是否需要生成新的文件，将音频的处理分为故事板音频处理和音效制作两部分。在使用故事板音频处理时，是通过对故事板上的音频素材进行增加音频特技的方式达到所需的效果；音效制作方式是对音频素材进行一定的加工并生成新的音频文件。

9.2.1 音频 Gain 曲线调整方式

在节目制作过程中，同一节目往往需要使用多种来源的素材，这些素材中音频的音量可能会大小不一，这时就需要对素材的音量进行调整，以保证整个成片的音量保持在一个统一的水平。对这一操作要求，大洋 ME 系统是通过音频增益（Gain）调节来实现的。

音频增益调节是最常用的音频调整方式，几乎每一个节目制作当中都不可避免地要使用到它，因此在大洋 ME 系统中为音频增益的调整提供了一种非常快捷的音频 Gain 曲线调整方式（见图 9-2-1）。

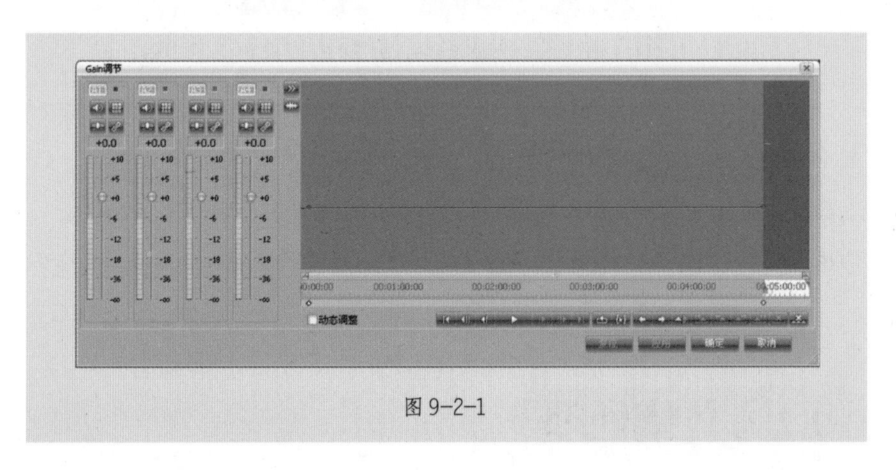

图 9-2-1

1. Gain 曲线调整的方法

（1）将故事板编辑窗最下排的编辑素材 / 编辑特技切换 按钮按下，切换到特技编辑状态（见图 9-2-2）。

此时无法对素材进行任何操作，也无法对故事板添加或删除素材。

（2）默认情况下，向故事板添加音频素材时，大洋 ME 系统会自动为音频素材添加 Gain 特技（可在“用户喜好设置”中设置该功能的开、关），因此在音频特技编辑状态时，故事板的音频素材的中间可以看到一条深蓝色的电平线（见图 9–2–3），代表这段素材的起始电平值（默认电平为 0 dB）。如果系统没有为音频自动添加 Gain 特技，选择该音频素材后使用鼠标右键菜单“添加特技＞ Gain”命令，为素材添加 Gain 特技。

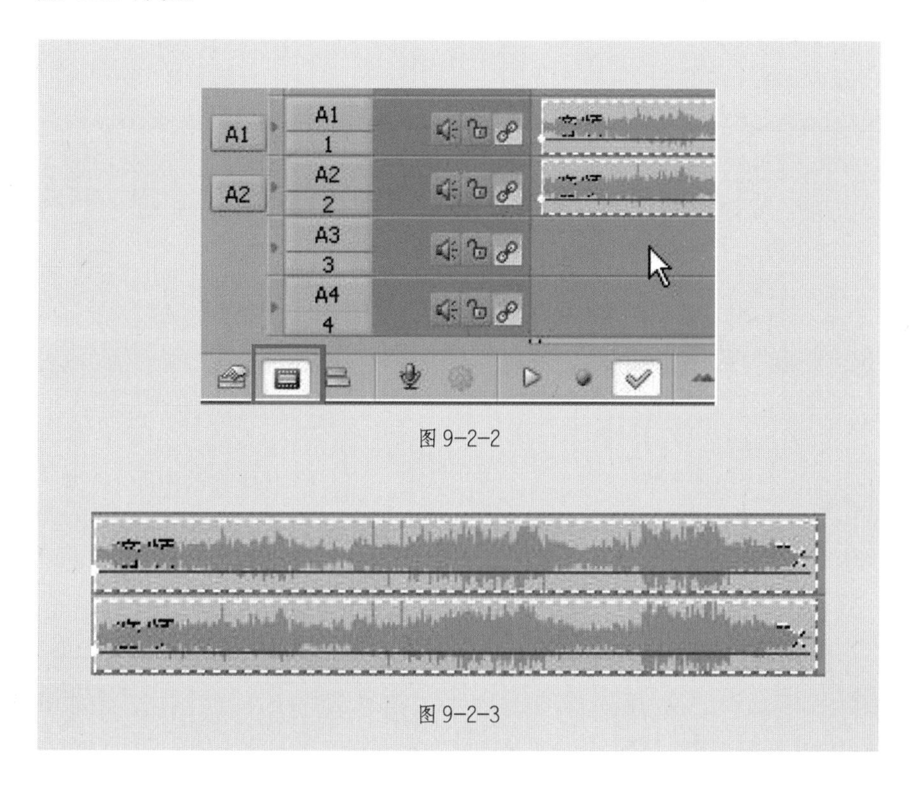

图 9–2–2

图 9–2–3

（3）对于已经添加了特技的音频素材，系统提供了操作中常用的右键菜单功能（见图 9–2–4）。

- 设置素材有效 / 无效：默认为选中状态，此时素材可被监听到；如果不选中，则该段素材处于无效状态，无法被监听到。
- 拷贝特技：将所有特技或选定的特技进行拷贝。
- 删除特技：将所有特技或选定的特技进行删除。

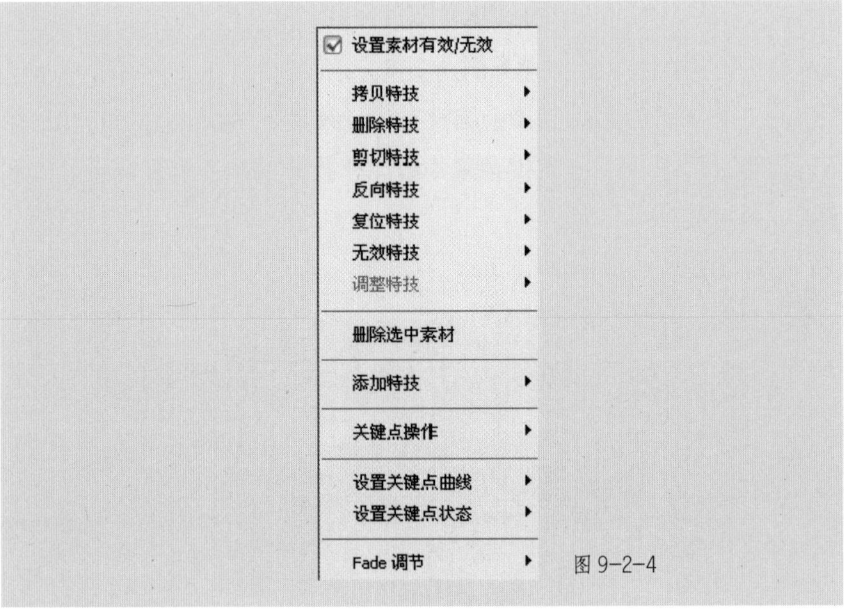

☑ 设置素材有效/无效

拷贝特技 ▸
删除特技 ▸
剪切特技 ▸
反向特技 ▸
复位特技 ▸
无效特技 ▸
调整特技 ▸

删除选中素材

添加特技 ▸

关键点操作 ▸

设置关键点曲线 ▸
设置关键点状态 ▸

Fade 调节 ▸

图 9-2-4

• 剪切特技：将所有特技或选定的特技进行剪切。

• 反向特技：将所有特技或选定的特技效果反向。

• 复位特技：将所有特技或选定的特技效果复位。

• 无效特技：使所有特技或选定的特技效果无效。

• 调整特技：显示出选定的特技曲线，进行基于关键点的调整。

• 添加特技：添加 Gain 特技（如已经添加有 Gain 特技，将再增加一个 Gain 特技）。

• 关键点操作：提供选择所有关键点、删除选择关键点、删除所有关键点、复制选择关键点、复制所有关键点等操作功能。

• 设置关键点曲线：可选曲线、直线、前快后慢、前快后快、前慢后慢、前慢后快、混合等曲线模式。

• 设置关键点状态：可选动态、静态、无效、断点和混合五种模式。

• Fade 调节：提供淡入并淡出、淡入、淡出、淡入方式 01 和淡出方式 01 5 种常用的叠化模式。

2. Gain 曲线调整的关键点操作

在音频素材上单击右键，可以看到所有对关键点的操作（见图 9–2–5）。

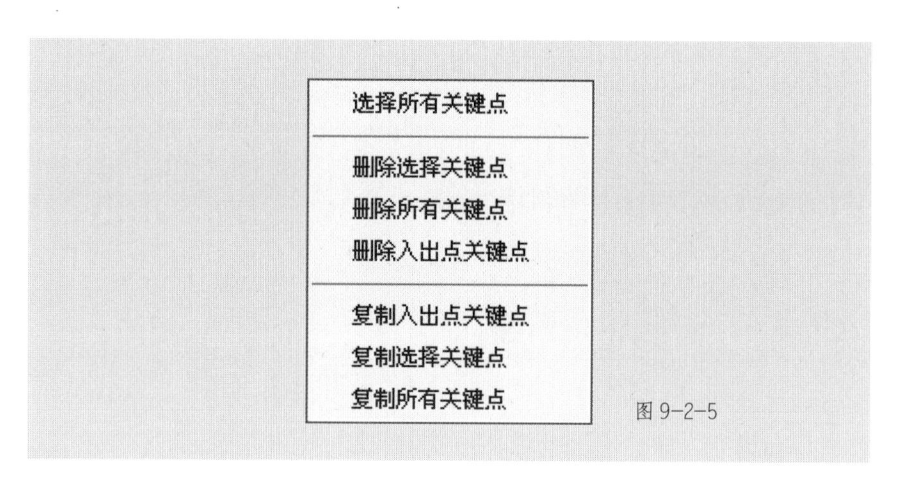

图 9–2–5

• 增加：鼠标放在电平线上需要增加关键点的地方，当鼠标变为⇕时，点击即可增加一个关键点。

• 选择：素材上使用右键菜单“选择所有关键点”命令，可以一次性全选所有的关键点。被选中的关键点呈现状态；也可使用左键直接单击关键点选中或者通过鼠标拖拽对多个关键点进行框选。

• 删除：素材上使用右键菜单“删除所有关键点”命令，可一次性删除所有的关键点；使用“删除选择关键点”命令，只删除选中的关键点。

• 复制：使用右键菜单“复制所有关键点”命令，可一次性复制所有的关键点；使用“复制选择关键点”命令，只复制选中的关键点。

• 粘贴：使用右键菜单“粘贴关键点”命令，将关键点复制到与原始时码位置相同的地方；使用右键菜单“粘贴到当前时码”命令，将关键点复制到当前时间线所在的地方（如果同时复制多个关键点，关键点之间相对位置不变）；使用“粘贴到入出点之间”命令，将关键点复制到入出点之间（如果复制了多个关键点，关键点会自动适应入出点之间的长度）。

• 修改：鼠标放置在关键点上，当鼠标变为⇕时，上下拖动关键点改变电平高低；按住 Ctrl 键拖动鼠标时，可自由改变关键帧的位置和参数值；按住 Shift 键拖动鼠标时，可左右拖动关键帧改变其位置。

• 复位：双击关键帧即可恢复其默认值（默认值为 1）。

9.2.2 音频特技调整

Gain 曲线调整提供了对 Gain 特技的简便、直观而快速的调整方式。操作中，也可进入特技调整界面对包括“Gain”特技在内的所有音频特技进行精细的调整。

1. 特技调整界面

选择需要做特技的素材，按 Fx 按钮或按回车键，即可进入音频特技调整界面（见图 9-2-6）。

音频特技调整界面的整体布局与视频特技调整界面相同，界面介绍参看视频特技调整窗部分。

2. 添加音频特技

音频特技的添加方法和视频特技的方法一样，也是先从特技调整窗左下方的特技列表区选择需要添加的特技类型，双击该特技，添加到左上方的已加特技列表中，这样就完成了对素材添加该类型的特技的操作。

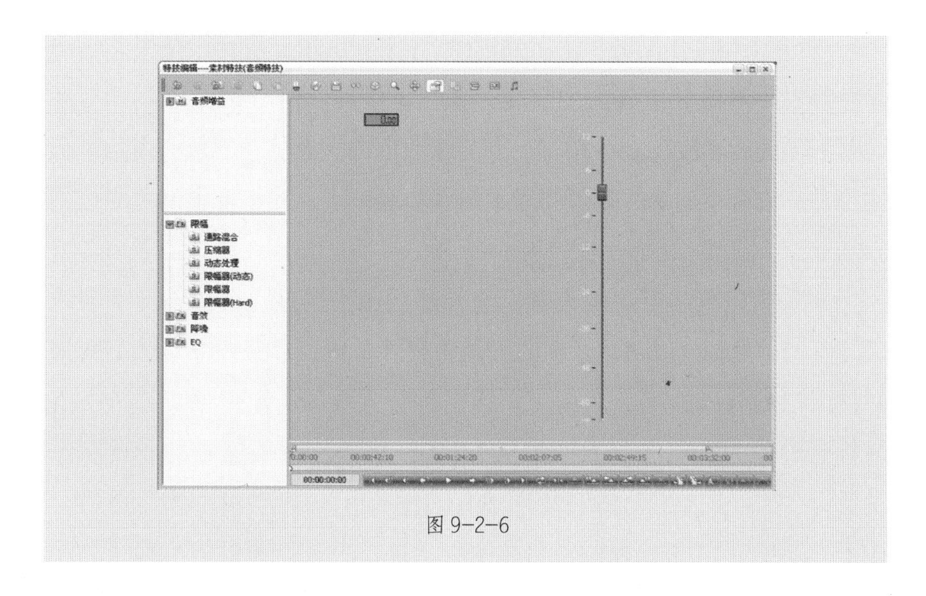

图 9-2-6

3. 音频特技的调整

在特技调整窗中双击“音频增益”添加该特技（见图 9-2-7）实现的效果同轨道调整一样，但在关键点和音量电平的调整上更为精确。

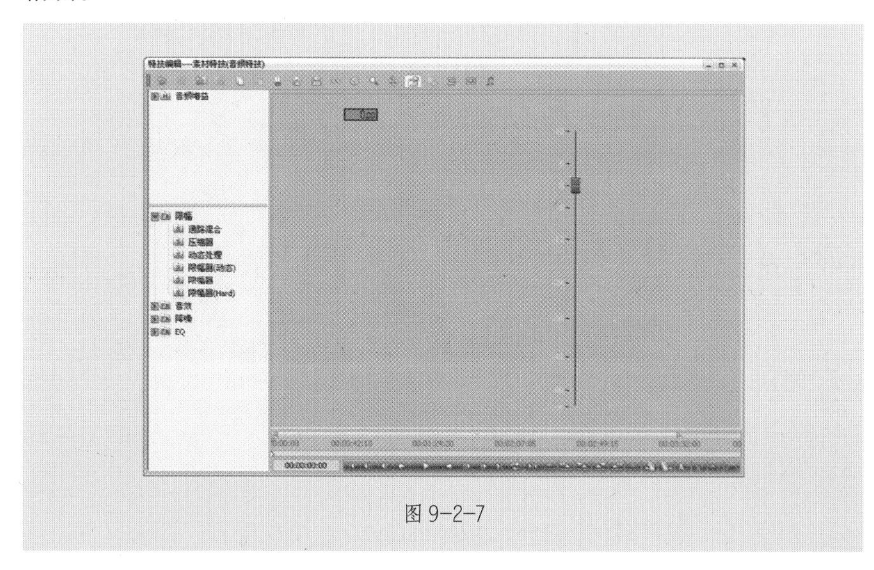

图 9-2-7

“音频增益”特技的推子的初始位置在 0 dB，在这个位置上输出音量的大小不做任何放大或衰减；在 – ∞ ~ +12 dB 的数值之间调节所需电平音量，读数会显示在左上方的读数框中。大于 0 的数值表示声音被放大了，而小于 0 的数值则表示声音被衰减了；双击推子即可复位到 0 dB。

如果想以更加直观的方式调整素材的电平高低，可以切换到曲线调整模式（见图 9–2–8）。在曲线调整模式，可以通过用曲线的方式来调整声音的淡入淡出，从而让声音更符合人耳的听觉习惯。把关键点的状态设置为“动态”（见图 9–2–9），进一步将关键点的曲线状态设置为“曲线自由”，就可以用贝塞尔曲线对关键点渐变进行设置。为了方便操作，也可从预制的 6 种曲线方式中选择需要的类型（见图 9–2–10）。

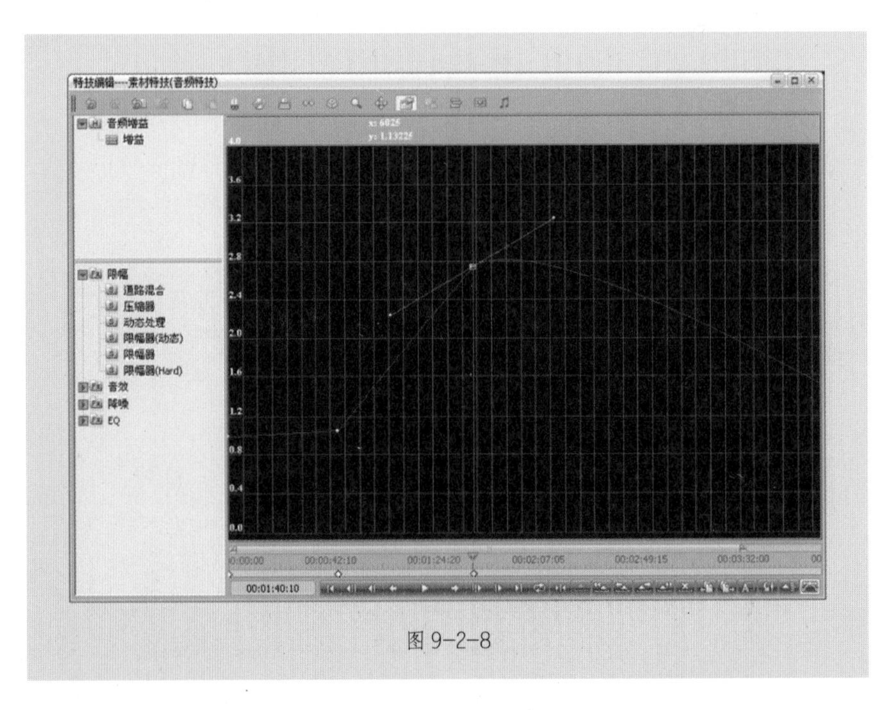

图 9–2–8

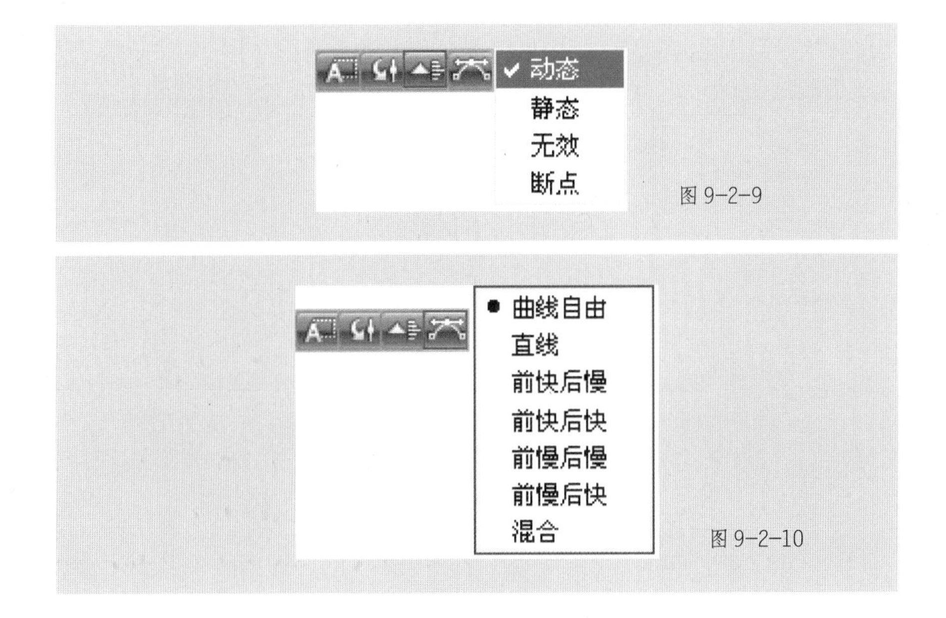

图 9-2-9

图 9-2-10

9.2.3　基于波形的音频调整

很多时候，我们希望将人物对白剪得更干净，或者背景音乐剪切得更精确。为了剪掉素材中不需要的部分，可以参考音频的波形进行剪辑。

通过观察波形可以大致看出什么地方有声音，什么地方是静音，什么地方音量高，什么地方音量低，以此来指导我们进行音频素材的剪辑，可以在以下两个地方设置音频波形：

在故事板编辑窗口左下角，点击（系统设置）按钮，在弹出的选项中，将“音频波形图”前面的选框选中（见图 9-2-11），轨道音频素材上会直接显示出波形。

双击轨道音频素材，该素材的波形会显示在素材调整窗中（见图 9-2-12）。对单声道素材，只显示一条波形；对双声道素材，会显示两条波形。

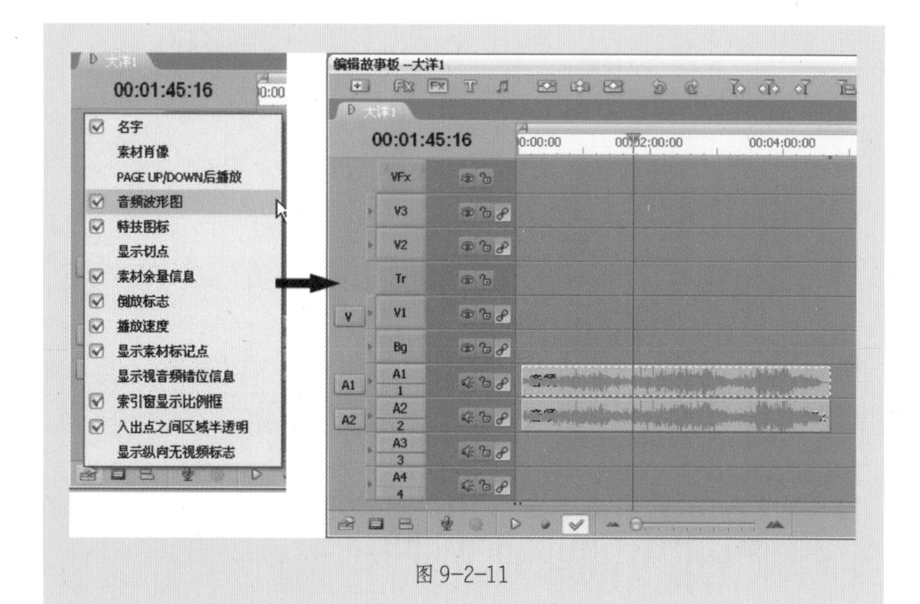
大洋1
00:01:45:16
名字
素材肖像
PAGE UP/DOWN后播放
音频波形图
特技图标
显示切点
素材余量信息
倒放标志
播放速度
显示素材标记点
显示视音频错位信息
索引窗显示比例框
入出点之间区域半透明
显示纵向无视频标志
编辑故事板 --大洋1
00:01:45:16
VFx
V3
V2
Tr
V1
Bg
A1
A2
A3
A4

图 9-2-11

图 9-2-12

9.3　音效制作

大洋音频特效制作模块是大洋 ME 系统内置的一个功能模块，主要用来进行音频素材的精确剪辑、特效添加和声音的录制、混音。

与故事板音频处理不同，使用音效制作模块时，该模块会生成新的文件。使用这种调整方式之后，需要使用新的素材来替换原来的素材，才能听到制作的音效。

9.3.1　打开 / 关闭音频特效制作模块

1. 打开音频特效制作模块

使用鼠标左键双击将素材库中的音频素材或包含音频的视音频素材添加到素材调整窗中；点击素材调整窗右上角 （工具）按钮（见图 9–3–1），在下拉菜单中选择音频特效，经过短暂的初始化过程，即可进入音频特效制作模块。

如果素材调整窗中的素材不含音频，选择音频特效命令会提示“素材格式不合法！”

2. 关闭音频特效制作模块

关闭音频特效制作模块，可以点击界面右上角的 （关闭）按钮或点击界面右下角的 退出 按钮，即可关闭音频特效制作模块（见图 9–3–2）。

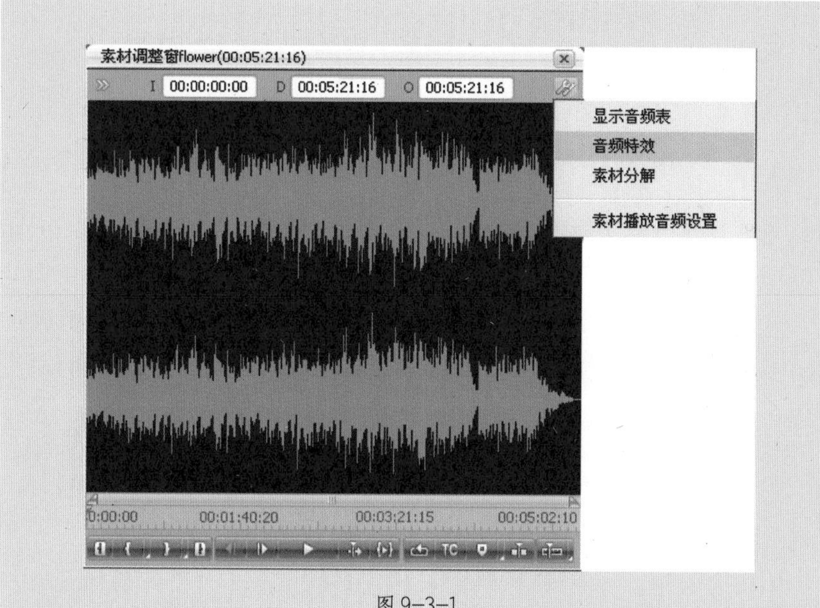
素材调整窗flower(00:05:21:16)
I 00:00:00:00
D 00:05:21:16
O 00:05:21:16
显示音频表
音频特效
素材分解
素材播放音频设置
0:00:00
00:01:40:20
00:03:21:15
00:05:02:10
TC

图 9-3-1

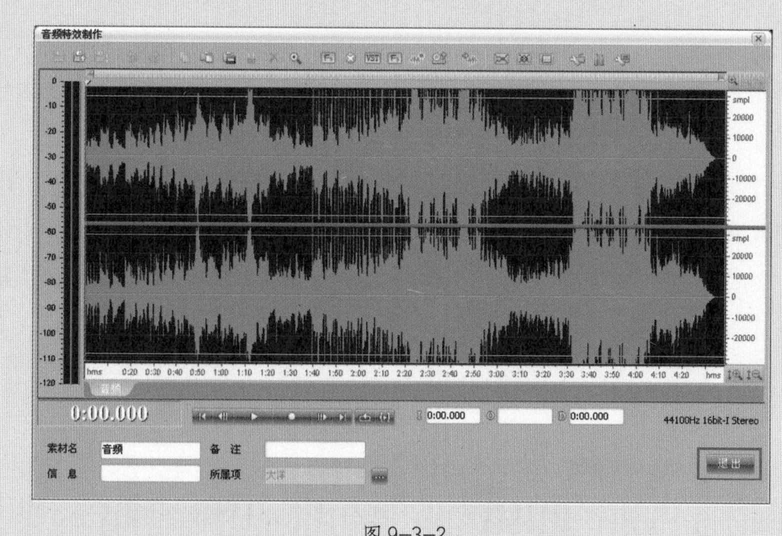
音频特效制作
smpl
20000
10000
0
-10000
-20000
0:00.000
0:00.000
0:00.000
44100Hz 16bit-I Stereo
素材名
音频
备 注
信 息
所属项
大洋
退出

图 9-3-2

如退出前仍有未保存的操作，当退出音频特效制作模块时，系统会询问是否保存；选 是 不进行保存；选 否 则会将操作结果保存成新素材；选 取消 会返回音频特效制作界面。

3. 保存音频特技

在音频特效制作窗中选择工具栏按钮 （保存）、（另存为）或直接点击 退出 按钮或右上角的 （关闭）按钮，然后按提示进行存盘，即可保存音频特技。

9.3.2　音频特效制作窗

1. 界面介绍

音频特效制作界面如图 9-3-3 所示。

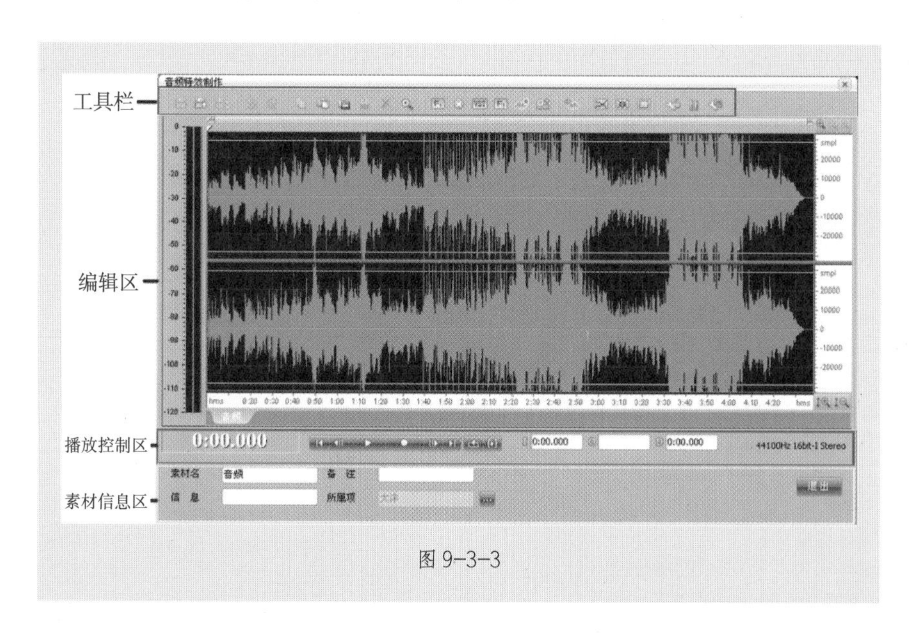

图 9-3-3

• 工具栏：常用工具和命令；

• 编辑区：对素材的操作、显示缩放、VU 显示等；

• 播放控制区： 控制时间线播放和搜索；

• 素材信息设置区： 对新素材的元数据信息进行设置。

2. 工具栏

音频特效制作界面工具栏如图 9-3-4 所示。

图 9-3-4

• 保存：将操作结果保存下来，以系统命名存为新素材。

• 另存为：将操作结果保存下来，以自定义命名存为新素材。

• 保存所有：保存所有正在编辑的素材（暂时无效）。

• UNDO：撤消上一步操作。

• REDO：重做上一步操作。

• 复制：复制当前选中的部分。

• 粘贴：将剪贴板中的素材粘贴到当前时间线后，并替换当前素材。

• 混音粘贴：将剪贴板中的素材粘贴到当前时间线后，并叠加到当前素材。

• 剪切：剪切当前选中素材，放入剪贴板。

• 删除：删除当前选中素材。

• 缩放：对当前素材的缩放方式进行选择。

• 大洋特技：多种大洋音频特技效果选择。

• DX 特技：系统中安装过的 DirectX 接口的音频特技效果。

• VST 特技：系统中安装过的 VST 接口的音频特技效果。

• 大洋插件特技：多种大洋插件音频特技效果选择。

• 音频发生器：可发出标准信号（用以设备校准）。

• CD 抓轨：提供 CD 抓轨功能。

• 格式转换：将当前素材转换为不同的采样率和量化精度。

• 频谱分析：显示当前素材频谱线。

• 相位分析：显示当前素材音频相位。

• 视频窗口：可显示视频画面（如含有视频），并能与音频同步播放。

• 快捷键设置：设置快捷键（可自行定义）。

• VU 表设置：设置 VU 表的显示。

• 硬件设置：设置录制和输出的板卡。

3. 编辑区

音频特效制作界面编辑区如图 9-3-5 所示。

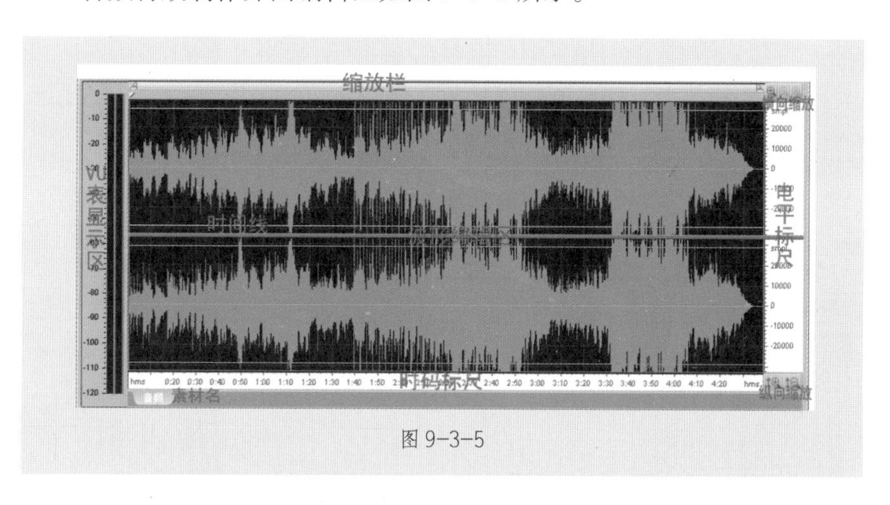

图 9-3-5

• 波形编辑区：以波形方式显示音频素材（对素材的操作多集中于此）。

• 时间线：显示当前播放或搜索的位置。

• 缩放栏：对素材进行缩放后，可以以此作为浏览的控制栏。

- VU 表显示区：播放素材时，实时显示电平的高低。
- 时码标尺：显示素材长度，有 6 种显示方式。
- 电平标尺：显示波形电平高低，有 4 种显示方式。
- 横向缩放：对素材波形进行横向比例的放大和缩小。
- 纵向缩放：对素材波形高度进行比例的放大和缩小。
- 素材名：当前正在编辑的素材名。

4. 播放控制区

音频特效制作界面播放控制区如图 9–3–6 所示。

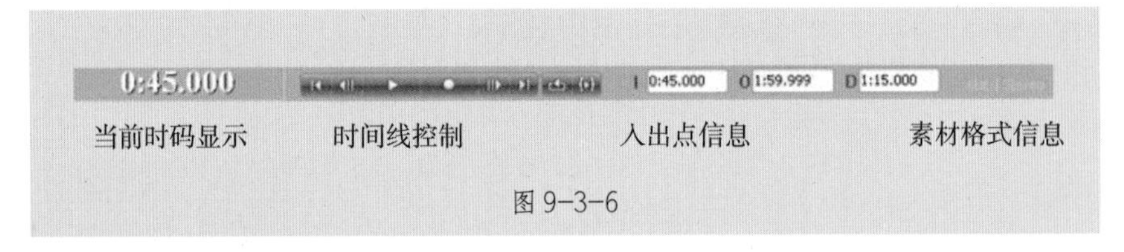

图 9–3–6

- 当前时码显示：显示时间线所在位置的时码。
- 时间线控制：对时间线的播放、停止、快进、快退、录制等控制。
- 入出点信息：显示入点时码、出点时码、入出点间时长。
- 素材格式信息：显示当前编辑素材采样率、量化精度和声道类型。

5. 素材信息设置区（见图 9–3–7）

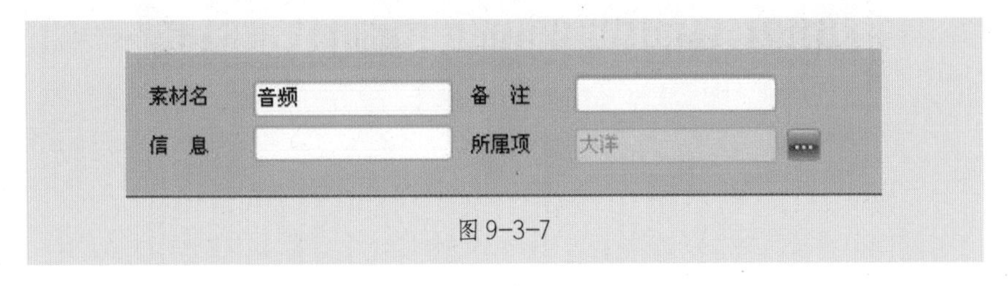

图 9–3–7

音频特效制作界面素材信息设置区域提供了对所生成新素材的素材名、备注、信息和所属项等设置。

9.3.3　音频制作的基本操作

1. 音频调节基本操作

（1）音频素材选择：立体声素材具有两条波形显示，默认情况下所有操作对两个声道均起作用，也可只对选择的声道作处理，选择方式是：移动鼠标到左（下）/ 右（上）声道的正 / 负 –1 dB 线处，当鼠标数值显示为 L 或 R 字样时，单击鼠标，选定此声道；未被选中的声道呈灰色（见图 9–3–8）。鼠标再次单击任意地方恢复双声道的选定状态。

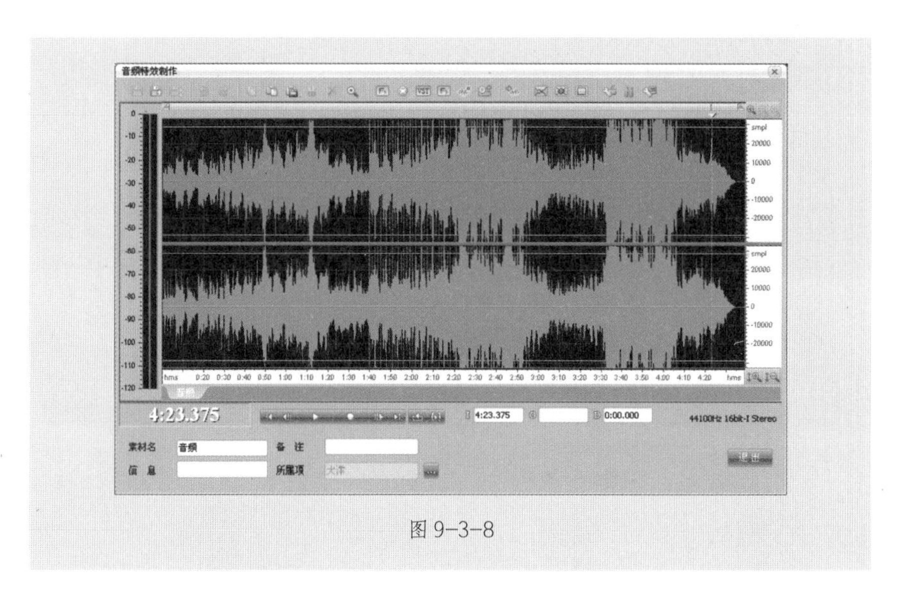

图 9–3–8

（2）音频编辑：

• 复制：将当前选择区域素材拷贝到剪贴板。

• 粘贴：将剪贴板中的素材粘贴到当前时间线后面，并替换当前素材。

• 混音粘贴：将剪贴板中的素材粘贴到当前时间线后面，并叠加到当前素材。

• 删除：删除当前选中素材。

• 静音：当前选中素材作静音处理。

• 采样点调整：当轨道横向放大到一定程度时，波形显示为采样点模式，此时可用鼠标拖拽改变采样点的值；拖拽的同时浮动显示采样点信息（见图 9–3–9）。

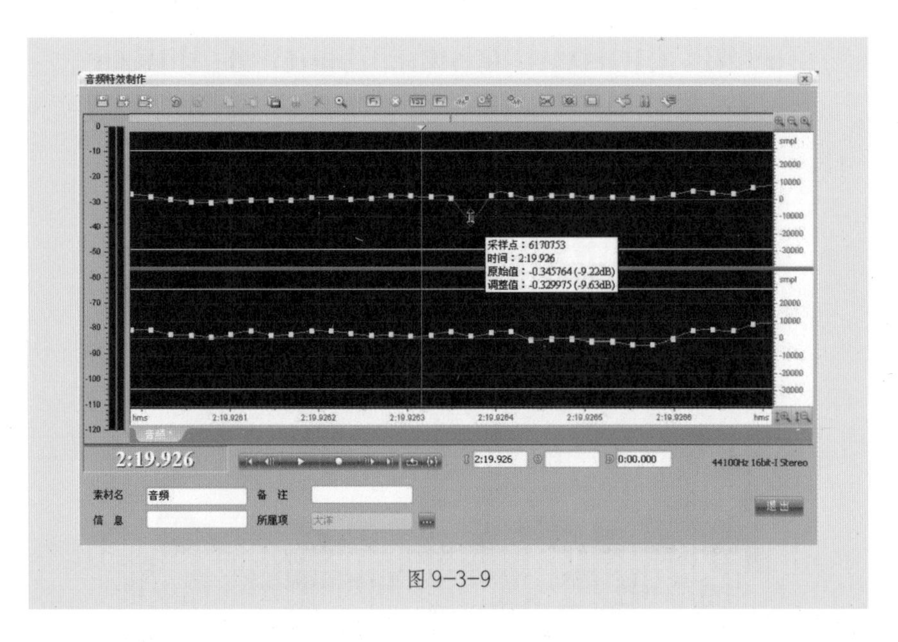

图 9–3–9

• Redo/Undo：撤销和重做（可以利用工具按钮或者快捷键 Ctrl+Z 和 Ctrl+Y 完成）。

（3）通用功能按钮：所有特技，除了本身的调节参数外，还有如下功能按钮（见图 9–3–10）：

• 预览：点击预览按钮，调整特技的同时可以监听到特技效果。

• 直通：勾选直通选项，所有特技调整效果无效，监听到原始声音。

• 预设—添加：将当前调整效果作为预制。

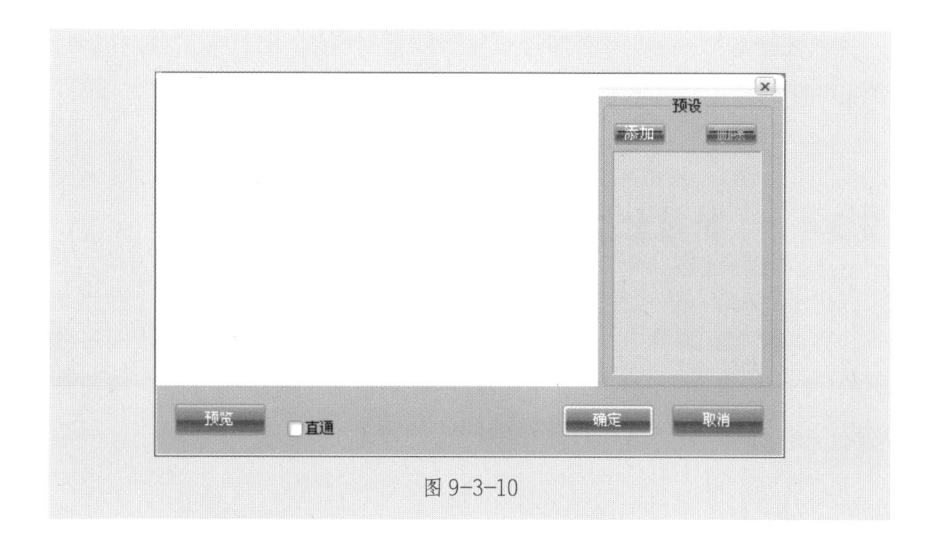

图 9-3-10

- 预设—删除：将当前选中的预制删除。
- 确定：确认特效调整效果。
- 取消：取消特效调整效果。

2. 添加特技操作

点击工具栏中“大洋特技”“DirectX 特技”“VST 特技”，在下拉菜单中选择特技，可对素材作特效处理（见图 9-3-11）。

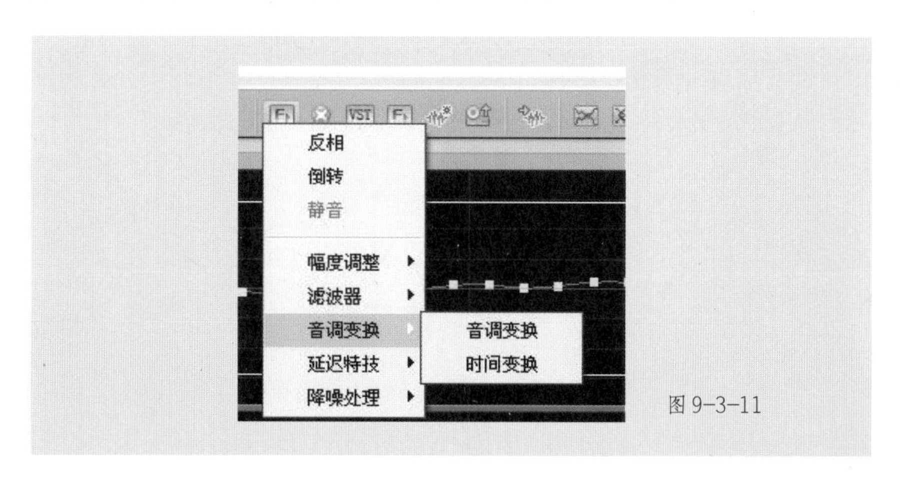

图 9-3-11

未选择素材区域时，添加特技对整段素材有效；已选择素材区域时，添加特技只对选择区域有效。

9.3.4 特技分类

在大洋 ME 系统中，音频特技有两种分类方式（可以通过使用右键菜单“show manufacturer”命令，在两种分类方式间切换）：一种是按照提供商方式分类，另一种是按照特技的效果分类。

大洋 ME 系统提供的音频特技按照提供商分类可分为通用和大洋两类：通用音频特技中，仅包括音频增益；大洋音频特技中，则包括了回声、振幅等多种不同的类型。

1. 大洋特技

大洋自带的音频特技包括反相、倒转、静音、幅度调整、滤波器、音调变换、延迟特技、降噪处理等（见图 9-3-12）。

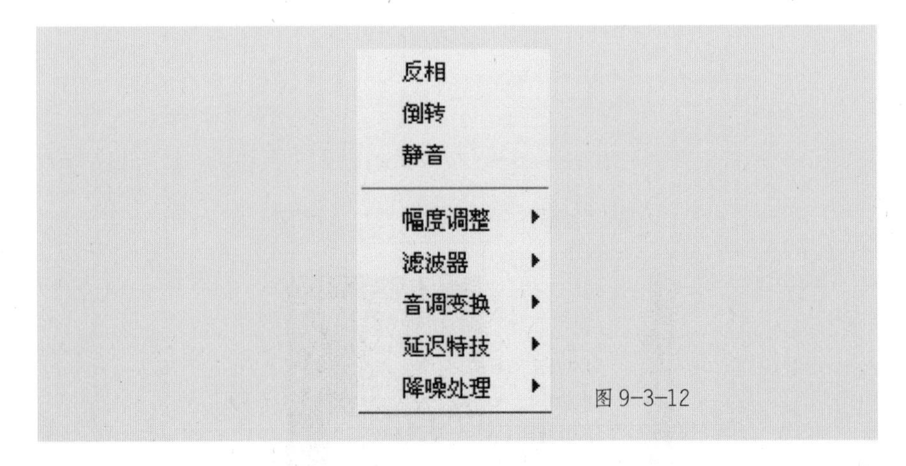

图 9-3-12

（1）反相：该特技可使素材选中区的音频相位反转 90 度（在波形图上表现为素材波形的垂直反转）。

（2）倒转：该特技可使素材选中区的音频时间线倒转（在波形图上表现为素材波形的水平反转）。

（3）静音：该特技可使素材选中区的音频静音（在波形图上表现为素材波形的归零）。

（4）幅度调整：包括若干个功能选项。

• 变幅：对素材音频进行幅度放大，显示方式有 dB 和 % 两种（见图 9-3-13）。

选择“左右锁定”可保证左右声道以同样比例放大。

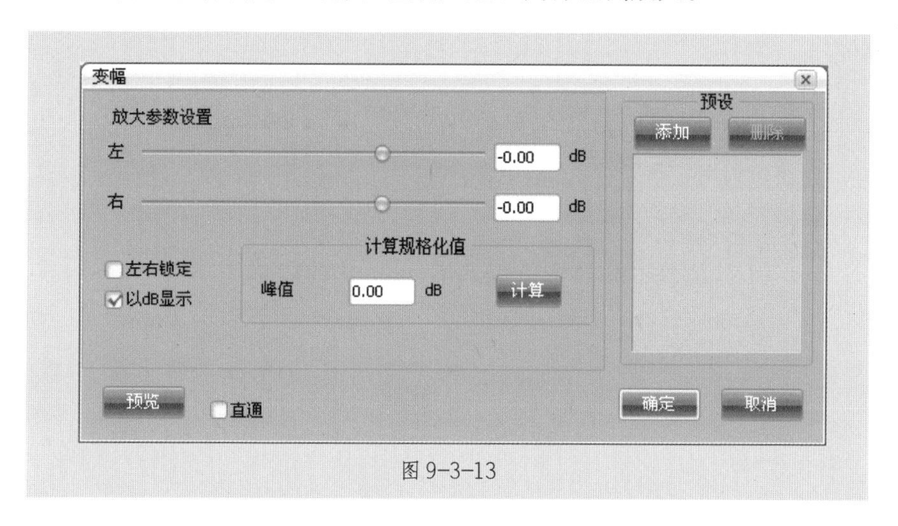

图 9-3-13

• 规格化：对素材音频进行幅度放大，达到规格化值（见图 9-3-14）。

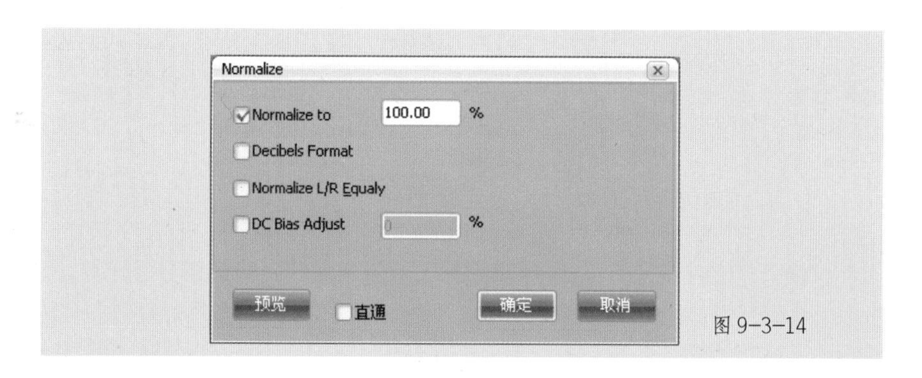

图 9-3-14

• 混音：利用现有的左/右声道混合成新的左右声道（见图9-3-15）。

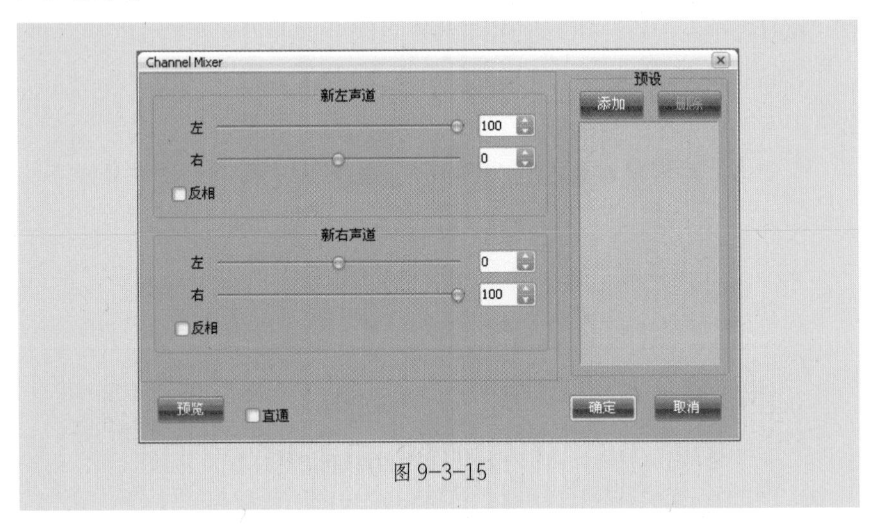

图 9-3-15

（5）滤波器：滤波特技包括 Graphic Equalizer（见图 9-3-16）效果。

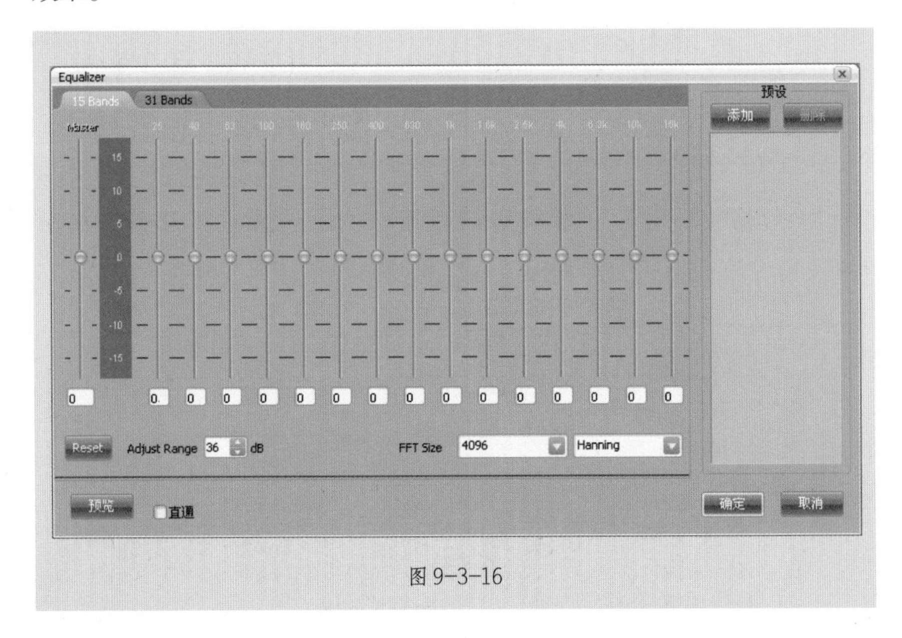

图 9-3-16

Equalizer ——“均衡”：即通常所说的 EQ，在音响制作中的作用为：分别将位于不同频率段上的声音作提升或衰减，以获得不同特征的声音。

（6）音调变换：音调变换特技包括音调变换和时间变换。

• 音调变换（见图 9–3–17）

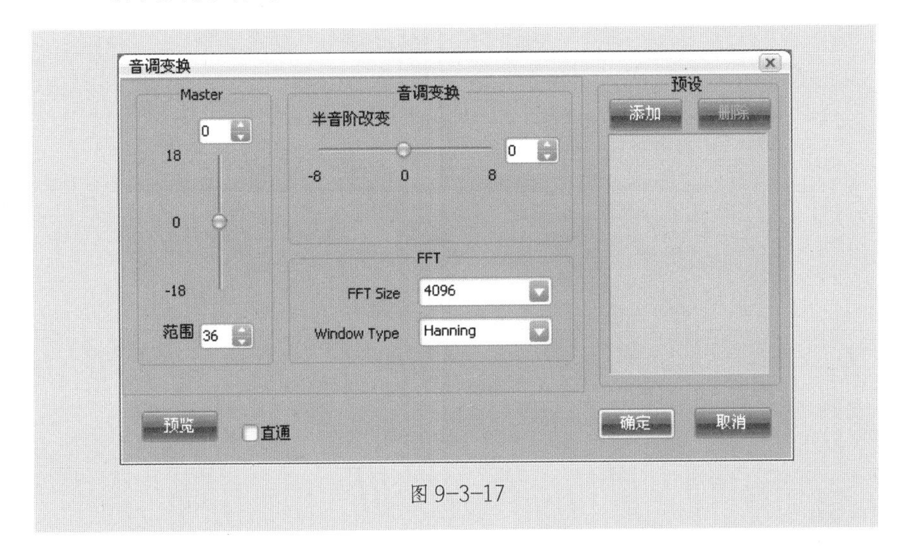

图 9–3–17

• 时间变换（见图 9–3–18）

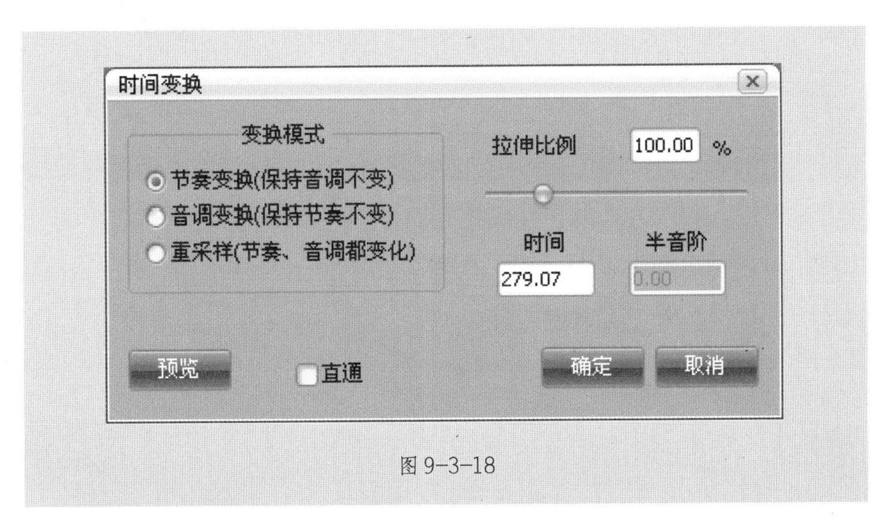

图 9–3–18

可以进行三种选择："节奏变换"（音调保持不变，调节播放时间，改变播放节奏）、"音调变换"（节奏保持不变，调节半音阶大小，改变播放音调）、"重采样"（同时调节播放时间和半音阶大小，改变播放的节奏和音调）。

（7）延迟特技：用于提供回声的处理方式（见图 9-3-19）。

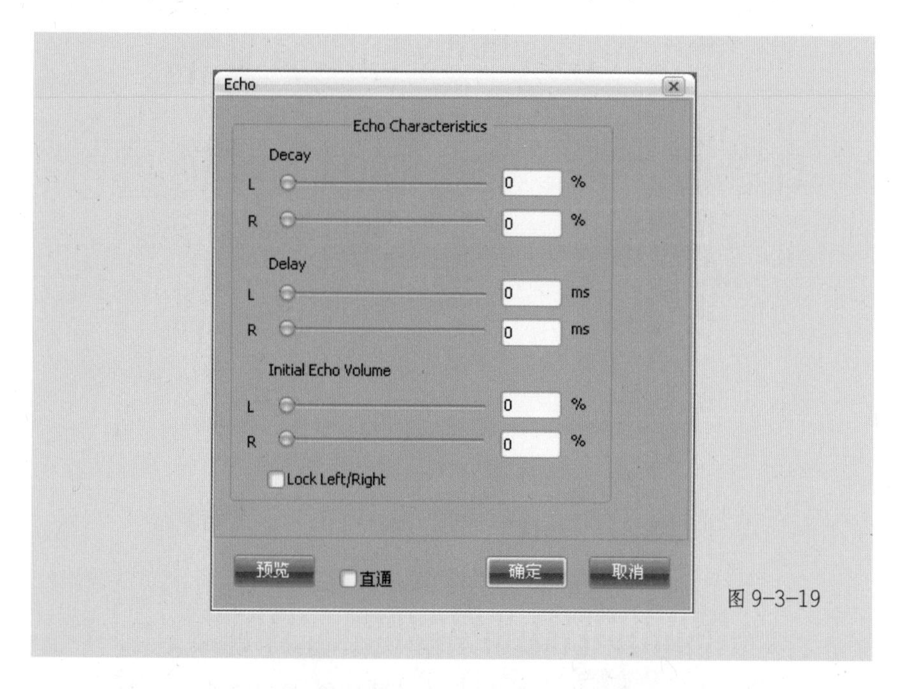

图 9-3-19

有延时和延时增益两个参数。对信号作延时处理，也可将声音信号作延时后，再与直通的信号反相叠加，产生类似回声的效果。可用于多声道录制的后期处理中，声音的远近层次的分出，可增加临场感；也可用于图像滞后于声音素材的修补。

（8）降噪处理：去除背景噪音（见图 9-3-20）。

Noise Reduction（降噪特技）与其他特技制作相比需多进行一步操作，添加此特技前，需选中素材中只包含背景噪声的段落，使用右键菜单"分析噪音数据"命令。经过噪音数据分析后，才能添加降噪特技。

降噪的范围可选择 0 ~ 100 之间的任意数值。

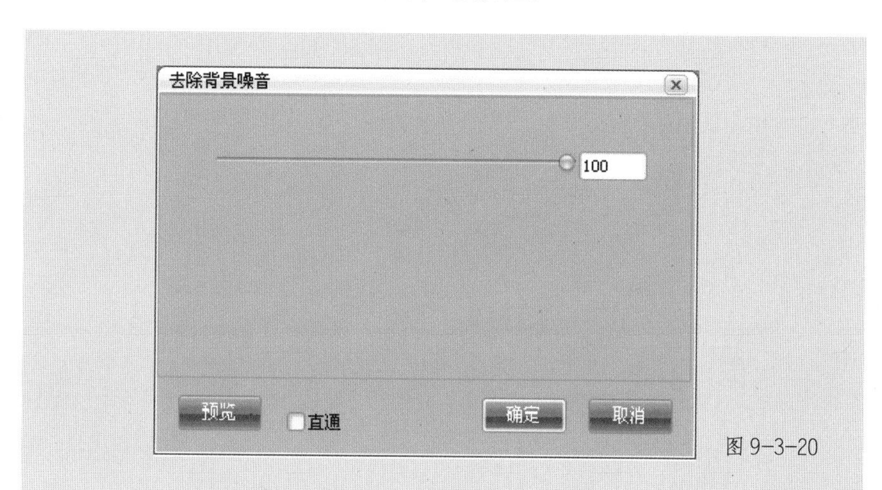

图 9-3-20

注意分析噪音数据的段落最好只包含纯粹的背景噪声，不能含有对白或其他需要保留的声音，否则降噪效果可能不理想。选择好的噪声背景对降噪的效果至关重要。

2. DirectX 特技和 VST 特技（见图 9-3-21）

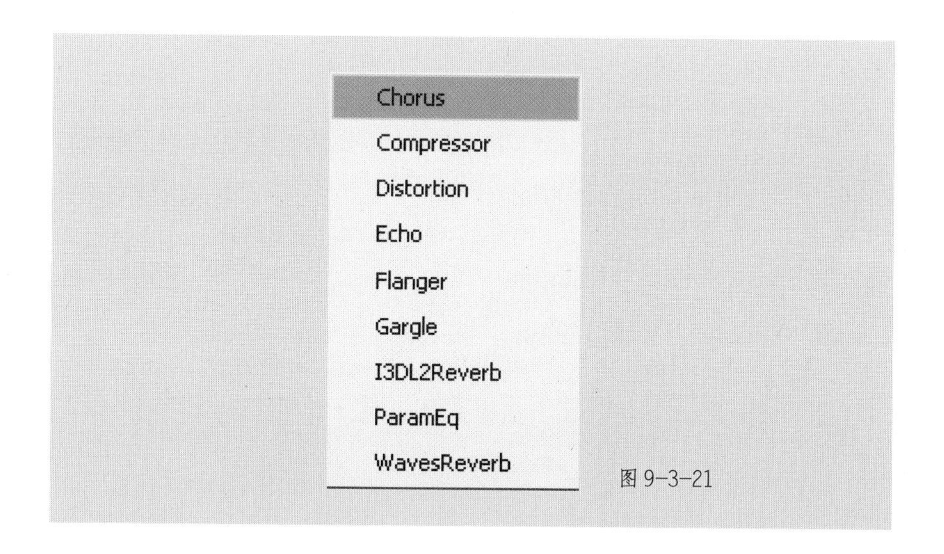

图 9-3-21

当正常安装一个DirectX插件之后，系统会自动识别出来，无需任何设置就可在软件中使用了。操作方式同大洋音频特技一样（见图9-3-22）。

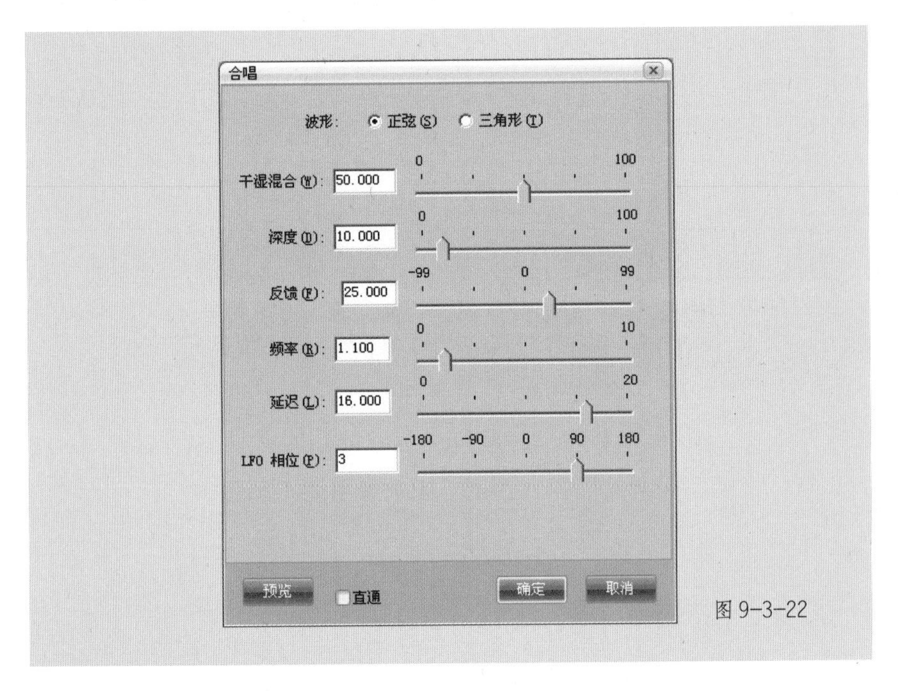

图 9-3-22

9.4 周边功能

在工具栏中，包含相关的周边工具。所有工具的使用方式都是在工具栏中单击即可调出。

9.4.1　音频发生器

用于设备间的电平校准或其他相关用途。有三种音频发生器：静音、噪音和语音（见图 9–4–1）。

图 9–4–1

• 产生静音：添加指定长度的静音段落（单位是秒）（见图 9–4–2）。

图 9–4–2

• 噪音发生器：用于相关的设备调试和检测（单位为秒）（见图 9–4–3）。可添加棕噪声、粉红噪声和白噪声。

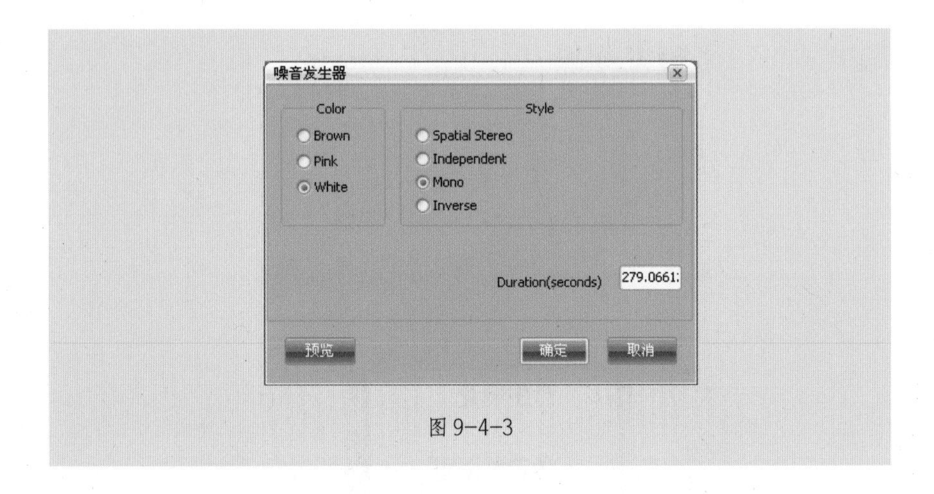

图 9–4–3

• 语音发生器：最常用的音频测试工具，用来进行数字设备之间的电平校准。可以按照设定好的频率、音高、振动类型发出相应频率（见图 9–4–4）。默认情况设定为 1 kHz、0 dB 的正弦波，即通常所说“千周声”。

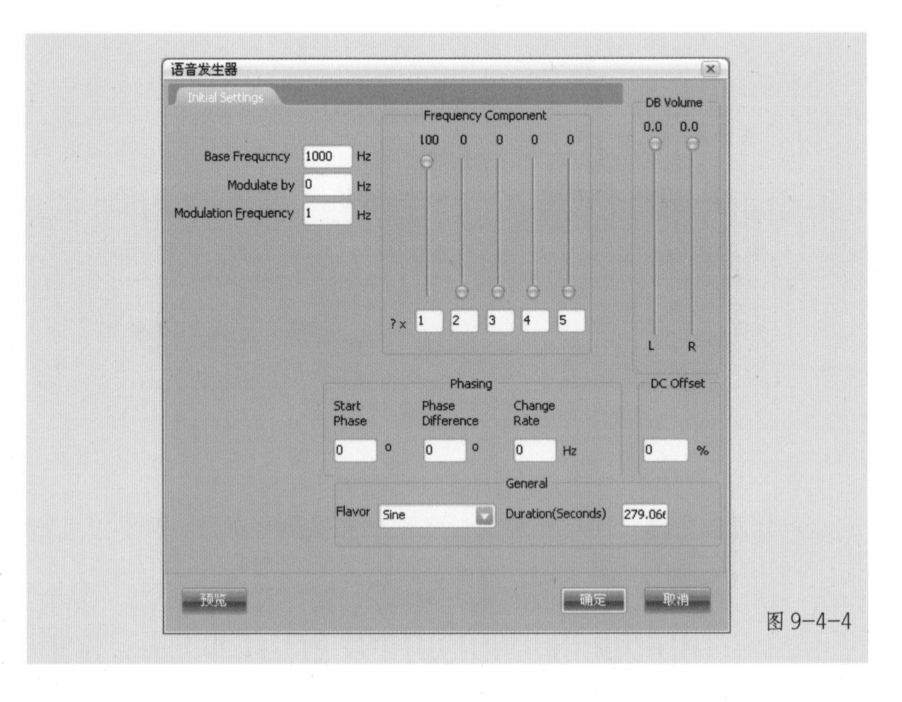

图 9–4–4

9.4.2 格式转换

用于将当前音频素材转换为不同格式的音频文件（见图 9–4–5）。采样率调节范围 6 000 ~ 192 000 Hz；通道数量可选择单声道或立体声；量化分辨率可选择 8、16、32 bit。

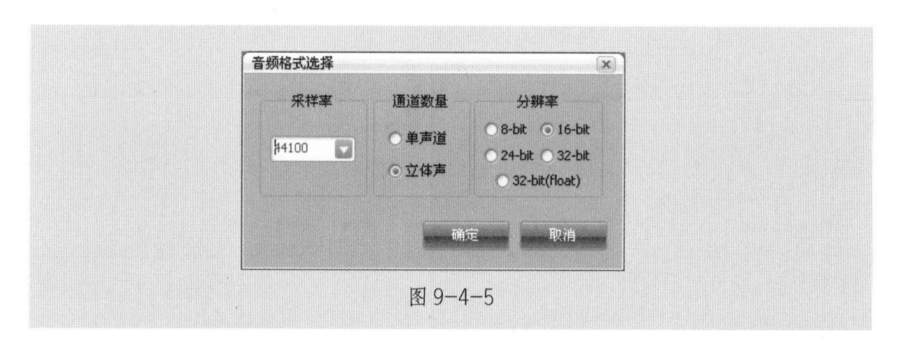

图 9–4–5

通常，数字越高代表声音质量越好，但占用的硬盘空间也越大；高质量的声音转换为低质量的，占用空间降低，但声音质量随之下降；低质量的声音转换为高质量的，占用空间增加，但质量不会随之上升。

9.4.3 频谱分析

播放或浏览音频素材时，频谱分析工具会实时显示该音频素材的频谱分布情况（见图 9–4–6）。横轴是频率范围，纵轴是电平范围，曲线显示的是每一个频率点的电平值。根据频谱曲线可以判断当前素材在频域上的分布情况。建议在制作频率相关的特技时（如 EQ、降噪等），同时观察频谱分析，容易得到满意的结果。

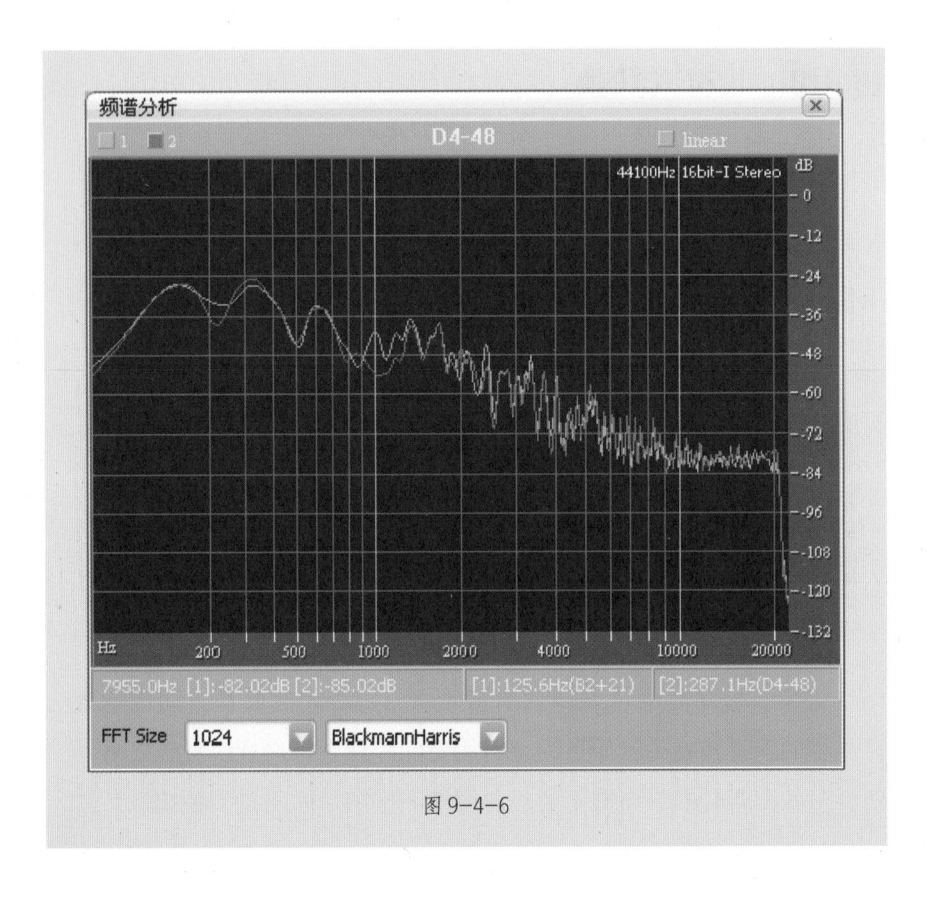

图 9–4–6

9.4.4 相位分析

立体声音频素材，在二维空间内有相位差，才能造成听觉上的立体声感受。相位表的横轴是右声道，纵轴是左声道（见图 9–4–7）。当左右声道存在相位差时，可在规格化、M–S、显示为曲线和彩色显示四种显示方式间进行切换。建议在制作立体声相位、扩展、平衡定位等特技操作时，同时监看相位表，容易得到满意的结果。

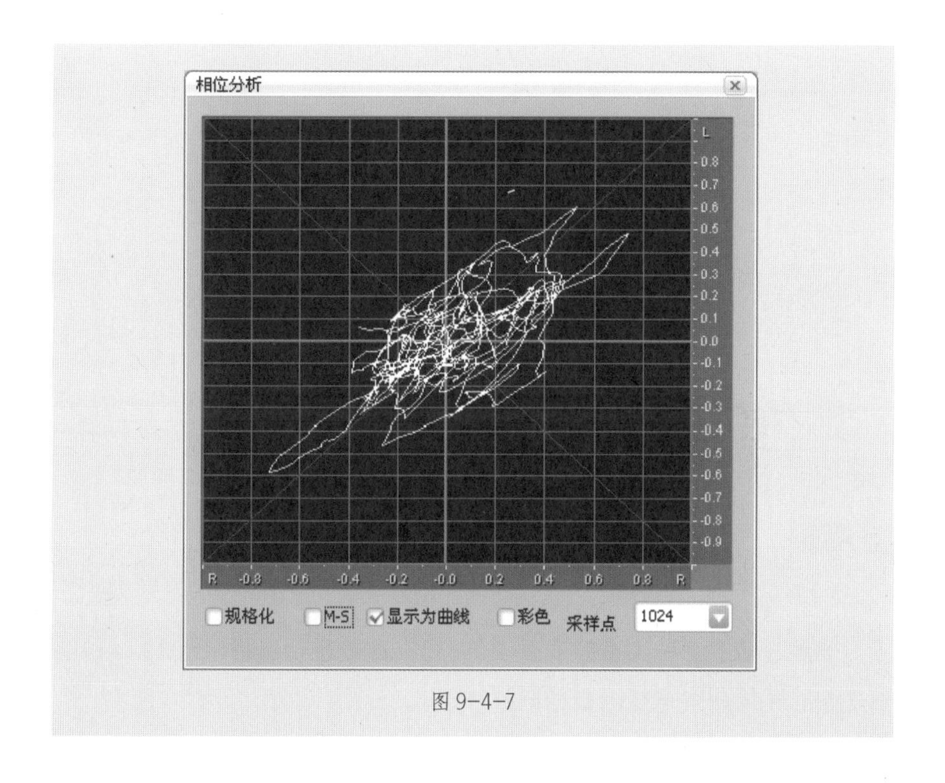

图 9-4-7

9.4.5　音频表设置

可选择显示峰值或 VU 值（见图 9-4-8）。峰值对快速变化的声音较为敏感，也是数字设备常用的显示方式；峰值显示模式下，不允许声音长时间达到或超过 0 dB；VU 值通常用于显示一段时间内的平均值，对快速变化的声音不敏感，是模拟设备常用的显示方式，VU 显示模式下，声音可超过 0 dB。在“范围”中可选择显示下限（选择范围 24~120 dB），下限之下的数值将不被显示。

图 9-4-8

9.4.6 驱动设置

该模块支持3种类型的音频硬件，可在此处进行选择（见图9-4-9）。被选中的硬件用来进行声音的回放和录制。

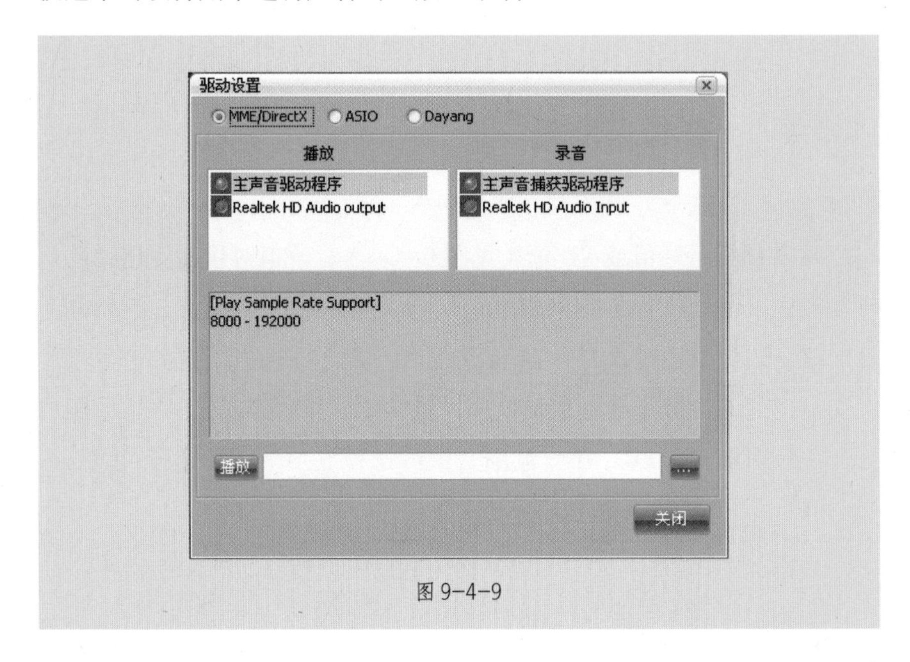

图 9-4-9

• MME/DirectX：Windows 通用声卡，兼容性好。不足之处在于做某些特效操作时有一定延迟。

• ASIO：专业声卡驱动，具有极佳的延时性能，保证操作延迟在几到几十微秒内。

• Dayang：使用大洋 LC 板卡作为声音输入输出。建议选择此项。

9.5　调音台

调音台在诸多系统中起着核心作用，它既能创作立体声、美化声音，又可抑制噪声、控制音量，是声音处理必不可少的一种电子设备。

9.5.1　调音台基础知识

调音台（MIXER，也被称作混音器），可以完成多路音频混音、输入信号放大、电平实时调节等功能（见图 9–5–1）。

利用大洋 ME 系统内置的调音台，可以实现与真实调音台近似的功能：它具有多路输入，每路的音频信号可单独进行处理，也可进行各种声音的混合；同时拥有多种输出（包括左右立体声输出、编辑输出、混合单声输出、监听输出、录音输出以及各种辅助输出等）。

调音台由通路（strip）和母线（bus）组成。输出母线也被称作主输出（mix），通路为接收输入的音频信号。声音进入通路后，经过一个衰减器，输出到混合母线（主输出母线），最后经混合母线上的衰减器输出至物理输出接口（见图 9–5–2）。

调音台
Strip 1
Strip 2
Strip 3
Strip 4
Bus 1
Bus 2
OFF
ON
独奏
静音
抖动
无
特技
主增益
IO
1 - In 1
1 - In 2
1 - In 3
1 - In 4
1 - Out 1
1 - Out 2

图 9-5-1

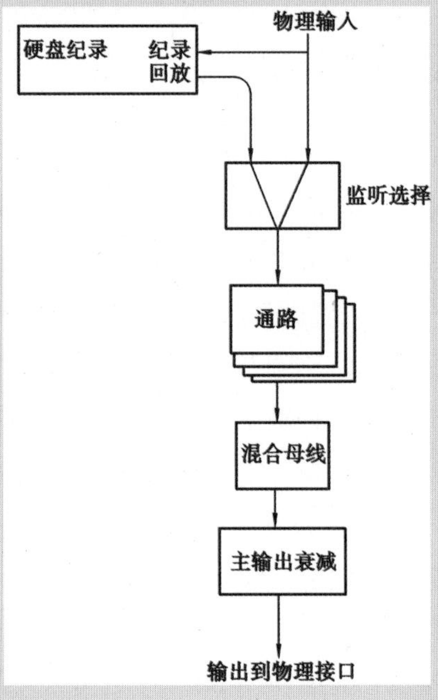
物理输入
硬盘纪录
纪录
回放
监听选择
通路
混合母线
主输出衰减
输出到物理接口

图 9-5-2

在大洋 ME 系统中，通路既可接收从物理通道输入的信号，也可接收来自硬盘的回放音频，通过软件控制选择监听哪一个输入。

9.5.2　通道与轨道的对应关系

单击某一音频轨的轨道头，弹出的菜单中列出了所有调音台通路的名称（见图 9–5–3），选择其中之一即可将本轨道输入到指定的通路上去。不同的轨道可以分别输入不同的通路，也可输入到同一通路。当多个轨道输入同一通路时，该通路得到多轨音频的叠加效果。

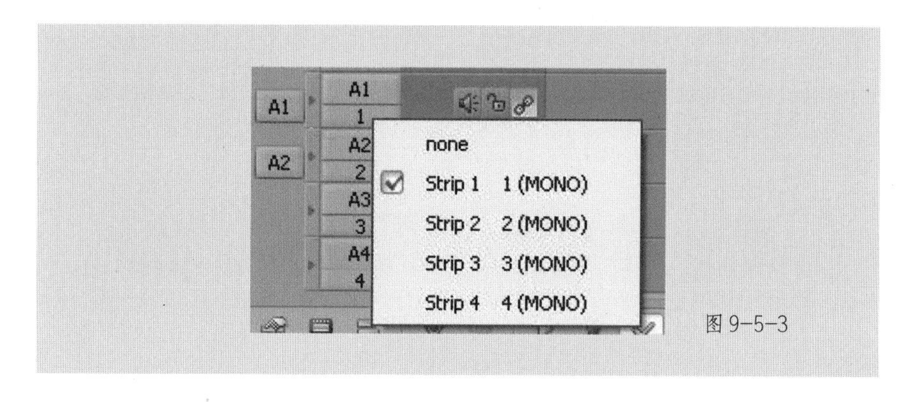

图 9–5–3

9.5.3　调音台基本操作

• 静音：将静音按钮按下，该通路无法被监听到。

• 电平调节：对通路的衰减和放大，在 – ∞ ~ +12 dB 之间连续可调，双击推子可复位。

• 输出通道分配：点亮按钮，通路输出到与之交接的 BUS（点击并左右拖拽旋钮可从 –100 ~ 0 调节输出到 BUS 上的音量大小）。

• 通路和 BUS 的添加 / 删除：在静音母线上点击右键，在弹出的菜单当中可选择添加 / 删除 BUS 或 Strip，并可进一步输入要添加的 BUS 或 Strip 的数量，之后系统会增加指定数量的 Strip 或 BUS。

• 通道自动化处理：所谓自动化处理（Automation）即是当调节调音台的参数时，系统把调节的过程自动记录下来，再次重放故事板时会按照记录的关键点进行播放。通常可以进行自动化记录的参数有：电平、相位以及某些特效的参数。

9.6 故事板配音

在完成了上面的声音处理后，最后进行节目的配音制作。

9.6.1 准备工作

在使用故事板配音之前，需要做一些准备工作才能保证配音工作的正常进行。首先，需要将麦克风连接到 LC 板卡的 MIC IN 接口上，然后在 Dayang LC 的控制面板中将音频输入选择为 MIC（见图 9–6–1）。

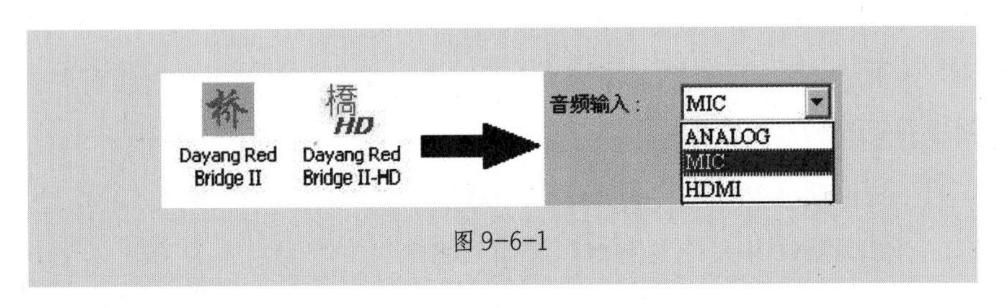

图 9–6–1

启动大洋 ME 系统，打开需要配音的故事板，进行配音操作。

9.6.2 配音界面

点击故事板下方的（配音）按钮，即可进入配音模式。在弹出配音控制器的同时，故事板上所有视频轨道都被锁定，防止在配音过程中对画面误操作（见图 9–6–2）。

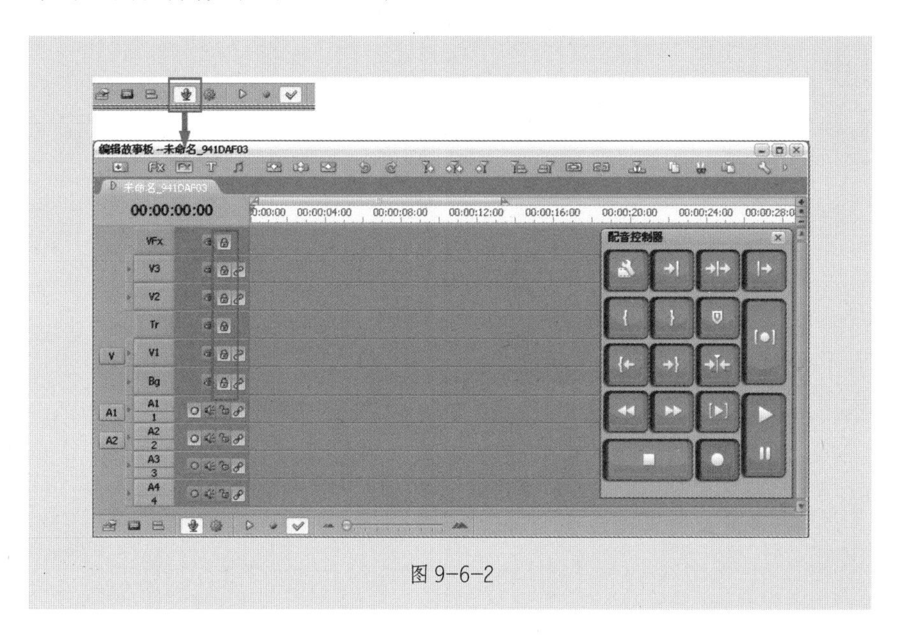

图 9–6–2

配音控制器与小键盘上的按钮一一对应，在配音时可用小键盘进行控制（见图 9–6–3）。

播放时码前两秒：时间线前 2 秒处开始预听，到时间线处终止。

播放时码前后各两秒：时间线前 2 秒处开始预听，到时间线后 2 秒处终止，之后时间线回复到当前位置。

播放时码后两秒：从时间线处开始预听，到时间线后 2 秒处终止，之后时间线回复到当前位置。

图 9-6-3

打入点：设置当前时间线位置为故事板入点。

打出点：设置当前时间线位置为故事板出点。

打标记点：设置当前时间线位置为新标记点。

到入点：时间线走到故事板入点处。

到出点：时间线走到故事板出点处。

时码线到指定位置：时间线走到到指定位置。

快退：故事板反向快速浏览。

快进：故事板正向快速浏览。

播放选择：从选中的素材首帧开始播放，到该素材尾帧终止。

播放 / 暂停：停止状态按下为故事板播放；播放状态按下为故事板暂停；录音状态按下为暂停录制但故事板不停。

停止：播放状态按下为停止故事板播放；录音状态按下为停止录制并停止故事板播放。

故事板配音：播放状态下按为开始录制；录制状态下按无效。

9.6.3　配音操作

（1）点击 （配音）按钮进入配音模式。

（2）点击配音目标轨轨道头的按钮使其成为可录制状态（ 按钮变为红色），在调音台中设置对应通路的实际输入物理通道。

（3）点击故事板下方的“素材信息”键，设置将要录制的配音素材的有关信息。

（4）按配音控制器中的 （播放 / 暂停）按钮，故事板开始正常播放。当时间线即将走到配音的起始点时，按 （录制）按钮，通过话筒输入的信号开始被记录到指定轨道上去；当配音结束时，按下 （播放 / 暂停）按钮，终止录制，但故事板仍在播放，等待下一条的录制。

（5）当所有需要录制的条目都录制完毕后，按下 （停止）按钮，此时故事版将停止录音和播放。

经过上述操作，完成了故事板上的配音工作。播放录制的新声音文件，就可以听到录制的效果了。

第 10 章
影片输出

在这一章中，主要介绍大洋 ME 非线性编辑系统为影片输出提供的多种解决方案及其使用操作。

视频编辑的最终目的在于有效输出。大洋 ME 系统提供了多种故事板输出方式，其中最常用的是输出至录机，也就是传统的“录制录像带”。此外，还提供了故事板输出成素材或文件，例如 MPEG 格式的压缩文件，用以 DVD 刻录；输出不同格式的流媒体文件进行网上发布；故事板输出为 TGA 序列，方便第三方软件的交互使用。

本章要点

◎ 故事板输出为各种格式的媒体文件

◎ 故事板输出为素材

◎ 输出至 1394

◎ 故事板输出为 TGA 图或 TGA 序列

◎ 故事板输出到磁带

10.1　故事板输出到磁带

将节目下载到录机设备，通过播放故事板的同时在 VTR 上硬录就可以实现，该操作多用于不需要精确到帧的输出。而当我们需要制作播出带或修改完成版磁带上的镜头时，就会用到“故事板输出至磁带”功能了。

10.1.1　故事板输出到磁带的界面

故事板输出到磁带的界面如图 10-1-1。

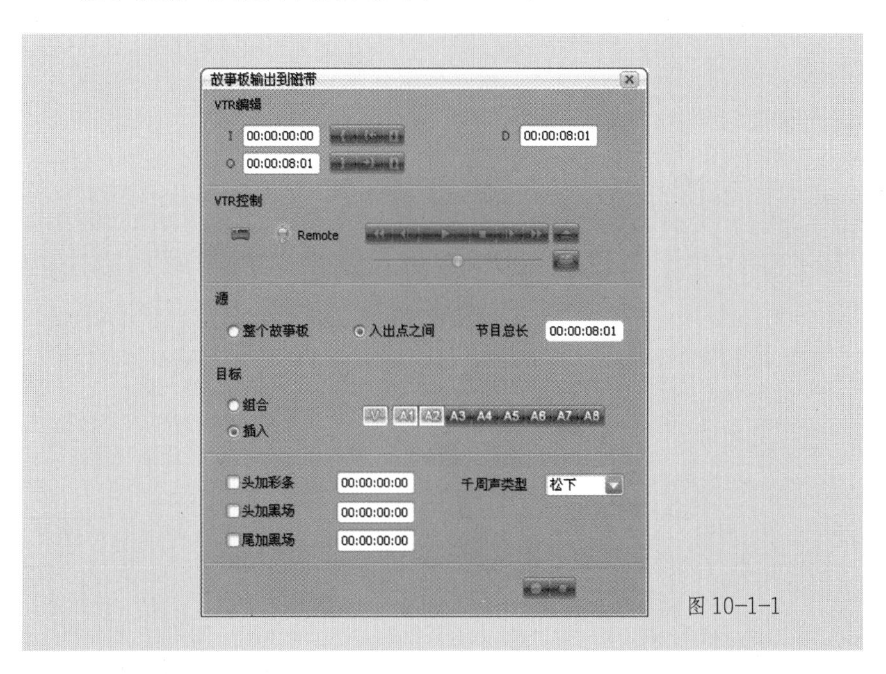

图 10-1-1

（1）VTR 编辑：用于设置磁带的插入点或插入区域。

- I 00:00:00:00：设置磁带入点。功能按钮从左往右依次为打入点、到入点和删除入点。
- O 00:00:01:07：设置磁带出点。功能按钮从左往右依次为打出点、到出点和删除出点。
- D 00:00:01:07：磁带上设置的入、出点之间时间长度。

（2）VTR 控制：用于遥控录机进行的播放、停止、录制等操作（见图 10-1-2）。

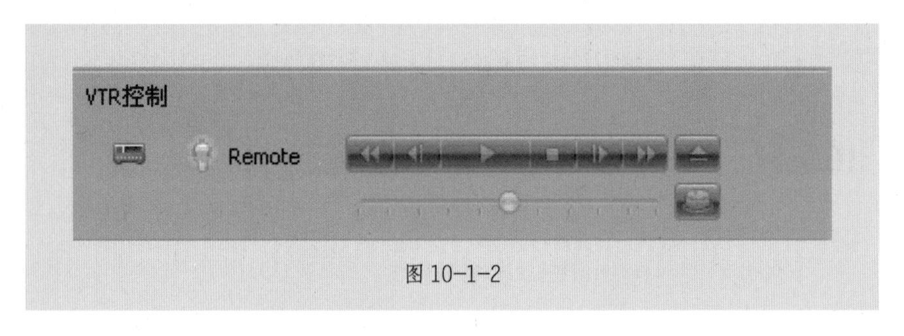

图 10-1-2

（3）源：用于选择对整个故事板或入出点之间区域输出的设置（见图 10-1-3）。对应显示节目总时长（由 VTR 编辑完成）。

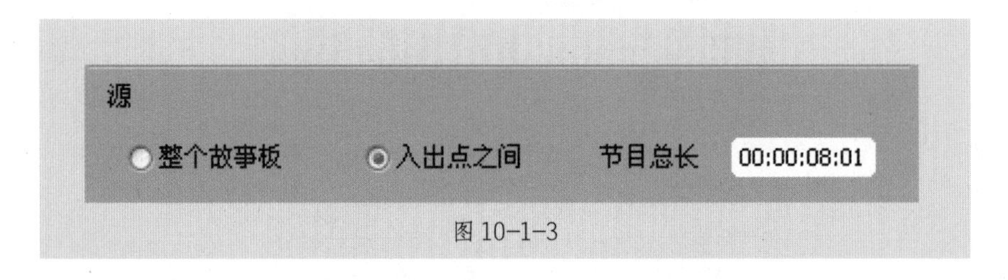

图 10-1-3

（4）目标：用于选择用组合或插入方式进行回录。插入方式下可选择不同的视音频输出通道（见图 10-1-4）。

（5）附加信息设置：用于为回录的节目头或尾插入一定长度的彩条、黑场视频信号以及不同类型的千周声音频信号（见图 10-1-4）。

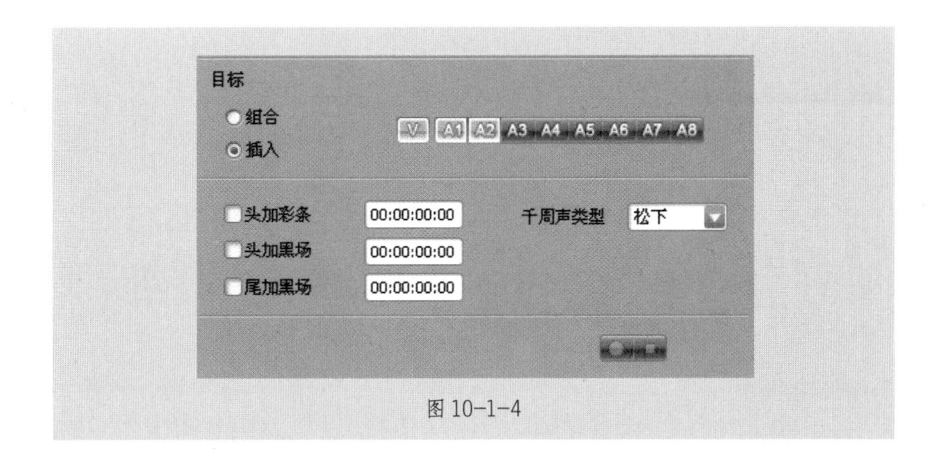

图 10-1-4

10.1.2　故事板输出到磁带的操作

（1）打开需要输出的故事板文件，设置好输出区域（打入、出点）。

（2）确认录机带舱中是否已放入经过预编码的磁带（确保时码连续），将录机调至遥控状态。

（3）使用主菜单“输出→故事板输出到磁带”命令（也可在故事板回显窗的工具菜单中选择“输出到磁带”命令），打开输出窗口（见图 10-1-1）。

（4）设置磁带的插入点或插入区域（设置磁带入出点，或设置入点加时长）。

（5）根据需要进行目标设置选择。

（6）根据实际情况，选择“头加彩条”“头加黑场”“尾加黑场”“千周声类型”等，同时在时间文本框中设置时间长度。

（7）点击 按钮，节目开始输出。

10.2 输出到1394设备

大洋ME系统提供了“素材输出到1394设备”和“故事板输出到1394设备”二种输出方式。素材输出功能主要是将媒体库中的DV格式素材输出到DV磁带，这种方式通常可以保证输出的实时性。而故事板输出功能主要用于故事板素材剪切之后的工作区域输出，如果故事板编辑中添加有特技、字幕等，输出的实时性就很难保证。如此，可将故事板工作区打包生成DV格式的视音频素材，用素材输出到1394来完成输出工作。

10.2.1 输出到1394界面

图 10-2-1

素材输出到 1394 和故事板输出到 1394 的功能界面基本相同，界面主要由左右两部分组成（见图 10–2–1），左边为素材或故事板的回显窗，右边为输出到磁带的回显窗。素材或故事板回显窗下排的功能按钮可实现播放控制、调整入出点的输出区域等功能。输出回显窗下排功能按钮可实现磁带遥控播放、设置磁带插入点位置和回录控制等功能。

10.2.2　素材输出到 1394 操作

（1）使用主菜单命令“输出→素材输出至 1394”，打开输出功能窗。

（2）在资源管理器中选择需要输出的 DV 格式素材，拖拽到左侧素材回显窗中。

（3）在右侧输出回显窗中播放磁带,找到需要的位置设置磁带入点。

（4）点击按钮，开始录制。

（5）录制完成后，磁带自动停止工作。

拖拽素材到素材回显窗的过程中，系统会自动判断所添加的 DV 素材与当前 DV 设备是否相匹配，如果不匹配，将无法完成拖拽素材的工作。建议先检查 DV 设备的格式设置、磁带类型以及所输出的素材格式三者是否完全匹配，只有三者完全一致才可以成功输出 1394。

10.2.3　故事板输出到 1394 操作

（1）打开需要输出的故事板文件，设置好输出工作区域。

（2）使用主菜单命令“输出→故事板输出至 1394”，打开输出功能窗。

（3）在右侧输出回显窗中播放磁带，找到需要的位置设置磁带入点。

（4）点击 按钮，开始录制。

（5）录制完成后，磁带自动停止工作。

如果故事板上添加有特技或字幕素材，建议对故事板进行打包处理后再输出。

10.3 故事板输出到文件

故事板输出到文件的功能，可以将故事板的局部区域或全部区域转换为 DVD、WinMedia、RealMedia 等不同格式的文件，以满足 DVD 光盘刻录、网络流媒体发布等需要。在文件输出结束后，还可根据需要选择是否上传到 FTP 网络存储。

（1）打开故事板：打开需要输出的故事板文件，设置好输出区域（打入、出点）（见图 10–3–1）。

（2）打开输出窗口：使用主菜单命令“输出→故事板输出到文件”（也可在故事板空白处点击鼠标右键，使用右健菜单“故事板输出到文件”命令），打开输出窗口（见图 10–3–1）。

（3）选择输出类型：系统默认输出类型为 DVD 文件，点击下拉菜单可更改输出文件类型，选择 Other 项可自定义视音频参数（见图 10–3–1）。

（4）设置文件名及存储路径：点击文件名对应的 （设置）按钮，指定存储路径、设置文件名称。

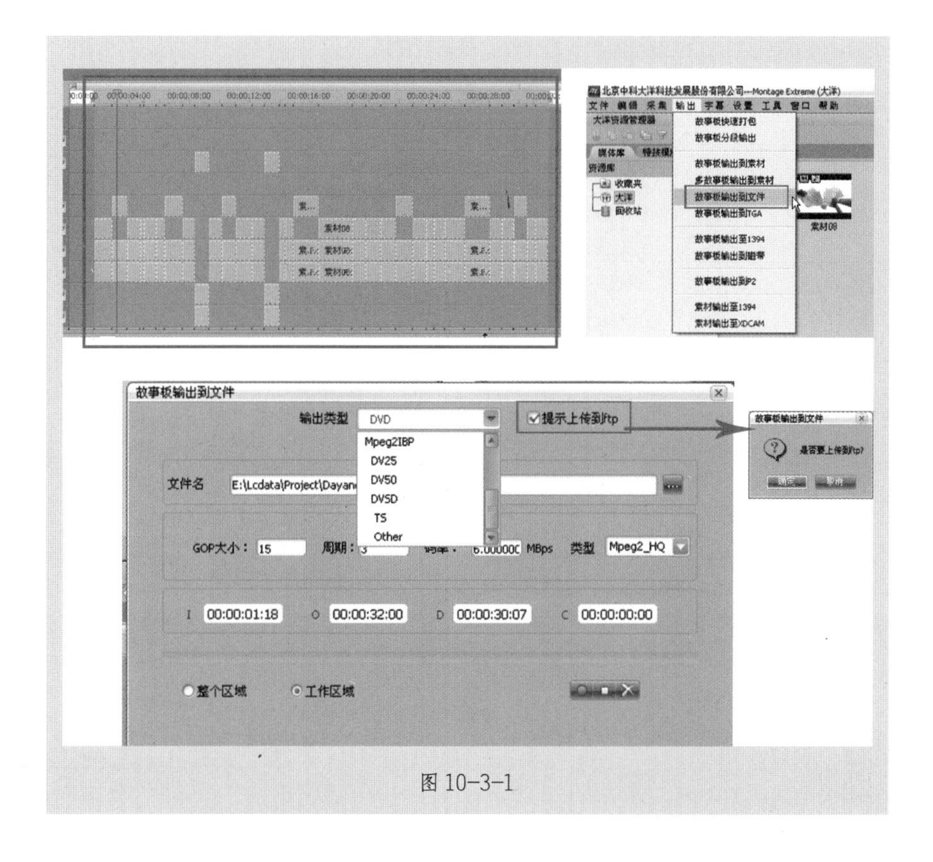

图 10-3-1

（5）设置视音频参数：系统会根据所选择的文件类型列出推荐的视音频参数，如码率、画幅尺寸、GOP 周期等（见图 10-3-2）；也可根据具体需要更改设置。

（6）文件输出：点击 按钮，进行文件输出。

（7）提示上传 FTP：输出完成后，系统将弹出“是否要上传到 FTP”的提示框（见图 10-3-1），如果选择 确定 ，将弹出 FTP 上传功能窗，可将生成的文件上传到指定的 FTP 服务器。如果不需要上传，选择取消即可。

（8）浏览目标文件：故事板输出所生成的文件，可以在指定的 Windows 路径下找到，可以通过 Windows 播放器或是其他播放器进行浏览，也可以导入到大洋 ME 系统中播放浏览。

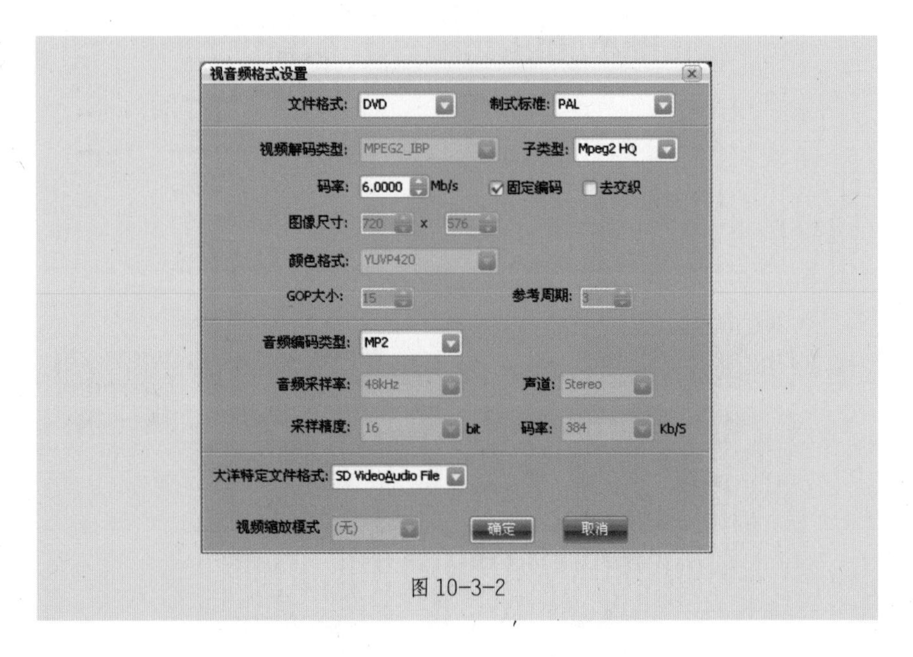

图 10-3-2

随着高清节目制作的日渐普及，对于节目输出有了更广泛更多样的需求。下面，我们就结合一些典型应用，介绍几种通过大洋 ME 系统输出的媒体文件。

1. 输出用于电脑浏览的高清媒体文件

这类文件需要具备高清画质和广泛的兼容性，可以考虑 WMV 全尺寸高清媒体文件，码率根据需要自行设定，最高可到 10 M。由于生成的媒体文件在电脑上播放时，运动画面会出现交织横纹，所以输出时勾选上“去交织”选项，以提升画面质量。具体参数可参考下图设置（见图 10-3-3）。

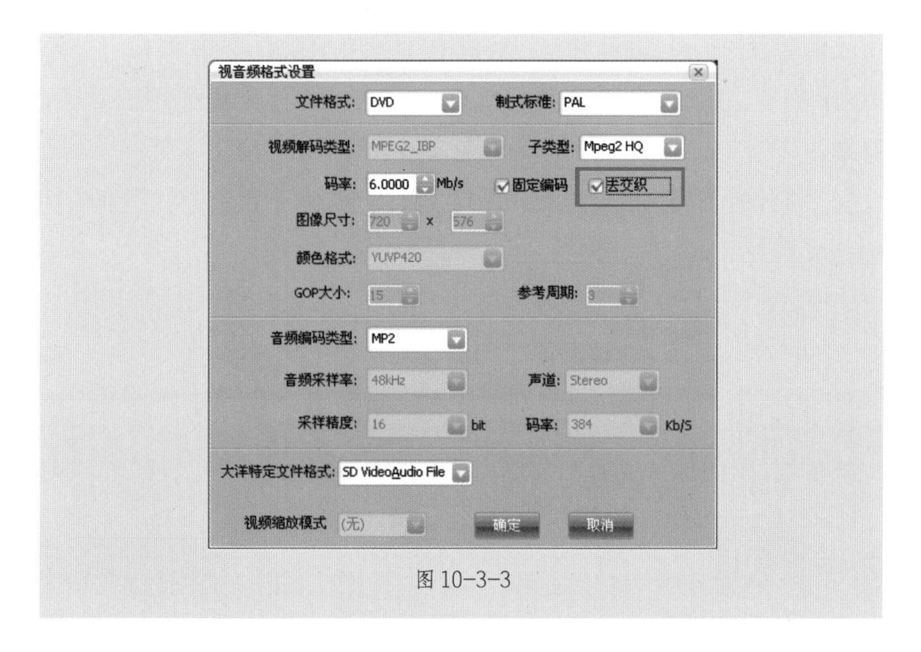

图 10-3-3

2. 输出用于刻录的标清 DVD 文件

高清节目刻录成标清 DVD 光盘的应用十分普遍。在大洋 ME 系统的格式设置中，制式标准选择“PAL”制，码率最好设置为“8 M”（8 M 码率可广泛被第三方刻录软件所兼容）；子类型选择“Mpeg2 HQ”（相比 STD 的画质会有不少提升）。选择恰当的“视频缩放模式”，否则高清节目输出标清文件后难免会变形，一般情况下可选择传统的“信箱”下变换模式。具体参数可参考下图设置（见图 10-3-4）。

3. 输出流媒体文件用于网络发布

高清节目输出流媒体文件用于网络发布也是比较普遍的应用，所生成的目标文件可以是标清也可以是高清，取决于发布的需要及数据流量和网络带宽等因素。下面，我们以输出标清 RM 文件为例加以介绍。

根据现有网络带宽的限制，一般生成的流媒体文件通常只有 1/4 屏，码率在 1 M 以内。制式标准选择“～ PAL”（该选项允许对画幅尺寸任意设置，而选项“PAL”只能接受标准的 720×576 画幅）。考虑到流媒体文件通常用于电脑上浏览，为防止出现运动画面交织横纹的现象，勾选“去交织”选项；为避免高清节目输出标清文件变形的情况发生，选择传统的“信箱”缩放模式。具体参数可参考下图设置（见图 10–3–5）。

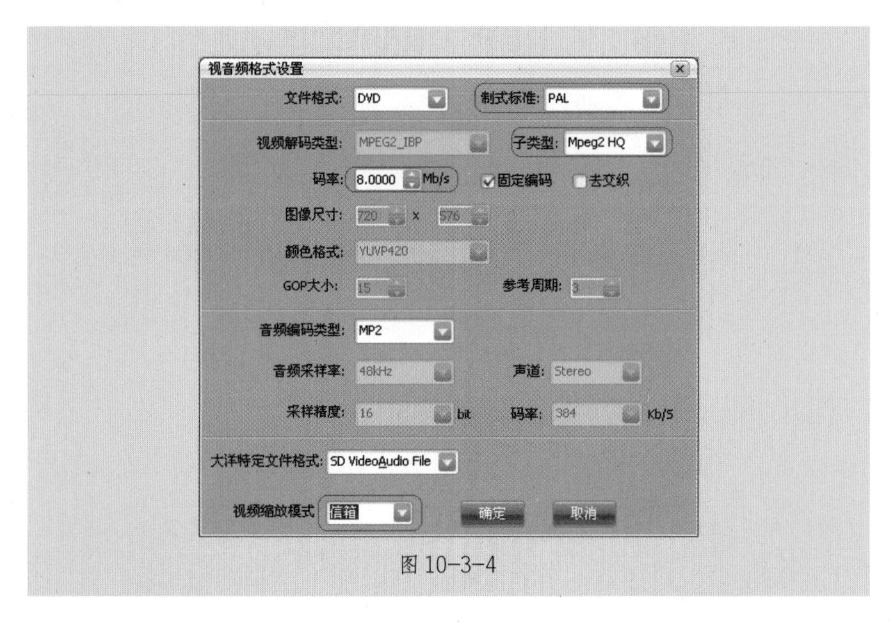

图 10–3–4

4. 输出标清 AVI 文件用于和第三方软件的交互

要将高清节目输出成 AVI 文件在 AE 等第三方软件中使用，标清 DV–AVI 是首选，它具有良好的通用性；但对于高清 AVI 文件的兼容性不太理想，所以对于高清跨平台的交互一般会考虑高码率的流媒体或 TS 流文件。下面，我们以输出标清 AVI 为例加以介绍。

在“故事板输出到文件”窗口中选择“视音频一体”选项后，即可进入格式设置窗。在大洋 ME 系统中提供了 OpenDML 选项，可以突破 2 G 文件限制。制式标准选择“PAL”，视频解码类型选择“DV25”。由于涉及高清下变换成标清，还要设置“信箱”缩放模式。设置完毕后，就可以得到用于跨平台交互的视音一体 AVI 文件了。具体参数可参考下图设置（见图 10-3-6）。

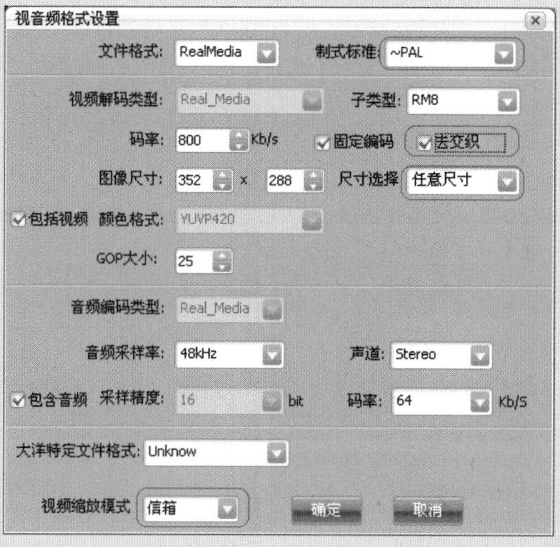

视音频格式设置
文件格式: RealMedia　制式标准: ~PAL
视频解码类型: Real_Media　子类型: RM8
码率: 800 Kb/s　固定编码　去交织
图像尺寸: 352 x 288　尺寸选择 任意尺寸
包括视频　颜色格式: YUVP420
GOP大小: 25
音频编码类型: Real_Media
音频采样率: 48kHz　声道: Stereo
包含音频　采样精度: 16 bit　码率: 64 Kb/S
大洋特定文件格式: Unknow
视频缩放模式 信箱　确定　取消

图 10-3-5

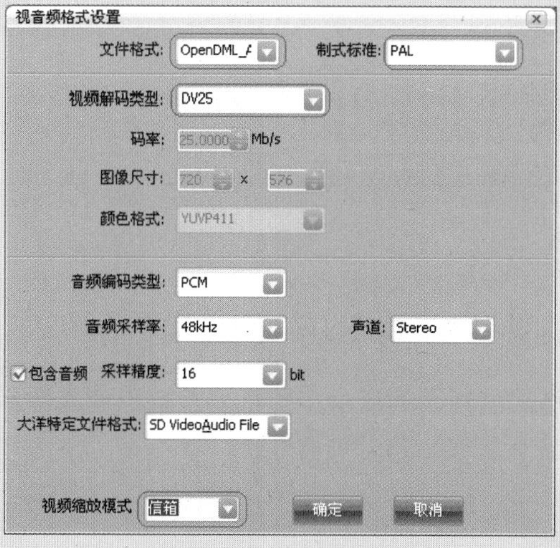

视音频格式设置
文件格式: OpenDML_A　制式标准: PAL
视频解码类型: DV25
码率: 25.0000 Mb/s
图像尺寸: 720 x 576
颜色格式: YUVP411
音频编码类型: PCM
音频采样率: 48kHz　声道: Stereo
包含音频　采样精度: 16 bit
大洋特定文件格式: SD VideoAudio File
视频缩放模式 信箱　确定　取消

图 10-3-6

如需要输出高清 TS 流文件，具体参数可参考下图设置（见图 10–3–7）。

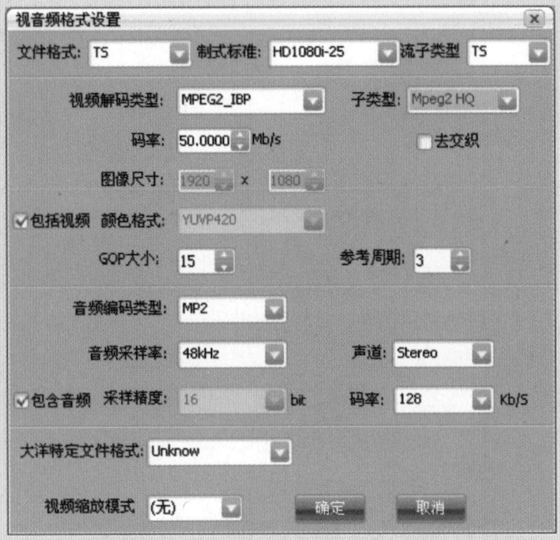

图 10–3–7

10.4　故事板输出到素材

故事板输出到素材功能，可以将故事板的局部区域或全部区域输出为指定编码格式的视音频素材。与故事板输出到文件相比，功能更加丰富，不仅增加了视音频回显浏览功能，还增加了将目标文件自动导入到大洋 ME 系统资源管理器的功能；同时增加的视音频参数项，用以满足专业剪辑对各种视音频应用的需要（见图 10–4–1）。

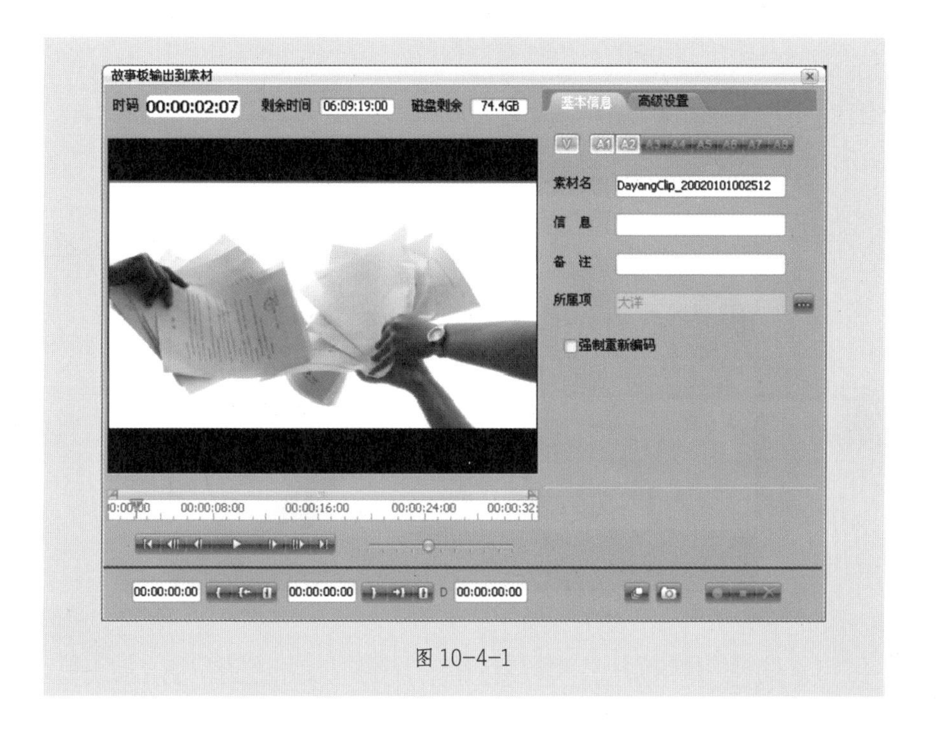

图 10-4-1

10.4.1　输出到素材界面

1. 预览窗

- 视频预览窗：用于回显视频画面（见图 10-4-2）。
- 时码：显示时间线当前位置的时间码。
- 剩余时间：显示项目所设置的磁盘空间可继续使用的时间数（以“小时 : 分 : 秒 : 帧”动态刷新）。
- 磁盘剩余：显示项目所设置的磁盘空间可用空间数（单位 GB）。

图 10-4-2

2. 操作控制

操作控制界面如图 10-4-3。

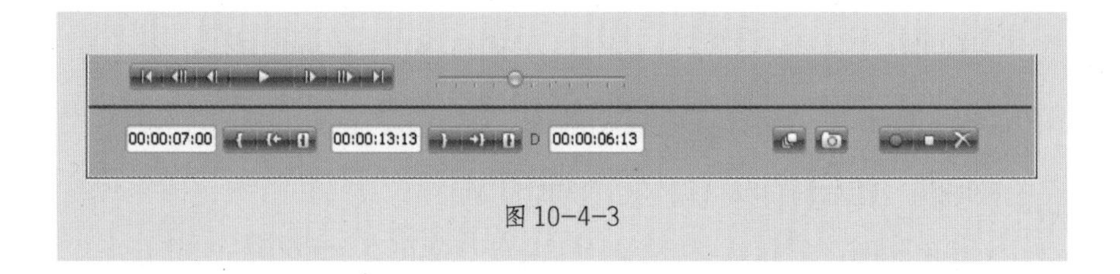

图 10-4-3

• [滑轨图标]：快速浏览工具。鼠标拖动滑轨中间的滑块，向左移为快退，向右移为快进，滑块越靠近边侧，播放速度越快。

• [00:00:31:21 … 00:00:37:08 … D 00:00:05:12]：从左向右三段时码，分别显示为入点时码、出点时码和入出点间长度。

3. 基本信息

基本信息界面如图 10-4-4。

图 10-4-4

• 视音频通道设置：用于设置生成的素材是否包含视频或音频，以及包含几路音频。

视音频通道设置只对视音频分开的素材有效，对视音频一体的素材（如 DVD），系统默认输出 1 路视频 2 路音频。

• 素材名：用于输入和记录素材名称。

• 信息 / 备注：用于输入和记录素材的附加信息。

• 所属项：用于设置生成素材的存储路径。

系统默认存储路径为项目根目录下，点击 ··· 按钮可以更改存储路径。

• 强制重新编码：用于设置是否进行强制重新编码。

系统默认不勾选此项。选择强制重新编码后，故事板输出将进行强制重新编码；不强制重新编码，故事板生成过程中只对添加特技或字幕的区域进行重新编码，而编码格式相同的单层视频只进行拷贝。

4. 高级设置

高级设置界面如图 10-4-5。

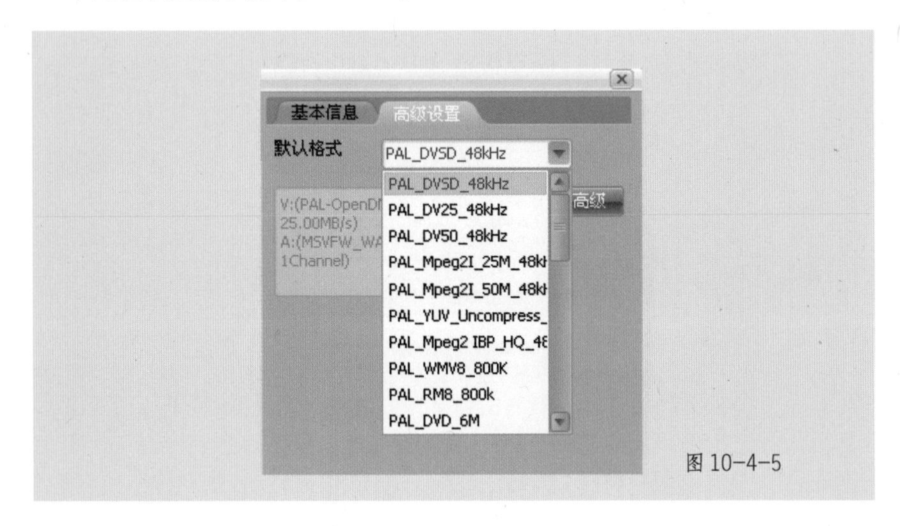

图 10-4-5

• 默认格式：用于选择生成素材的视音频编解码类型。可通过下拉菜单选择系统已预置的格式类型，也可以点击 高级 按钮进行自定义设置。

10.4.2　输出到素材的操作

（1）打开故事板：打开需要输出的故事板文件，设置好输出区域（打入、出点）（见图 10-4-6）。

（2）打开输出窗口：使用主菜单命令“输出→故事板输出到素材”（也可在故事板空白处点击鼠标右键，使用右健菜单“故事板输出到素材”命令），打开输出窗口（见图 10-4-6）。

（3）浏览故事板：在输出预览窗中浏览故事板，可重新调整入出点（见图 10-4-6）。

（4）修改素材属性：根据需要修改输出素材的名称、保存路径和视音频参数（见图 10–4–6）。

（5）输出素材：点击 按钮，进行输出（见图 10–4–6）。

（6）浏览目标素材：故事板输出所生成的素材，可以在大洋资源管理器的指定路径下找到，可调入素材调整窗中播放浏览。

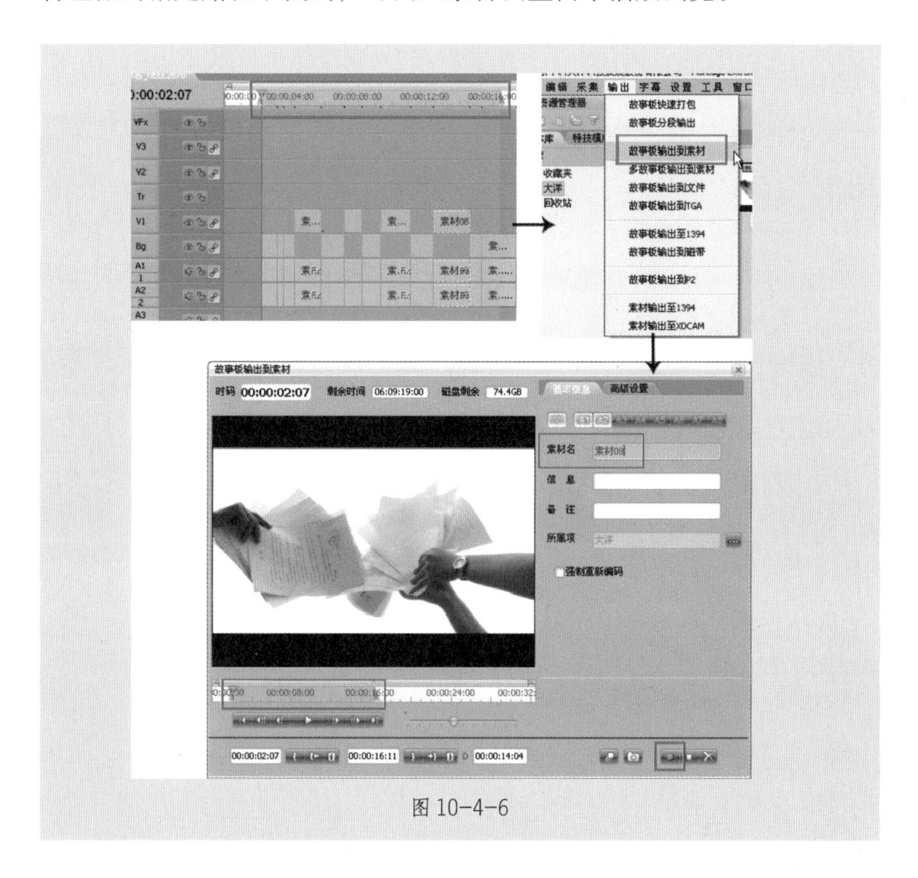

图 10–4–6

10.5　多故事板输出到素材

多故事板输出功能，用于将已打开的多个故事板一次性输出成相同格式的视音频素材。

（1）打开故事板：依次打开需要输出成素材的故事板（见图 10-5-1）。

（2）打开输出窗：使用主菜单命令“输出→多故事板输出到素材”（见图 10-5-1），打开输出窗口。

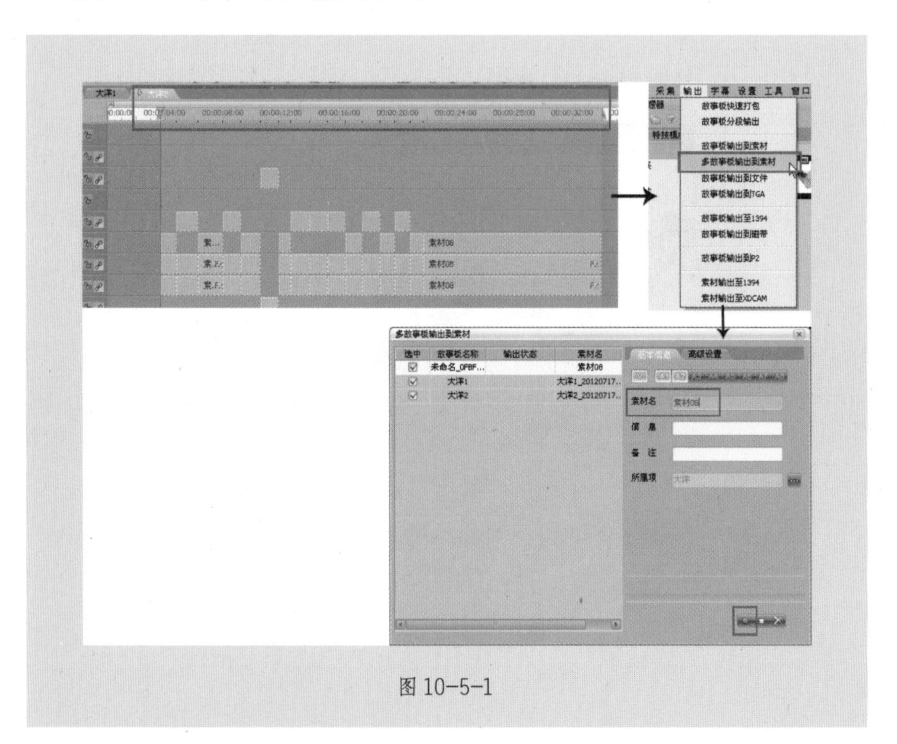

图 10-5-1

（3）修改素材属性：输出窗中，系统已在任务列表中自动加载了输出条目，并为新素材以“故事板名称 + 机器码”的规则自动命名，新素材的默认格式为项目的默认格式。如需更改素材属性，可在任务列表中点中条目逐一更改（见图 10–5–1）。

素材的视音频格式不能单独设置，多个故事板只能输出相同格式的素材。

（4）输出素材：点击 按钮，开始输出（见图 10–5–1）。

10.6　故事板输出到 TGA 序列

故事板输出到 TGA 序列的功能，用于将故事板的局部区域或全部区域输出为非压缩的 TGA，以便在第三方软件中应用。

（1）打开故事板：打开需要输出的故事板文件，设置好输出区域（打入、出点）（见图 10–6–1）。

（2）打开输出窗口：使用主菜单命令“输出→故事板输出 TGA”（也可在故事板空白处点击鼠标右键，使用右健菜单“生成 TGA 序列”命令），打开输出窗口（见图 10–6–1）。

（3）设置文件名及存储路径：点击文件名对应的 （设置）按钮，指定存储路径，并设置第一帧图片文件的名称（见图 10–6–1）。

（4）完成输出：点击 按钮（见图 10–6–1），系统输出一系列 TGA 图片序列。

（5）目标文件：输出所生成的图像文件在 Windows 存储路径下可以找到，系统自动以首帧图片名后添加尾号“001、002……”依次命名。

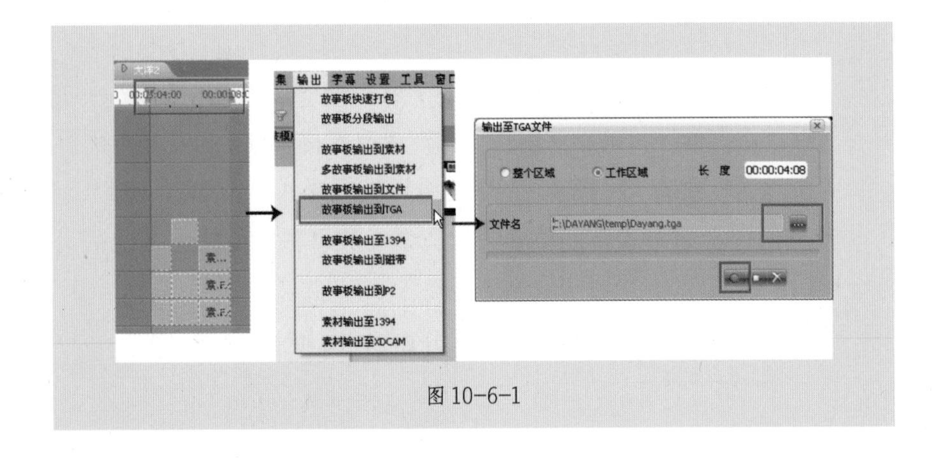

图 10-6-1

10.7 导出单帧

故事板导出单帧的功能，可以将故事板播放窗中的当前画面输出TGA 图片文件。

（1）浏览故事板：以播放或拖拽方式浏览故事板，将时间线停留在所需的画面位置处。

（2）打开导出窗口：点击故事板播放窗工具菜单中“抓取单帧”（也可在故事板空白处点击鼠标右键，使用右健菜单“导出单帧”命令），打开输出窗口（见图 10-7-1）。

（3）修改素材属性：在设置窗中，根据需要修改单帧素材的名称、存储路径和作为素材的播放长度。如果只需要保存成图片文件而不需要导入大洋 ME 系统中编辑，可以选择下面的“保存成文件”，并指定存储路径（见图 10-7-1）。

（4）导出图片：点击 确定 按钮确认后，当前画面被存成图片文件或 TGA 素材。

导出单帧功能，在素材调整窗中也可进行操作，操作方式与故事板播放窗一样。

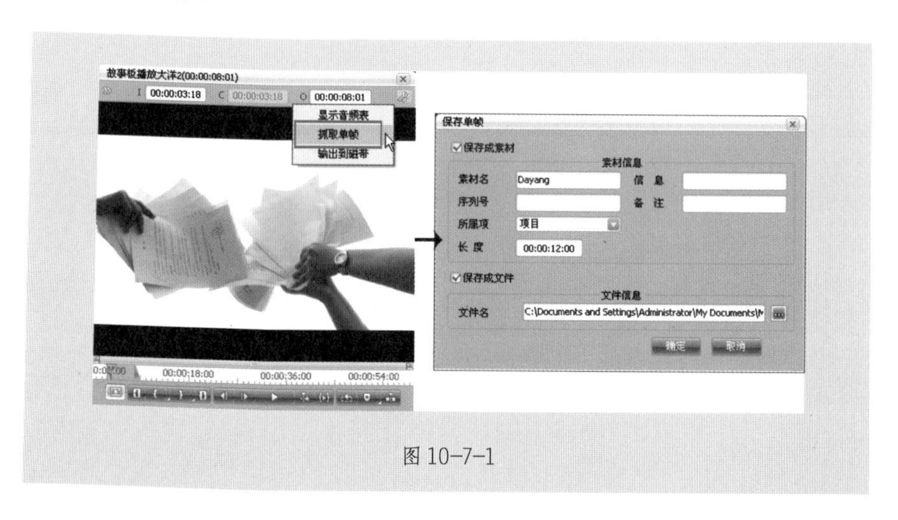

图 10-7-1